选择走程序员之路，兴趣是第一位的，当然还要为之付出不懈的努力，而拥有一本好书和一位好老师会让您在这条路上走得更快、更远。或许这并不是一本技术最好的书，但却是最适合初学者的书！

CSDN 总裁

这本书从易到难、内容丰富、案例实用，适合初学者使用，是一本顶好的教材。希望它能够帮助更多的编程爱好者走向成功！

工信部移动互联网人才培养办公室

这是一本实践性非常强的书，它融入了作者十多年开发过程中积累的经验与心得。对于想学好编程技术的广大读者而言，它将会成为你的良师益友！

普科国际 CEO

软件开发新课堂

PHP基础与案例开发详解

耿兴隆　张　莹　薛玉倩　编　著

清华大学出版社
北　京

内 容 简 介

本书以目前 PHP 的较新版本 PHP 5.0 为依托，结合 PHP 语言特性和实战案例，充分融入了企业开发过程中编程人员遇到的种种核心技术问题的解决方案和编程思想，系统、全面地介绍了 PHP 语言的基础知识、高级编程技术及应用方向。

书中的内容由浅入深、循序渐进，囊括了 PHP 基本语法、数组和常用函数、PHP 面向对象的编程思想，还包括一些 PHP 高级特性，并且将一些比较流行的项目融入本书中，如仿记事狗微博系统、Smarty 项目、博客管理系统等，使读者在较短的时间内就能够熟练掌握 PHP 特性和项目实战的方方面面。

本书在讲解的过程中，结合 PHP 知识点引用了大量的应用案例，并通过源代码一一列举，且每一部分内容都包含详细的注释和技巧提示，有助于初学者理解、把握问题的精髓，将所掌握的技术灵活应用到后期实际的项目开发过程中。

本书适合初学者使用，也可作为广大软件开发人员和编程爱好者的参考用书。

图书在版编目(CIP)数据

PHP 基础与案例开发详解/耿兴隆，张莹，薛玉倩编著. 一北京：清华大学出版社，2015（2021. 8重印）
(软件开发新课堂)
ISBN 978-7-302-37382-7

Ⅰ. ①P…　Ⅱ. ①耿… ②张… ③薛…　Ⅲ. ①PHP 语言一程序设计　Ⅳ. ①TP312

中国版本图书馆 CIP 数据核字(2014)第 163062 号

责任编辑： 杨作梅　桑仁松
装帧设计： 杨玉兰
责任校对： 李玉萍
责任印制： 杨　艳
出版发行： 清华大学出版社
网　　址：http://www.tup.com.cn, http://www.wqbook.com
地　　址：北京清华大学学研大厦 A 座　　邮　　编：100084
社 总 机：010-62770175　　邮　　购：010-62786544
投稿与读者服务：010-62776969, c-service@tup.tsinghua.edu.cn
质量反馈：010-62772015, zhiliang@tup.tsinghua.edu.cn
课件下载：http://www.tup.com.cn, 010-62791865
印 刷 者： 北京富博印刷有限公司
装 订 者： 北京市密云县京文制本装订厂
经　　销： 全国新华书店
开　　本： 190mm×260mm　**印　张：** 25.75　**插　页：** 1　**字　数：** 626 千字
(附 DVD 1 张)
版　　次： 2015 年 1 月第 1 版　**印　次：** 2021 年 8 月第 7 次印刷
定　　价： 56.00 元

产品编号：051143-01

丛书编委会

丛　书　序

首先，感谢并祝贺您选择本系列丛书！《软件开发新课堂》系列是为了满足广大读者的需求，在原《软件开发课堂》系列书的基础上进行的升级和重新编辑。秉承了原系列书的精髓，通过大量的精彩实例、完整的学习视频，让您完全融入编程实战演练，从零开始，逐步精通相关知识，成为自学成才的编程高手。哪怕您没有任何编程基础，都可以轻松地实现职场的梦想和生活的愿望！

1. 丛书内容

随着软件行业的不断升温，程序员这一职业正在成为IT界中的佼佼者，越来越多的程序设计爱好者开始投入相关软件开发的学习中。然而很多朋友在面对大量的代码时又有些望而却步，不知从何入手。

实际上，一本好书不仅要教会读者怎样去实现书中的内容，更重要的是要教会读者如何去思考、去探究、去创新。鉴于此，我们精心编写了《软件开发新课堂》系列丛书。

本丛书涉及目前流行的各种相关编程技术，均以最常用的经典实例，来讲解软件最核心的知识点，让读者掌握最实用的内容。首次共推出10册：

- 《Java基础与案例开发详解》
- 《JSP基础与案例开发详解》
- 《Struts 2基础与案例开发详解》
- 《JavaScript基础与案例开发详解》
- 《ASP.NET基础与案例开发详解》
- 《C#基础与案例开发详解》
- 《C++基础与案例开发详解》
- 《PHP基础与案例开发详解》
- 《SQL Server基础与案例开发详解》
- 《Oracle数据库基础与案例开发详解》

2. 丛书特色

本丛书具有以下特色。

(1) 内容精练、实用。本着“必要的基础知识+详细的程序编写步骤”原则，摒弃琐碎的东西，指导初学者采取最有效的学习方法和获得最良好的学习途径。

(2) 过程简洁、步骤详细。尽量以可视化操作讲解，讲解步骤做到详细但不繁琐，避免直接使用大量代码占用读者的阅读时间。而对关键代码则进行详细的讲解，做到清晰和透彻。

(3) 讲解风格通俗易懂。作者均是一线工作人员及教学人员，项目经验丰富，传授知识的能力强。所选案例精练、实用，具有实战性和代表性，能够使读者快速上手。

(4) 光盘内容丰富。不仅包含书中的所有代码及实例，还包含书中主要操作步骤的视频录像，有利于多媒体视频教学和自学，最大程度地提高了书中案例的可操作性。

3. 作者队伍

本丛书由知名培训师徐明华老师任主编，作者团队主要有北京达内科技、北京电子商务学院、郑州中原工学院、天津程序员俱乐部、徐州力行文化传媒工作室等机构和学院的专业人员及教师。正是有了他们无私的付出，本丛书才能顺利出版。

4. 读者对象

本丛书定位于初、中级读者。书中每个实例都是从零起步，初学者只需按照书中的操作步骤、图片说明，或根据多媒体视频，便可轻松地制作出实例的效果。不仅适合程序设计初学者以及普通编程爱好者使用，也可作为大、中专院校，高职高专学校，及各种社会培训机构的教材与参考书。

5. 特别感谢

本丛书从立项到写作受到广大朋友的热心支持，在此特别感谢达内科技的王利锋先生、北大青鸟的张宏先生，还有单兴华，吴慧龙、聂靖宇、刘烨、孙龙、李文清、李红霞、罗加顺、冯少波、王学锋、罗立文、郑经煜等朋友，他们对本丛书的编著提供了很好的建议。祝所有关心和支持本丛书的朋友身体健康，工作顺利。

最后还要特别感谢已故的北京传智播客教学总监张孝祥老师，感谢他在原《软件开发课堂》系列书中无私的帮助与付出。

6. 提供的服务

为了有效地解答读者在阅读过程中遇到的问题，丛书专门在 http://bbs.022tomo.com/开辟了论坛，以方便读者交流。

丛书编委会

前　言

PHP(原为 Personal Home Page 的缩写，现已更名为“PHP: Hypertext Preprocessor”，超文本预处理器)是一种通用的开源脚本语言。PHP 吸收了 C 语言、Java 和 Perl 的特点，入门门槛较低，易于学习，使用广泛，主要适用于 Web 开发领域。

本书选用了大量的常见案例，将 PHP 语言特性通过实战代码一一呈现，使读者不用刻意去记忆其中的理论，就可以轻松掌握编程技能。本书的案例代码注释详细，很多部分都通过截图的形式展现出来，让读者一目了然。书中具有代表性的操作通过步骤的形式一步一步地进行引导和讲解，让读者不仅能知其所以然，而且还能编出自己的应用程序，具有较高的实用价值。讲解过程中，还对初学者容易犯的一些错误提供了相应的解决方案和应注意的事项说明或提示。这些错误都是作者在开发和教学过程中实践经验的总结，目的是让读者在最短的时间内，掌握最核心、最实用的技术。

本书共分为 16 章，各章节简介如下。

第 1、2 章：介绍 PHP 环境的安装配置、PHP 程序的开发过程和 PHP 语言的基本语法。

第 3 章：介绍函数的应用。PHP 真正的威力源自于它的函数。

第 4 章：介绍一种非常重要的数据类型——数组。

第 5、6 章：介绍字符串操作，以及在字符串中占有举足轻重地位的正则表达式。

第 7 章：介绍面向对象的程序开发，包括面向对象的编程思想：类和方法、魔术方法等。介绍面向对象的分析与设计思想以及一些常用的设计习惯，对后期编程将会起到一定的指导作用。

第 8 章：介绍错误与异常处理。错误与异常处理是 PHP 语言在健壮性上的体现，建议读者能熟练掌握。

第 9 章：介绍 PHP 文件处理，包括对文件及目录的多种操作，如创建、删除、复制等。

第 10 章：介绍 PHP 文件上传，主要针对文件上传的相关函数进行讲解。

第 11 章：介绍 PHP 的会话机制。会话机制在 PHP 中用于保存访问中的数据。可以帮助开发者创建更为人性化的程序，增加站点的吸引力。

第 12 章：介绍 PHP 对数据库的相关操作。开发过程中，大量数据被存储在数据库中，因此连接数据库是任何一种语言都必须面对的，希望读者对其中重要的应用和典型技巧能够熟练地掌握。

第 13 章：介绍 PHP 的 MVC 设计模式。

第 14～16 章：介绍仿记事狗微博系统、Smarty 项目、博客管理系统。通过多多研究和模仿，相信读者会有意外的发现。

本书由耿兴隆、张莹、薛玉倩编著，同时参加本书编写的人员还有张新颖、于坤、郑经煜、李红霞、李天志、孙连伟、吴慧龙、胡波、卞志成、肖立君、赵清晨、刘烨、容艳华、尼春雨、王国胜等。

由于编者水平有限，书中难免有疏漏和不足之处，恳请专家和广大读者指正。

编　者

目　　录

软件开发新课堂

软件开发新课堂

第1章

PHP简介

学前提示

PHP 是一种容易学会、开发快捷、性能稳定的脚本语言，而且有强大的社区支持，越来越受到 Web 开发人员的青睐。“工欲善其事，必先利其器”，学习 PHP 脚本语言时，必须首先搭建好开发环境。本章我们将主要介绍 PHP 运行环境的搭建。

知识要点

- PHP 概述。
- PHP 的特点。
- PHP 的运行环境。

1.1　PHP 概述

PHP 是一种服务器端的、HTML 嵌入式脚本描述语言，其最强大和最重要的特征就是跨平台、面向对象。PHP 语法结构简单，易于入门，学习和掌握起来非常容易，自 1995 年起，经过十几年的时间历练，已经成为全球最受欢迎的脚本语言之一。目前全球已有数千万个网站采用了 PHP 技术。包括 Google、百度、网易、新浪、搜狐、阿里巴巴、奇虎、eBay、腾讯、Yahoo、金山等各大网站都在寻求 PHP 高手，但是由于国内 Web 开发人员对 PHP 的价值认识不够，造成 PHP 人才非常稀缺。

1.1.1　什么是 PHP

PHP，是 PHP: Hypertext Preprocessor(超文本预处理语言)的缩写。PHP 是一种在服务器端执行的 HTML 内嵌式的脚本语言。它的语法结构与 C 语言极为相似，混合了 C、Java、Perl 及 PHP 自创的语法，有非常强大的功能，支持几乎所有流行的数据库以及操作系统。

PHP 于 1994 年由 Rasmus Lerdorf 创建，刚开始只是一个简单的用 Perl 语言编写的程序，用来统计他自己网站的访问者。后来又用 C 语言重新编写，包括可以访问数据库。

1995 年，Lerdorf 以 Personal Home Page Tools(PHP Tools)开始对外发表了第一个版本，他写了一些介绍此程序的文档，并发布了 PHP 1.0。在这个早期的版本中，提供了访客留言本、访客计数器等简单的功能。Rasmus Lerdorf 在 1995 年 6 月 8 日将 PHP/FI 公开发布，希望可以通过社群来加速程序开发，并能排查错误。这个发布的版本命名为 PHP 2，已经有了 PHP 的一些雏型。PHP/FI 加入了对 MySQL 的支持，从此建立了 PHP 在动态网页开发上的地位。到了 1996 年底，有 15000 个网站使用 PHP/FI。

1997 年，任职于 Technion IIT 公司的两个以色列程序设计师 Zeev Suraski 和 Andi Gutmans 重写了 PHP 的解析器，成为 PHP 3 的基础。

2000 年 5 月 22 日，以 Zend Engine 1.0 为基础的 PHP 4 正式发布。

2004 年 7 月 13 日则发布了 PHP 5。

2008 年，PHP 5 成了 PHP 唯一继续在开发的 PHP 版本。

1.1.2　PHP 的特点

PHP 起源于自由软件，即开放源代码。这使得 PHP 的发展很迅速，也具备很多优势。

- 扩展性：扩充了 API 模块。PHP 属于开源软件，其源代码完全公开，任何程序员为 PHP 扩展附加功能都非常容易，使得 PHP 有很好的发展空间和扩展性。
- 免费性：与其他技术相比，PHP 是免费的。
- 跨平台性强：PHP 语言可以运行于 Unix、Linux、FreeBSD、SolarisUnix、Windows 等多种操作系统平台，通常所说的 LAMP 平台指的就是 Linux、Apache、MySQL、PHP/Perl/Python，且支持 Apache、IIS 等多种 Web 服务器。另外，PHP 写出来的 Web 后端 CGI 程序可以很轻易地移植到不同的操作系统上，无须重新编译。

- 执行速度快：PHP 语言简单易学、能快速掌握，程序开发快，能更有效地使用内存，因此可消耗相当少的系统资源，代码执行速度快。
- 支持广泛的数据库：PHP 支持多种主流与非主流的数据库，如 MySQL、Informix、Oracle、Sybase、Solid、PostgreSQL、Microsoft SQL Server、ODBC 等，其中 PHP 与 MySQL 是目前最佳的组合。
- 安全性：PHP 4 有一个完整的 Mcrypt 库，并且支持哈希函数，实现了安全加密，所以 PHP 程序在 Unix 系统上是不需要任何杀毒软件及补丁的，安全可靠。
- 支持面向对象：在 PHP 5 中，面向对象方面都有了很大的改进，能更好地用于大型商业网站开发。
- 功能全面：PHP 支持图形处理、编码与解码、压缩文件处理、XML 解析、HTTP 身份认证、Cookie、POP3 等，从对象式设计、结构化的特性、数据库的处理、网络接口的应用、安全编码机制等各方面看，几乎涵盖了所有网站的一切功能。

从 Web 开发的历史来看，PHP、Python 和 Ruby 几乎是同时出现的，都是十分有特点的、优秀的开源语言，但 PHP 却获得了比 Python 和 Ruby 多得多的关注度，PHP 在 2010 年 11 月 TIOBE 排行榜上位居榜首，超过了 C++、Java 和其他语言。PHP 运行速度快，开发成本低、周期短、后期维护费用低，开源产品丰富。这些优势都是其他语言无法比拟的。

PHP 正吸引着越来越多的 Web 开发人员，也成为国内多数 Web 项目开发技术的首选。

开源软件： *源码可以被公众使用的软件，并且这种软件的使用、修改和发行也不受许可证的限制，自由软件是开放源代码的一种。*

1.2　Windows 下 PHP 运行环境的搭建

要开发 Web 应用程序，必须首先安装运行环境。PHP 集成开发环境很多，如 XAMPP、AppServ 等，只需一键安装，就可以把 PHP 运行环境搭建好。但是这种安装方式不够灵活，软件的自由组合不够方便，也不利于学习。因此，建议读者独立手工安装。

PHP 站点通常部署在 Linux 服务器上会具有更高的效率。但由于使用习惯、界面友好性、操作便捷性以及软件丰富性等多方面的原因，作为新手我们更愿意在 Windows 环境下完成 PHP 站点的开发。

Windows 操作系统是目前世界上使用最广泛的操作系统，本章主要介绍在 Windows 下如何搭建 PHP 环境，包括 Apache、PHP 5 和 MySQL 的安装与配置。

1.2.1　安装运行环境

下载所需软件。

- Apache：httpd-2.2.21-win32-x86-no_ssl.msi。
- PHP：php-5.3.10-Win32-VC9-x86.zip。
- MySQL：mysql-5.5.20-win32.msi。

在 Windows 上搭建 PHP 运行环境时，除了安装基本的软件外，还需要编辑相关的配置

文件(*.ini、*.conf)。

1. Apache 的安装

Apache 是世界排名第一的 Web 服务器软件。它可以运行在几乎所有广泛使用的计算机平台上，超过 50%的网站都在使用 Apache 服务器，它以高效、稳定、安全、免费的特点，而成为最受欢迎的服务器软件。

注意

如果系统中安装了 IIS、Resin，它们的默认端口号是 80，在安装或启动 Apache 之前，应先将 IIS、Resin 服务关闭或修改端口号，否则 Apache 将无法正常启动。

安装 Apache 的步骤如下。

(1) 下载 Apache 的安装包 httpd-2.2.21-win32-x86-no_ssl.msi，双击打开安装向导，进入欢迎界面，显示当前 Apache 的版本信息。如图 1-1 所示。

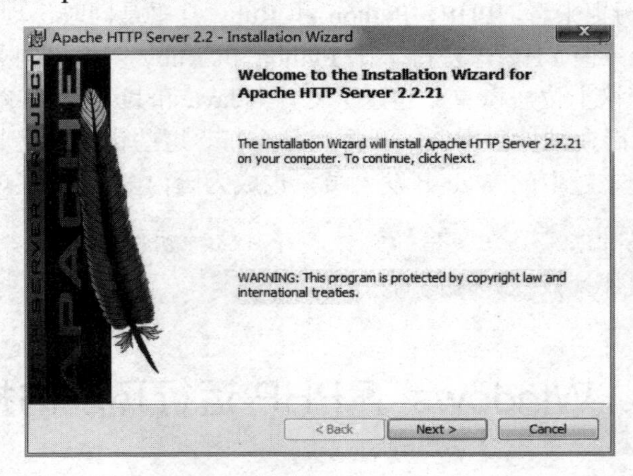

图 1-1　Apache 安装向导

(2) 单击 Next 按钮，进入 Apache 许可协议界面，仔细阅读协议内容，选中 I accept the terms in the license agreement。如图 1-2 所示。

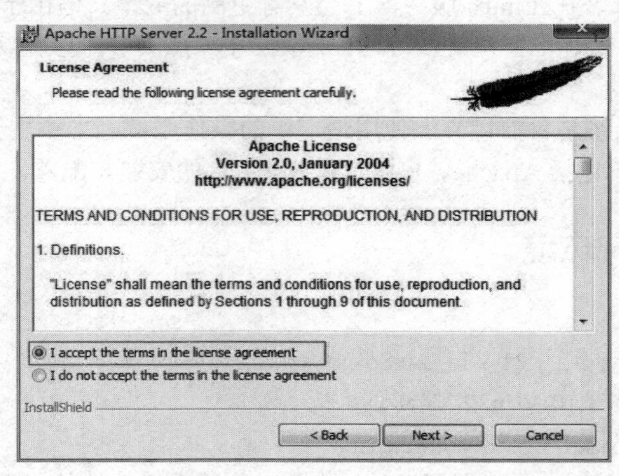

图 1-2　Apache 安装许可协议界面

(3) 单击 Next 按钮，进入 Apache HTTP 服务器介绍界面，介绍 Apache 是什么、版本信息及配置文件等；继续单击 Next 按钮，进入服务器信息设置界面。如图 1-3 所示。

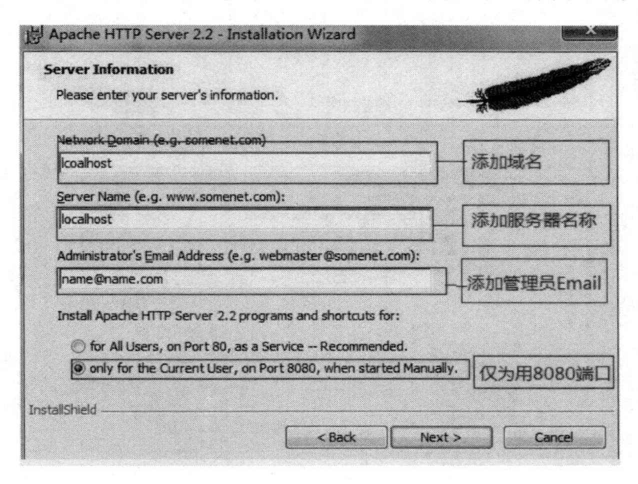

图 1-3　服务器信息设置界面

在信息设置界面中，前 3 条信息仅供参考，均可任意填写，无效的也行。其中电子邮件地址在系统出现故障时提供给访问者。

后面两个单选按钮用于确定程序和快捷方式。

- for All Users, on Port 80, as a Service -- Recommended：为默认选项，把 Apache 作为一个任何人都可以访问、监听端口号为 80 的服务器。
- only for the Current User, on Port 8080, when started Manually：把 Apache 作为自己使用并且监听端口号为 8080 的服务器，使用时需要手动启动服务。

(4) 单击 Next 按钮，选择安装类型。

- Typical(典型安装)：安装除开发模块需要的源码和库以外的所有内容。
- Custom(自定义安装)：可以自己选择要安装的内容。

这里我们选择自定义安装，如图 1-4 所示。

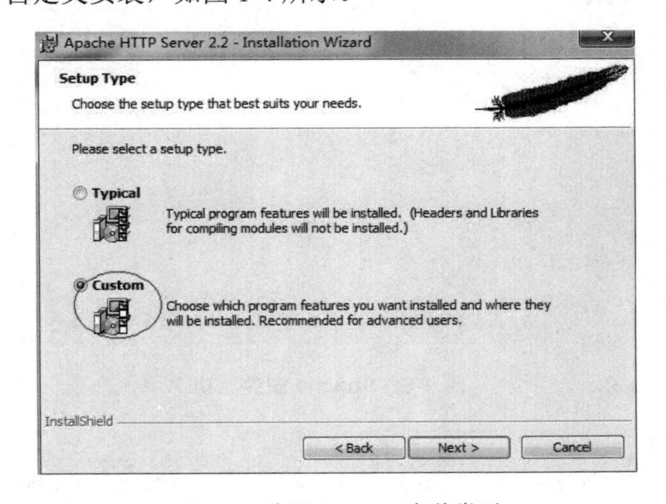

图 1-4　选择 Apache 安装类型

(5) 单击 Next 按钮，显示 Apache 的默认安装目录为 C:\Program Files\Apache Software Foundation\Apache2.2\，单击 Change 按钮自定义安装目录，如图 1-5 所示。

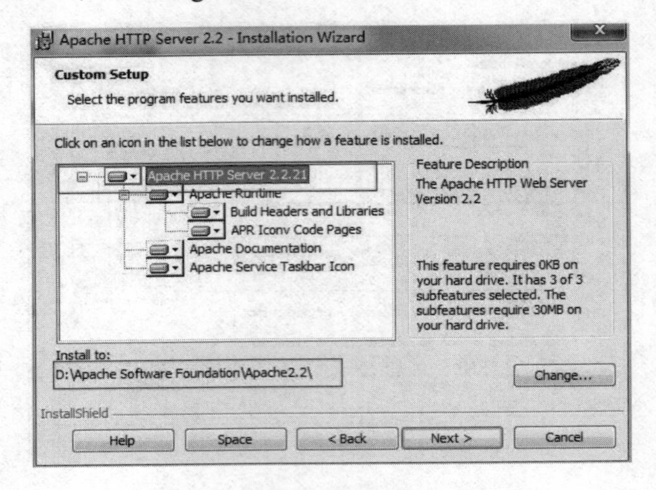

图 1-5 选择 Apache 安装目录

选择完安装目录后，单击 Next 按钮，进入安装确认界面。如果需要修改先前的信息，单击 Back 按钮可返回上一界面进行修改。

(6) 后续步骤中全部单击 Next 按钮，直至最后一个界面，单击 Finish 按钮完成安装。

(7) 安装完成后，Apache 服务器将自动开启。桌面右下角任务栏出现一个图标：

- Apache 服务器正常启动时，图标样式为。
- Apache 服务器未启动时，图标样式为。

单击图标，显示服务器的开启与关闭功能。

(8) 服务器开启后，出现一个浏览器窗口，在地址栏中输入“http://localhost/”或者“http://127.0.0.1”，显示如图 1-6 所示的页面，说明 Apache 服务器已经安装成功了。

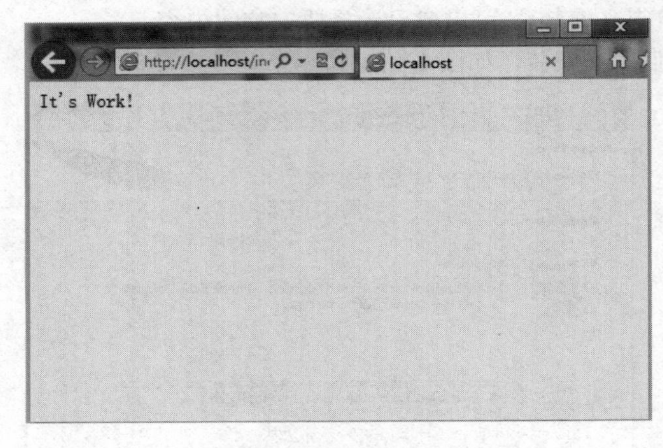

图 1-6 Apache 安装成功

提示

如果修改 Apache 的端口号为 8080，则在地址栏输入“http://localhost:8080/”进行测试。

2. PHP 的安装与部署

PHP 是一种跨平台的开发语言，其在 Windows 下的安装是非常简单方便的，涉及以下几个步骤。

(1)　下载并解压 PHP 安装包到一个选定的目标位置，如“C:\php\”。PHP 安装包的目录结构(部分)如图 1-7 所示。

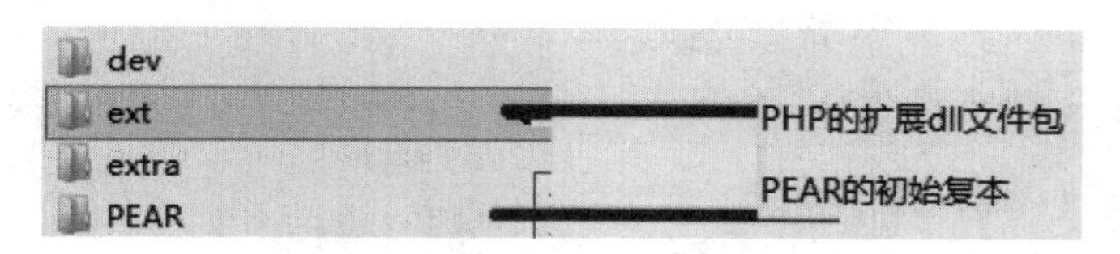

图 1-7　PHP 安装包的目录结构(部分)

(2)　设置 PHP 配置文件 php.ini。解压后目录中有两个 ini 文件，如图 1-8 所示。

php.ini-dist　　默认的php.ini设置
php.ini-recommended　　推荐的php.ini设置

图 1-8　PHP 安装包配置文件

其中 php.ini-recommended 优化了性能和安全，因此复制该文件到同级目录下并改名为 php.ini，如“C:\php\php.ini”，作为 PHP 主配置文件备用。

提示

也可将 php.ini 放到 Windows(有的系统是 winnt 目录)目录下。

(3)　编辑 php.ini 文件。使用记事本打开 php.ini 文件，编辑其中的内容。

提示

有时启动 Apache 的时候会提示“找不到指定模块”的错误信息，这是因为没有指定模块文件位置。

找到“extension_dir="./"”，将值修改为 php 目录下“ext”文件夹的路径，例如：

```
extension_dir="C:/php/ext"
```

提示

为了使 PHP 能够调用其他模块功能，可以用 extension 关键字搜索，定位到相应位置后，去除选项前的分号，则开启对应模块功能的支持。增加加载的模块，则占用的系统资源会稍微多些。

找到“;extension=php_mysql.dll”，将前面的分号“;”去掉，例如：

```
extension=php_mysql.dll
```

这样就打开了对 MySQL 模块的支持。

(4)　配置系统环境变量。右击“我的电脑”，从快捷菜单中选择“属性”命令，弹出“系统属性”对话框，单击“高级”标签，如图 1-9 所示。

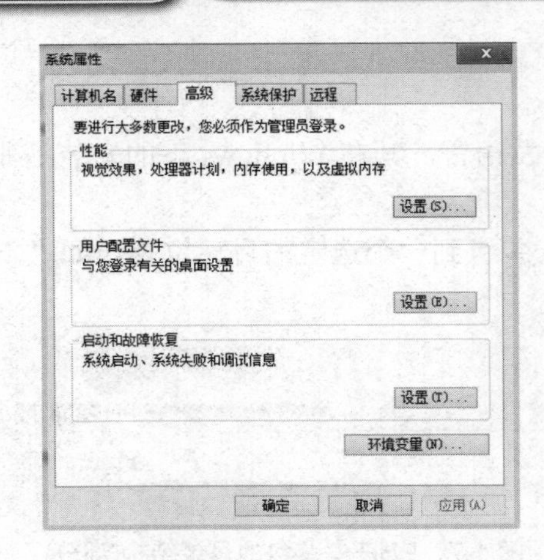

图 1-9　准备设置环境变量

然后单击“环境变量”按钮，弹出如图 1-10 所示的对话框。

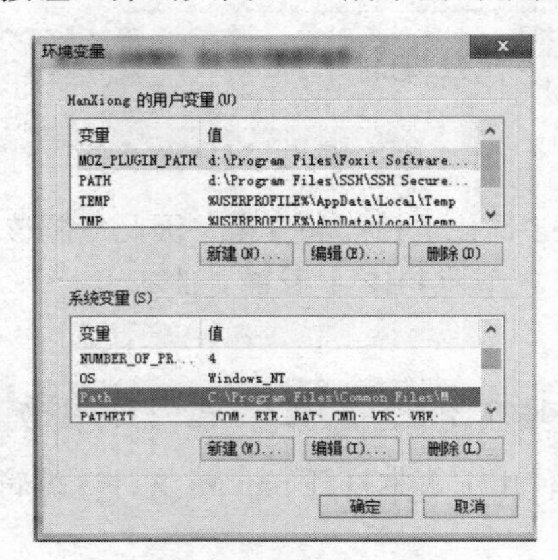

图 1-10　“环境变量”对话框

在该对话框中选择“系统变量”中的 Path，然后单击“编辑”按钮，弹出如图 1-11 所示的“编辑系统变量”对话框。

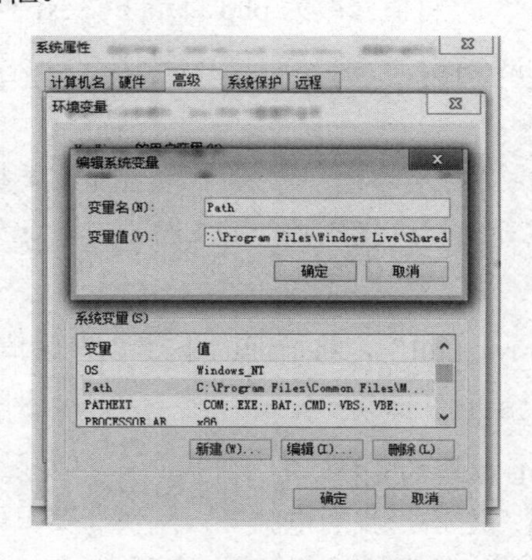

图 1-11　“编辑系统变量”对话框

在“变量值”文本框的末尾添加 PHP 的安装目录，如“;C:\php”，然后单击“确定”按钮，环境变量配置结束。

(5) 与 Apache 协同工作。PHP 以 module 方式与 Apache 相结合，用记事本打开 Apache 主配置文件“C:\Apache2.2\conf\httpd.conf”，以关键字“LoadModule”进行定位搜索，配置要加载的模块。在“LoadModule”行最后添加空行，输入如下内容：

```
#以 module 方式加载 PHP
LoadModule  php5_module  C:/php/php5apache2_2.dll
#指明 PHP 的主配置文件 php.ini 所在位置，即为先前选择的 PHP 解压缩的目录
PHPIniDir   "C:/php"
```

提示

在 PHP 的解压目录下同时有 php5apache2.dll 和 php5apache2_2.dll，因为我们的 Apache 版本是 2.2 的，所以加载 DLL 使用 php5apache2_2.dll，读者可以根据自己的情况配置。

具体设置情况可以参考图 1-12(可根据实际情况确定路径)。

```
119 #LoadModule ssl_module modules/mod_ssl.so
120 #LoadModule status_module modules/mod_status.so
121 #LoadModule substitute_module modules/mod_substitute.so
122 #LoadModule unique_id_module modules/mod_unique_id.so
123 #LoadModule userdir_module modules/mod_userdir.so
124 #LoadModule usertrack_module modules/mod_usertrack.so
125 #LoadModule version_module modules/mod_version.so
126 #LoadModule vhost_alias_module modules/mod_vhost_alias.so
127
128 LoadModule php5_module D:/php/php5apache2_2.dll
129 PHPIniDir "D:/php"
130
131 <IfModule !mpm_netware_module>
132 <IfModule !mpm_winnt_module>
133 #
```

图 1-12　Apache 主配置加载 PHP 模块代码

以关键字“AddType application”继续进行定位搜索，定义能够执行 PHP 的文件类型，添加以下内容(见图 1-13)：

```
AddType  application/x-httpd-php.php
```

提示

添加可以执行 PHP 的文件类型。如“AddType application/x-httpd-php.htm”，则.htm 文件也可以执行 PHP 程序了。

```
378     #AddEncoding x-gzip .gz .tgz
379     #
380     # If the AddEncoding directives above are commented-out, then you
381     # probably should define those extensions to indicate media types:
382     #
383     AddType application/x-compress .Z
384     AddType application/x-gzip .gz .tgz
385
386     AddType application/x-httpd-php .php
387     AddType application/x-httpd-php.html
388
389     #
390     # AddHandler allows you to map certain file extensions to "handler
391     # actions unrelated to filetype. These can be either built into th
```

图 1-13　定义能够执行 PHP 的文件类型

以“DocumentRoot”关键字继续进行定位搜索，定义本机站点目录如下。

Apache 默认 Web 根文档目录地址为：

```
DocumentRoot  "C:\Apache2.2\www\htdocs"
```

可编辑对应内容为真实地址如下，也可保留原默认地址不变：

```
DocumentRoot  "E:/web"
```

如果修改了以上地址，则继续向下修改，找到：

```
<Directory  "C:\Apache2.2\www\htdocs">
```

修改为：

```
<Directory  "E:/web">
```

继续向下修改，找到：

```
DirectoryIndex  index.html
```

修改为：

```
DirectoryIndex  index.php  index.html
```

编辑完成后注意保存 httpd.conf 文件。

(6) 测试 Web 站点。

在站点目录中(Apache 默认为“C:\Apache2.2\www\htdocs\”，如果在上一步中编辑过，则使用编辑后的新目录，如“E:/Web/”)，手工建立一个 index.php 文件，内容如下：

```
<?php
   phpinfo();
?>
```

打开浏览器，在地址栏里输入“http://localhost/index.php”，即可看到测试输出结果。至此，PHP 的安装和部署就基本上完成了。

3. MySQL 的安装与部署

MySQL 是一个关系型数据库管理系统，它分为社区版和商业版，由于其体积小、速度快、灵活、总体拥有成本低，尤其是拥有开放源码这一特点，一般中小型网站的开发都选择 MySQL 作为网站数据库。MySQL 一直被认为是 PHP 的最佳搭档。

(1) 双击 MySQL 安装文件 mysql-essential-5.1.52-win32.msi，进入欢迎界面，单击 Next 按钮，进入 Setup Type 界面。

(2) 该界面中有 3 个单选按钮，其中 Typical 和 Complete 这两种安装方式安装路径不能改变，Custom 方式可以让用户选择安装组件和安装路径，在此选择 Custom 单选按钮。单击 Next 按钮，如图 1-14 所示。

(3) 进入 Custom Setup 界面，选择要安装的组件；然后单击 Change 按钮，在弹出的对话框中选择要安装的目标位置，选择后单击 Next 按钮，如图 1-15 所示。

(4) 进入 MySQL 的准备安装界面，界面中显示了用户在以上安装步骤中所选择的信息。信息确认无误后，可单击 Install 按钮，如图 1-16 所示。

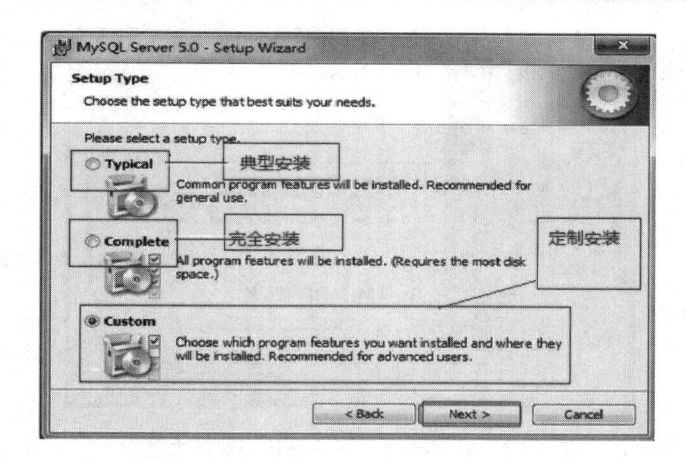

图 1-14　选择 MySQL 安装类型

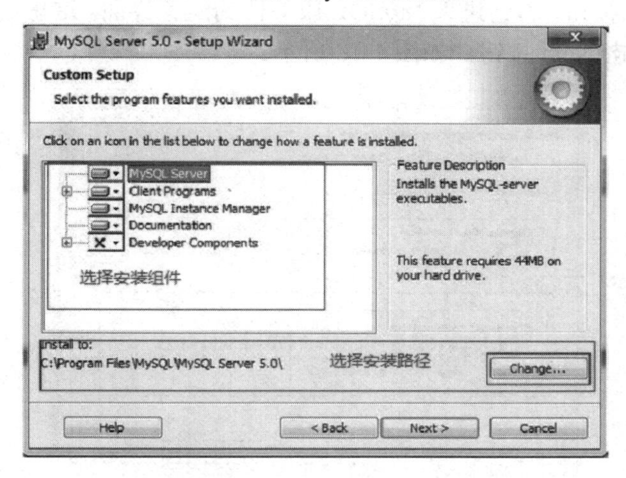

图 1-15　选择 MySQL 安装路径

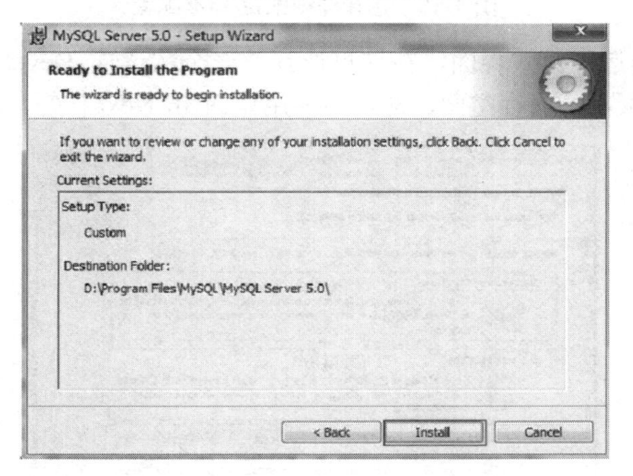

图 1-16　开始安装

(5)　安装完成后，会出现一些关于 MySQL 功能和版本的介绍。连续单击 Next 按钮，直至出现如图 1-17 所示的界面。

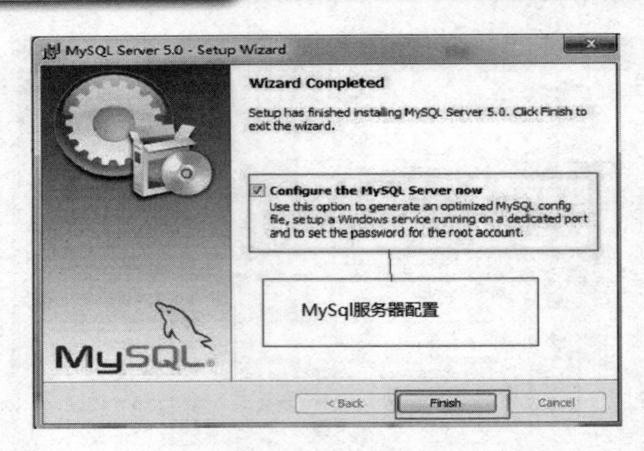

图 1-17　安装完成，下一步将配置基本信息

(6) 单击 Finish 按钮，将会进入 MySQL 服务器的配置界面。这里选择默认项“Detailed Configuration”，单击 Next 按钮，如图 1-18 所示。

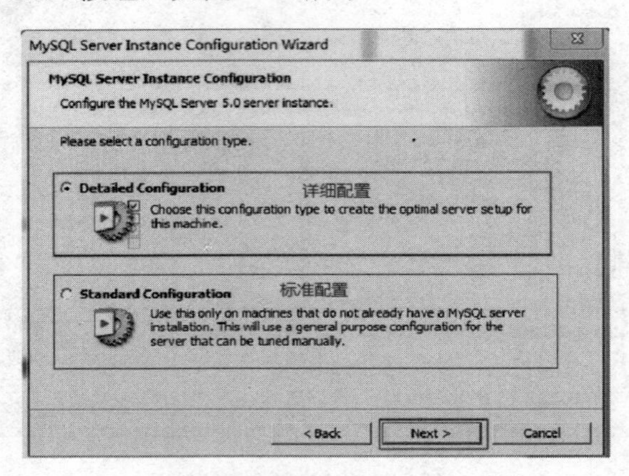

图 1-18　选择详细配置/标准配置

(7) 进入服务器运行模式界面，在这里选择第一个默认项 Developer Machine(该模式 MySQL 服务器占用最小的内存空间，测试足够用)，单击 Next 按钮，如图 1-19 所示。

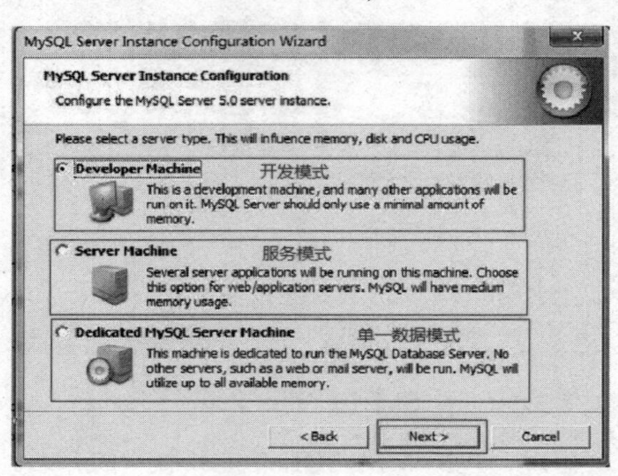

图 1-19　选择服务器的使用类型

(8) 选择数据库的类型，即选择是支持 MyISAM、InnoDB 等多种类型库的数据系统，还是只支持其中一种类型库。默认选择第一种 Multifunctional Database，即支持多种类型，单击 Next 按钮，如图 1-20 所示。

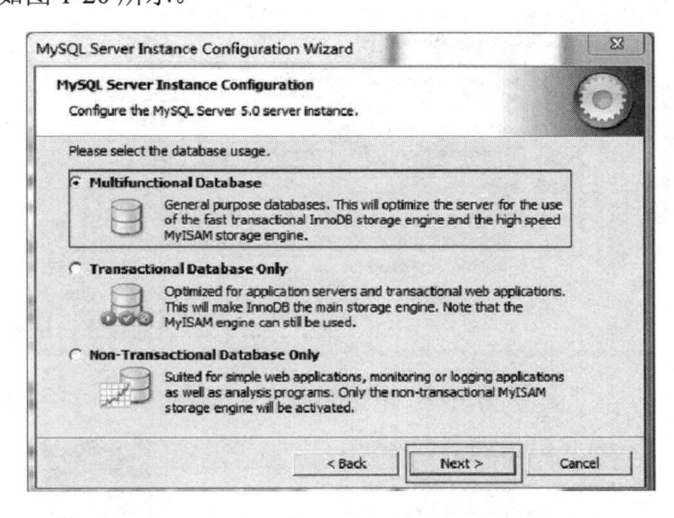

图 1-20　选择数据库类型

(9) 选择 InnoDB 数据文件的放置路径，选择路径后注意下方所选分区的剩余空间，单击 Next 按钮，如图 1-21 所示。

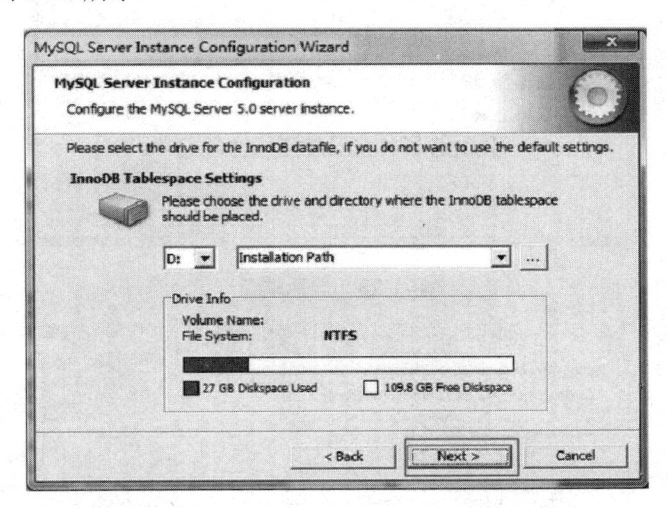

图 1-21　选择 InnoDB 数据文件的存放路径

(10) 选择 MySQL 服务器的最大并发连接数量，可选择第一个默认项，单击 Next 按钮。如图 1-22 所示。

(11) 选择 MySQL 端口设置，默认“3306”即可，单击 Next 按钮，如图 1-23 所示。

(12) 选择 MySQL 字符集设置，选中第三项“Manual Selected Default Character Set/Collation”手动设置字符集，并在下方的下拉列表中选择“utf8”，单击 Next 按钮，如图 1-24 所示。

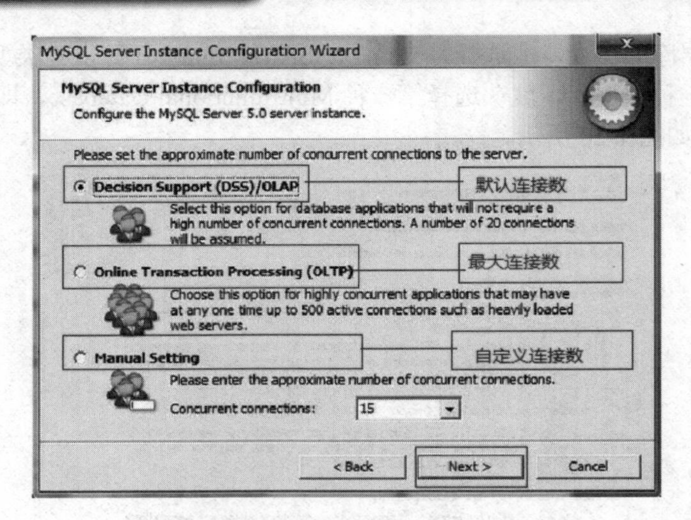

图 1-22　选择 MySQL 连接数

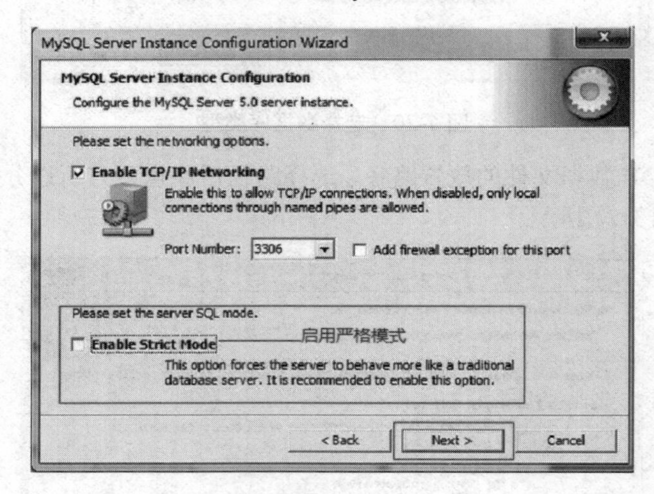

图 1-23　选择端口

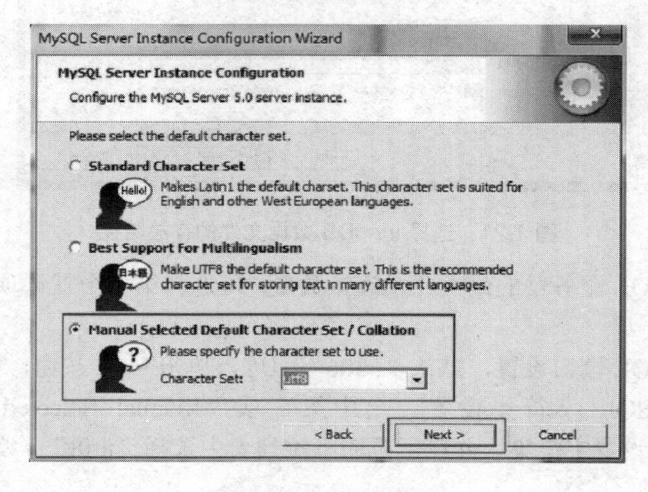

图 1-24　设置字符集

(13) 在如图 1-25 所示的界面中勾选两个复选框，然后单击 Next 按钮。

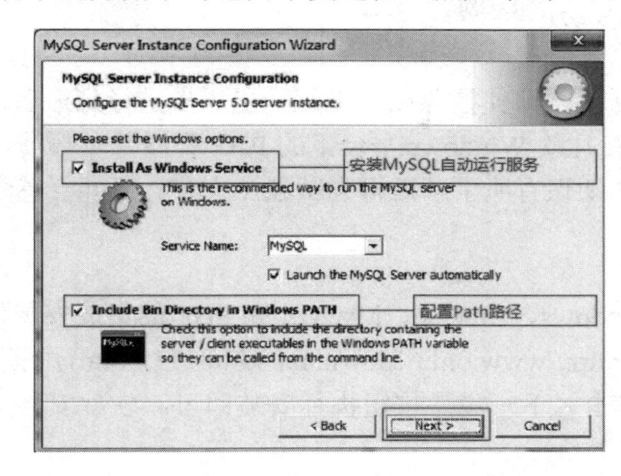

图 1-25　确定是否加入系统服务和系统路径

(14) 设置“root”账号密码(root 账号为 MySQL 默认的管理员账号)，然后单击 Next 按钮，如图 1-26 所示。

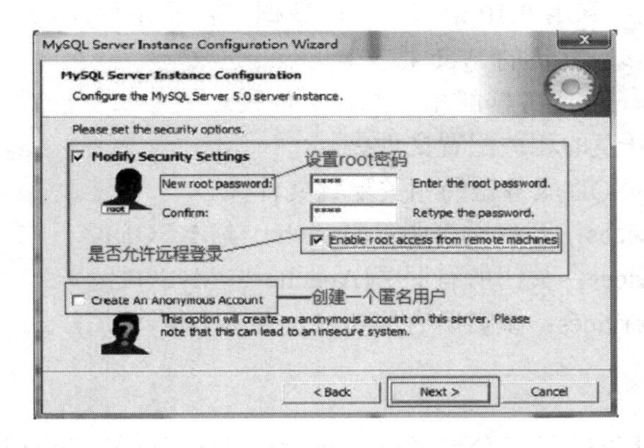

图 1-26　设置密码

(15) 准备执行以上所选择的配置，单击 Execute 按钮。执行情况如图 1-27 所示。

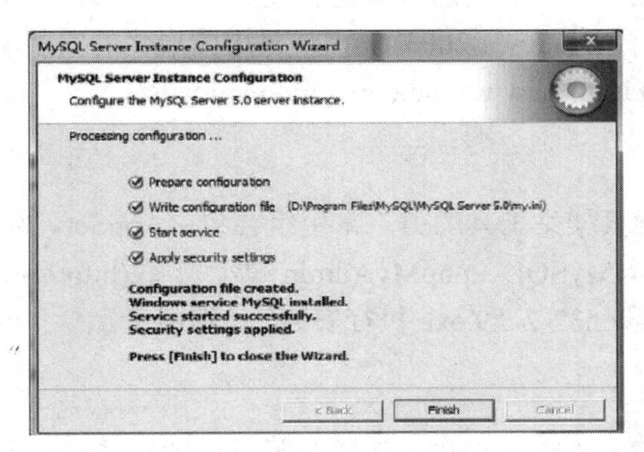

图 1-27　开始安装

至此，MySQL 在 Windows 下的安装和配置结束。

1.2.2 集成软件介绍

针对自学 PHP 的新手，即使按照以上步骤一步一步进行到最后，也难免会出现各种不成功的现象。接下来推荐几款 Windows 平台下的 PHP 集成开发环境，这种环境更容易安装，容易上手。等到对 PHP 知识有所了解后再尝试独立安装，可能会感觉比较容易些。

1. WAMP

WAMP 是基于 Windows、Apache、MySQL 和 PHP 的集成安装环境，其安装和使用都非常简单。下载安装包(http://www.onlinedown.net/soft/82112.htm)并解压后，双击 wamp*.exe，一路选择默认配置，单击“下一步”按钮执行安装即可。软件安装成功并启动后，将会自动显示在桌面任务栏右下角。

用鼠标右击 WAMP 的任务栏图标，从快捷菜单中选择 language 命令更改界面显示语言，双击 WAMP 的任务栏图标后，弹出操作界面，界面中的菜单内容如下。

- Localhost：单击后打开浏览器，显示 Web 根文档目录下的信息。
- PhpMyadmin：利用 PHP 语言开发的数据库管理界面。
- www directory：默认的 Web 根文档目录。
- Apache：Apache 服务器的相关配置文件夹。
- PHP：PHP 开发的相关配置文件夹。
- MySQL：MySQL 服务器的相关配置文件夹。
- Start All Services：开启所有服务(Apache 与 MySQL)。
- Stop All Services：关闭所有服务(Apache 与 MySQL)。
- Restart All Services：重启所有服务(Apache 与 MySQL)。

2. Zend Core

Zend Core 产品由 PHP 工具公司 Zend Technologies 发行，Zend Core 是 Zend 的认证分发版本，其 2.5 版是专门为 Windows Server 2008 开发的产品，它能有效利用微软的 FastCGI 特性，为 PHP 的解析工作提供更高的可靠性和性能。

Zend Core 也可用于 Windows 2003 IIS 6，采用图形化的安装，其稳定性与 Linux 平台不相上下。下载地址为 http://www.zend.com/en/downloads/。

3. AppServ

AppServ 是 PHP 网页架站工具的另一常用组合包。AppServ 所包含的软件有 Apache、Apache Monitor、PHP、MySQL、phpMyAdmin 等。下载(http://www.appservnetwork.com/)软件包后双击 AppServ-win32-2.5.9.exe 执行安装，一路接受默认，单击“下一步”按钮即可。

4. XAMPP

XAMPP(Apache + MySQL + PHP + Perl)是另外一款功能强大的建站集成软件包。这个软件包原来的名字是 LAMPP，但是为了避免误解，最新的几个版本就改名为 XAMPP 了。它可以在 Windows、Linux、Solaris、Mac OS X 等多种操作系统下安装使用，支持多语言。

该软件环境的目录功能如下。

- xampp\htdocs\：Web 程序(PHP 文件、HTML 文件等)。
- xampp\cgi-bin\：Perl 文件目录。
- xampp\apache\conf\httpd.conf：Apache 主配置文件。
- xampp\apache\bin\php.ini：PHP 配置文件。

以上这些集成软件包安装都比较简单，但安装这些软件包时，必须保证系统中没有安装 Apache、PHP 和 MySQL。否则需要将这些软件卸载或停止后，再安装集成软件包。

1.2.3 常用开发工具介绍

PHP 的开发工具(IDE)很多，令人惊奇的是，只有很少的人使用 IDE，大多数程序员都使用文本编辑器，比如 Microsoft Windows 上的记事本、Linux 平台上的 Emacs 或者 vim。几乎所有人都将 PHP 项目视为只不过是文件目录而已。这种看法十分片面。其实无须讨论哪款开发工具更好，但使用 IDE 会使我们对 PHP 代码有更深的见解。

简而言之，IDE 为编码工作提供了一站式服务，它拥有一套在基本编辑器中所找不到的特性。

- 项目：一个关键特性是它把 PHP 应用程序看作是一个项目，而不仅仅是一组文件。
- 调试：允许集成调试，如设置断点等诊断功能。
- 代码智能：PHP 是一种非常规则的编程语言，IDE 提供显示检查结果，帮助开发人员编写程序。
- 多语言支持、数据库导航、集成浏览器等便捷操作。

读者可以根据自己的使用习惯选择一种合适的开发工具。下面介绍几款比较流行的开发工具。

提示

IDE 的英文全称为 Integrated Development Environment，即“集成开发环境”；PHP IDE 即为 PHP 集成开发环境。

1. Zend Studio

Zend Studio 是 Zend Technologies 开发的 PHP 语言集成开发环境。也支持 HTML 标签和 JavaScript 脚本，但只对 PHP 语言提供调试支持。Zend Studio 5.5 系列后，官方推出了利用 Eclipse 的平台，即基于 PDT 的 Zend Studio for Eclipse 6.0，之后的版本也都构建于 Eclipse。

Zend Studio 是目前公认最好的 PHP 开发工具，支持 PHP 语法加亮显示，支持语法自动填充功能，支持书签功能，支持语法自动缩排和代码复制等很多功能。Zend Studio 的缺点是速度慢，而且是收费软件，但可以下载试用版。

下载地址是 http://www.zend.com/en/products/studio/。

2. Notepad++、EditPlus、DW 系列

本系列是一套非常有特色的纯文字编辑器，开源、免费但是功能强大，可处理文本、HTML 和程序语言，默认支持 HTML、CSS、PHP、ASP、Perl、C/C++、Java、JavaScript

和 VBScript 等语法的高亮显示，通过定制语法文件，可以扩展到其他程序语言，界面简洁美观，比较适合初学者使用。

1.2.4 第一个 PHP 程序

本小节我们任选一种开发工具，来创建 helloWorld.php 文件。

【例 1-1】编写 helloWorld.php 的代码如下：

```
<!DOCTYPE html PUBLIC "-//W3C//DTD XHTML 1.0 Transitional//EN"
  "http://www.w3.org/TR/xhtml1/DTD/xhtml1-transitional.dtd">
<html xmlns="http://www.w3.org/1999/xhtml">
<head>
    <meta http-equiv="Content-Type" content="text/html; charset=utf-8" />
    <title>第一个 PHP 程序</title>
</head>
<body>
    <?php
        echo "Hello World!";
    ?>
</body>
</html>
```

这里，“<?php”和“?>”是 PHP 的标记对。在这对标记对中的所有代码都被当作 PHP 代码来处理。echo 是 PHP 的输出语句，一条完整语句结束时加分号“;”。

将 helloWorld.php 文件保存到服务器的 Web 根文档目录下。

提示

Web 根文档目录默认为“C:\Apache2.2\www\htdocs\”，编辑过 Apache 主配置 httpd.conf 文件后可更改为自己真实的目录，如“E:\web”，详见前面介绍过的安装过程。

打开浏览器窗口，在地址栏中输入“http://localhost/helloWorld.php”，按下 Enter 键查看页面运行结果，如图 1-28 所示。

图 1-28 PHP 程序的运行结果

1.3 上 机 练 习

(1) 选择一种集成开发环境进行安装，然后显示 helloWorld.php 页面的内容。

(2) 尝试独立安装 PHP 开发环境并部署，然后显示 helloWorld.php 页面的内容。

第 2 章

PHP 的基本语法

学前提示

PHP 是一种服务器端的、嵌入到 HTML 文档中的脚本语言，是开发 Web 应用程序最快捷的工具之一。PHP 大量借用了 C、C++和 Perl 语言的语法，同时加入了一些其他语法特征，使编写 Web 程序更快、更有效。事实上，PHP 免费且开源、语法简单，再加上 PHP 提供了大量的预定义函数，且跨平台、功能强大、灵活易用、运行效率高。这些优点都使 PHP 开发事半功倍。

知识要点

- PHP 的重要符号。
- PHP 的数据类型。
- PHP 的常量与变量。
- PHP 的运算符。
- PHP 的流程控制结构。

2.1 PHP 的重要符号

符号在任何一种编程语言里都非常重要，PHP 也不例外。本节内容分别从语言标记、代码注释、空白符、分隔符等几个方面详细介绍各种符号的使用及其注意事项。

2.1.1 PHP 语言标记

PHP 作为嵌入式脚本语言，需要使用特定标记将 PHP 代码与 HTML 内容区分开。当 PHP 应用程序服务器解析一个文件时，通过寻找开始和结束标记，告诉 PHP 开始和停止解释其中的代码，凡是在标记之外的内容都会被 PHP 解析器忽略。

提示

PHP 运行环境软件即为 PHP 应用程序服务器，外挂在 Web 服务器 Apache 上协同工作，当用户通过浏览器访问 Web 服务器上的动态数据时，Web 服务器就通过 PHP 应用程序服务器解释并执行 PHP 脚本来完成。

PHP 支持以下 4 种标记风格。

(1) XML 风格

例如：

```
<HTML>
   <HEAD>
      <TITLE>PHP 四种标记风格</TITLE>
   </HEAD>
   <BODY>
      <?php
         echo '这是 XML 风格的标记';
      ?>
   </BODY>
</HTML>
```

运行结果如图 2-1 所示。

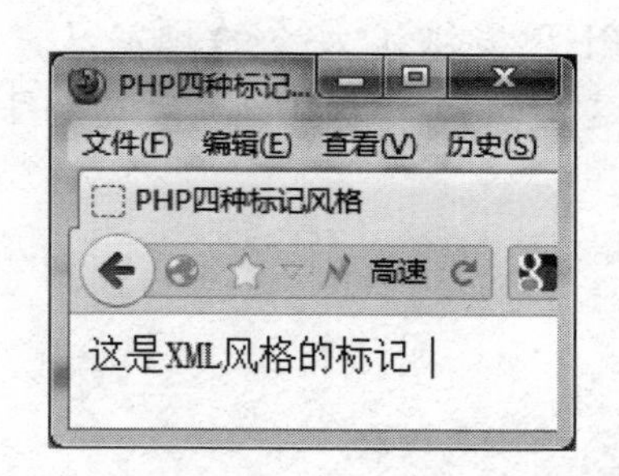

图 2-1 XML 风格 PHP 的运行效果

以“<?php”开始和以“?>”结束的标记是标准风格的标记，这种标记风格可以应用于不同的服务器环境，该标记风格不可被服务器管理员禁用，在开发过程中推荐使用。

(2)　脚本风格

例如：

```
<HTML>
    <HEAD>
        <TITLE>PHP 四种标记风格</TITLE>
    </HEAD>
    <BODY>
        <script language="php">
            echo '这是脚本风格的标记';
        </script>
    </BODY>
</HTML>
```

运行结果如图 2-2 所示。

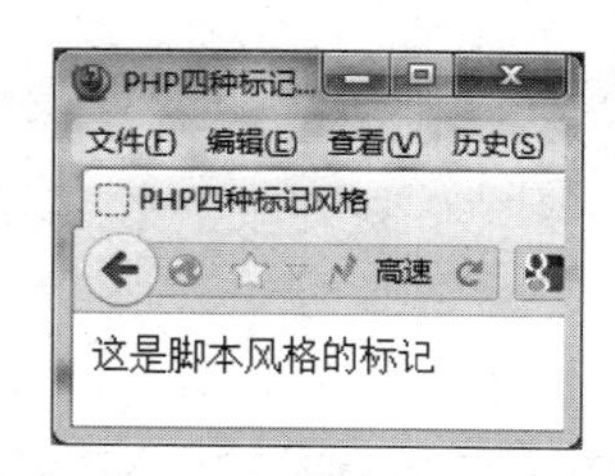

图 2-2　脚本风格 PHP 的运行效果

这种标记是最长的，是长风格标记。使用过 JavaScript 或者 VBScript 的开发人员会比较熟悉。如果所使用的 HTML 编辑器无法支持其他标记风格，可以使用长风格标记。

(3)　简短风格

例如：

```
<HTML>
    <HEAD>
        <TITLE>PHP 四种标记风格</TITLE>
    </HEAD>
    <BODY>
        <?
            echo '这是简短风格的标记';
        ?>
    </BODY>
</HTML>
```

运行结果如图 2-3 所示。

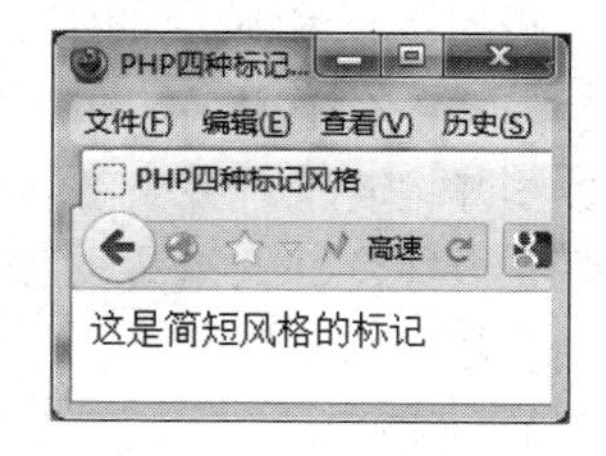

图 2-3　简短风格 PHP 的运行效果

以“<?”开始和以“?>”结束，这种标记风格是最简单的，它遵循 SGML(标准通用置标语言)处理说明的风格，但是系统管理员偶尔会禁用，PHP 配置文件(php.ini)中该功能默认也处于禁用状态，因为它会干扰 XML 文档的声明。因此使用简短风格标记时需要在 php.ini 中对其进行配置，将 short_open_tag 设置为 ON，然后重启 Apache 服务器。为了代码的移植及发行，应确保不要使用该种标记。

(4) ASP 风格

例如：

```
<HTML>
    <HEAD>
        <TITLE>PHP 四种标记风格</TITLE>
    </HEAD>
    <BODY>
        <%
            echo '这是 ASP 风格的标记';
        %>
    </BODY>
</HTML>
```

运行结果如图 2-4 所示。

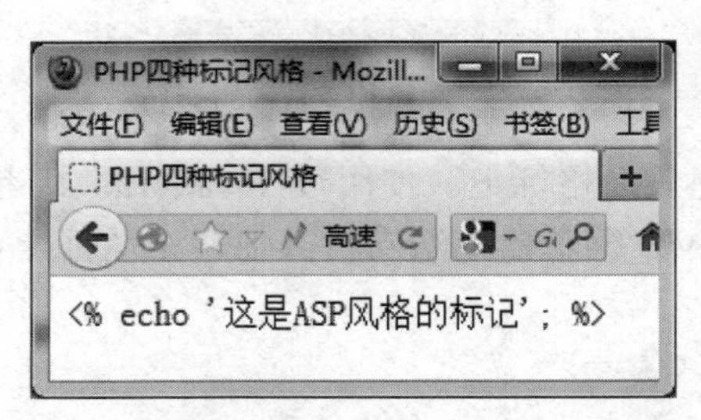

图 2-4　ASP 风格 PHP 的运行效果

这是为习惯了 ASP 或 ASP.NET 编程风格的人员而设计的，默认情况下该风格的标记处于被禁用状态。如果要使用这种标记风格，需要在 PHP 配置文件 php.ini 中进行编辑，将 asp_tags 设置为 ON，然后重启 Apache 服务器。考虑到程序的移植问题，不推荐使用该种风格的标记。

2.1.2　PHP 代码的注释

任何优秀的程序不可或缺的一个重要元素就是注释。合理书写注释，不仅可以提高程序的可读性，还有利于开发人员之间的沟通和后期的维护，有时也可以将暂时不合理的代码注释掉以备后用，从严格意义上讲，一份代码至少应有一半以上的内容为注释信息。另外，注释掉的内容会被 Web 服务器引擎忽略，不会被解释执行，也就不会影响到 PHP 代码的运行效率。因此，正确书写注释是一种良好的编程习惯。

PHP 支持以下两种不同风格的注释。

(1) 单行注释(“//”或者“#”)。例如：

```
<?php
```

```
    echo '使用单行注释';     // 这是 C++注释风格
    echo '使用单行注释';     # 这是 Unix Shell 注释风格
?>
```

运行结果如图 2-5 所示。

图 2-5　单行注释的运行结果

单行注释以"//"或者"#"引导，遇到换行或者 PHP 结束标记时结束。如果单行注释中包含"?>"，则其后的字符将被作为 HTML 内容处理。注释一般写在被注释代码的上面或者右面。

(2) 多行注释(块注释)。例如：

```
<?php
    /*
    这是多行注释
    可以写多行信息
    */
    echo '多行注释防止嵌套引发的问题';
?>
```

在 PHP 中，块注释以"/*"引导，遇到第一个"*/"时结束。块注释不允许嵌套。由于不进行块注释的嵌套检查，因此下面的写法是错误的：

```
<?php
    /*
    echo "This is a test";  /* 块注释的嵌套将引起错误 */
    */
?>
```

运行结果如图 2-6 所示。

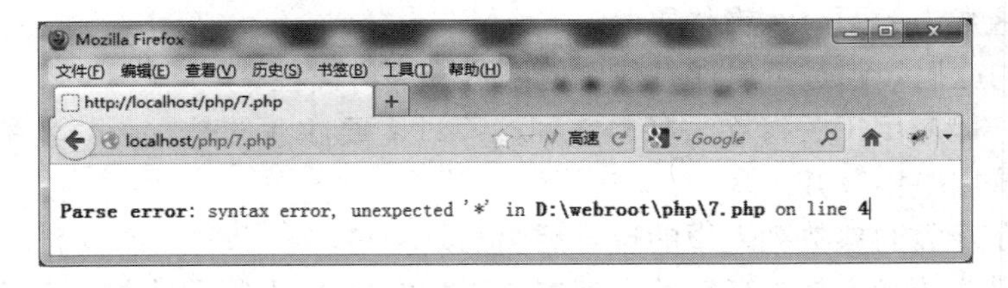

图 2-6　错误的嵌套注释

但在 PHP 中，多行注释与单行注释是可以嵌套的。例如，下面的写法是正确的：

```
<?php
    // echo "This is a test"; /*多行注释写在单行注释里*/
    /* echo "This is a test"; //单行注释写在多行注释里*/
?>
```

运行结果如图 2-7 所示。

图 2-7　正确的嵌套注释

以上说明了属于 PHP 语言中的注释规则，即必须放在 PHP 开始标记(如“<?php”)及结束标记(如“?>”)之间，否则注释功能不起作用。

验证：<h1>this is an <?php　//echo ‘simple’;?>example.</h1>

显示结果为

this is an example.

2.1.3　PHP 的空白符

在 PHP 程序代码中，可以将一条语句拆分为多行，也可以紧缩成一行，空白符(包括空格、Tab 制表符、换行符)在解释执行过程中会被 PHP 引擎忽略。但空白符的合理运用(通过排列分配、缩进等)可以增强程序代码的清晰性与可读性。

(1) 下列情况应该总是使用两个空行：

- 一个源文件的两个代码片段之间。
- 两个类的声明之间。

(2) 下列情况应该总是使用一个空行：

- 两个函数声明之间。
- 函数内的局部变量和函数的第一条语句之间。
- 块注释或单行注释之前。
- 一个函数内的两个逻辑代码段之间。

(3) 空格的应用规则是可以通过代码的缩进提高可读性：

- 空格一般应用于关键字与括号之间，不过需要注意的是，函数名称与左括号之间不应该用空格分开。
- 一般在函数的参数列表中的逗号后面插入空格。
- 数学算式的操作数与运算符之间应该添加空格(二进制运算与一元运算除外)。
- for 语句中的表达式应该用逗号分开，后面添加空格。
- 强制类型转换语句中的强制类型的右括号与表达式之间应该用逗号隔开，添加空格。

2.1.4　PHP 的指令分隔符

PHP 语句分为两种：一种是结构定义语句，例如流程控制、函数定义等，结束时不需

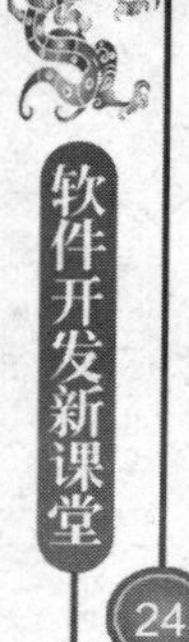

要使用分号；另一种是功能执行语句，例如声明变量、调用函数等，也称为指令语句，结束时必须加分号。例如：

```
<?php
   echo "This is a test";       //PHP 指令，必须加分号结束
?>
<?php echo "This is a test" ?>  //结束标记“?>”隐含了分号，所以这里可以忽略分号
```

运行结果如图 2-8 所示。

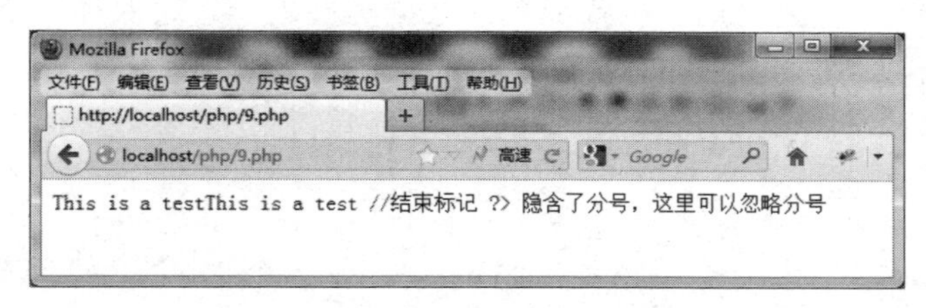

图 2-8　使用分隔符

2.2　PHP 的数据类型

在计算机世界里，计算机操作的对象都是数据，而每一个数据都有它特有的类型，具有相同类型的数据才可以彼此操作。

PHP 是一种弱类型检查语言，与其他编程语言不同的是，PHP 中的数据类型由程序的上下文决定，即具体的类型由存储的数据决定。

PHP 程序中，数据类型可以分为三类：标量数据类型、复合数据类型和特殊数据类型。

1. 标量数据类型

标量数据类型主要有以下几种。

- boolean：布尔型。
- integer：整型。
- float/double：浮点型。
- string：字符串。

2. 复合数据类型

复合数据类型主要有以下两种。

- array：数组。
- object：对象。

3. 特殊数据类型

特殊数据类型主要有以下两种。

- resource：资源。
- NULL：空。

2.2.1　标量数据类型

标量数据类型即为绝大多数程序语言的基本数据类型，PHP 中具体涉及以下 4 种基本数据类型。

1. 布尔型(boolean)

布尔型是 PHP 中较为常用、也最简单的数据类型之一，它保存一个逻辑真(true)或假(false)。其中 true 和 false 是 PHP 的内部关键字，不区分大小写。

【例 2-1】布尔数据类型的用法：

```
<?php
$bar = true;     // 声明 boolean 类型变量，赋初始值为 true
// == 是一个操作符，它检测两个变量是否相等，并返回一个布尔值，传递给控制流程
//$bar 与字符串 zhy 相比较，结果为 false，echo 不执行
if($bar  ==  "zhy") {
   echo '相等';
}
/*
要明确地将一个值转换成 boolean，PHP 中可以使用(bool)或者(boolean)来强制转换。但很多
情况下不需要，因为它会实现自动转换。
var_dump()函数显示关于一个或多个表达式的结构信息，包括表达式的类型与值，可以比较一下
var_dump()与 print_r()。
*/
var_dump((bool) "");           // 将空值转换成 bool，运行结果为 bool(false)
var_dump((bool) 1);             // 将数字 1 转换成 bool，运行结果为 bool(true)
var_dump((bool) -3);            // 将数字-3 转换成 bool，运行结果为 bool(true)
// 自行验证其他情况
?>
```

注意

在 PHP 中，不是只有关键字 false 值表示假，下列情况都被认为是 false：布尔值 FALSE、整型值 0、浮点型值 0.0、空字符串和字符串“0”、没有成员变量的数组、没有单元的对象、特殊类型 NULL，读者可自行验证。

2. 整型(integer)

整型数据类型只能包含整数，可以用符号“+”或“-”开头表示正负数，其字长与平台有关。对于 32 位的操作系统来说，有效的范围是-2147483648～+2147483647。整型数可以用十进制、八进制、十六进制来表示，如果使用八进制，数字前面必须加“0”，如果用十六进制，数字前面必须加“0x”，但表达式中计算的结果均以十进制数字输出。

【例 2-2】整型数据类型的用法：

```
<?php
$a = 1000;                     // 十进制正整数
$b = 0100;                     // 以“0”开头，八进制正整数
$c = 0x100;                    // 以“0x”开头，十六进制正整数
$d = 2147483648;               //十进制正整数的写法，但超出了整型数据的表示范围
```

```
//使用 var_dump()函数打印该变量类型及数值如下
var_dump($d);                    // 运行结果为 float(2147483648)
?>
```

运行结果如图 2-9 所示。

图 2-9　使用整型数据

注意

① 在 PHP 中不支持无符号整数，因此无法像其他语言那样将整数都表示成正数，即最大值翻一倍。最大值可以用常量 PHP_INT_MAX 来表示，如果一个数或者运算结果超出了整型范围，将会返回 float。

② 如果在八进制中出现了非法数字(8 和 9)，则后面的数字会被忽略掉。

3. 浮点型(float/double)

浮点数据类型用来存储包括小数的数字，是一种近似的数值，字长与平台有关。在 32 位的操作系统中，有效的范围是 1.7E-308 ~ 1.7E+308，精确到小数点后 15 位。在 PHP 4.0 以前的版本中，浮点型的标识为 double，也叫作双精度浮点数，float 和 double 两者没有区别。浮点型数据默认有两种书写格式，一种是标准格式，如 3.1415、-68.4；还有一种是科学计数法格式，如 3.58E1、54.6E-3。

【例 2-3】浮点型数据类型的用法：

```
<?php
echo $a = 101.1;             // 以小数形式表示浮点数
echo "<br>";
echo $b = 10.1e10;
echo "<br>";                 // 以科学计数法形式表示浮点数
echo $c = 10.1E-10;
echo "<br>";                 // 以科学计数法形式表示浮点数
?>
```

运行结果如图 2-10 所示。

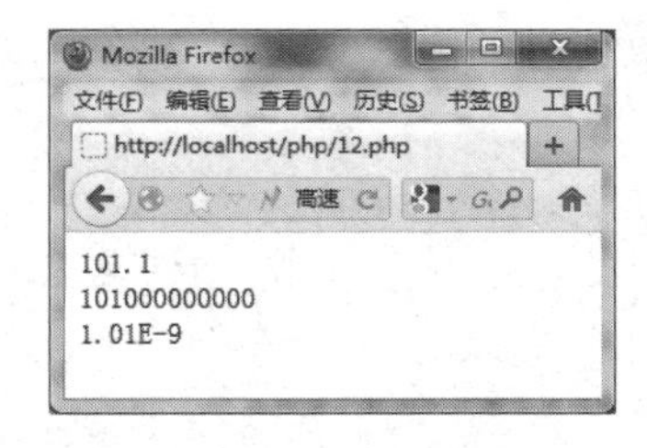

图 2-10　使用浮点型数据

PHP 中 float 类型的精度有点问题，因此在应用浮点数时，尽量不要去比较两个浮点数是否相等，也不要将一个很大的数与一个很小的数相加减，此时那个很小的数可能会忽略。如果必须进行高精度的数学计算，可以使用 PHP 提供的专用的数学函数系列和 gmp()函数。

4. 字符串型(string)

字符串类型用来表示一连串的字符。在 PHP 中没有对字符串做长度限制，一个字符占用一个字节，因此一个字符串可以由一个字符构成，也可以由任意多个字符构成。

PHP 中可以采用 3 种方式来定义字符串：单引号(')、双引号(")和定界符(<<<)。

(1) 单引号

定义一个字符串最简单的办法就是使用单引号(')，但是单引号里面不能再包含单引号，必须使用时，应添加反斜线(\)转义，如果需要输出反斜线，则使用双反斜线(\\)。另外，在单引号里出现的变量会照原样输出，因为 PHP 引擎不会对它进行解析，也就不会花费处理字符串转义和变量的开销，因此单引号定义字符串效率是最高的。

【例 2-4】字符串型数据类型的用法：

```
<?php
$a = 'this is a simple string';     // 使用单引号表示字符串
echo  $a;
$b = 'what\'s this?';               // 显示字符串中的单引号
$c = 'name:'.'Simon.';             // 多个字符串之间可以使用“.”连接
echo 'this is a simple string $a';   // 单引号中包含变量，照原样输出
echo "<br>";
echo 'this is \t a \n simple string \\';   //自行验证输出结果
?>
```

运行结果如图 2-11 所示。

图 2-11 使用字符串数据

(2) 双引号

在上面示例中，均采用了单引号的方式来表示字符串，还可以使用双引号的方式来表示，示例代码如下：

```
<?php
$a = "this is a simple string";  // 使用双引号表示字符串
echo $a;
echo "<br>";
$b = "what's this? ";              // 显示字符串中的单引号
$c = "name: "."Mick. ";      // 多个字符串之间可以使用“.”连接
```

```
echo  "this is a simple string $a";   // 双引号中包含变量，使用变量值替换
echo "<br>";
echo  "this is a simple string ${a}s";  // 合理使用花括号
echo "<br>";
echo  "this is \t a \n simple string \\";   //自行验证输出结果
?>
```

运行结果如图 2-12 所示。

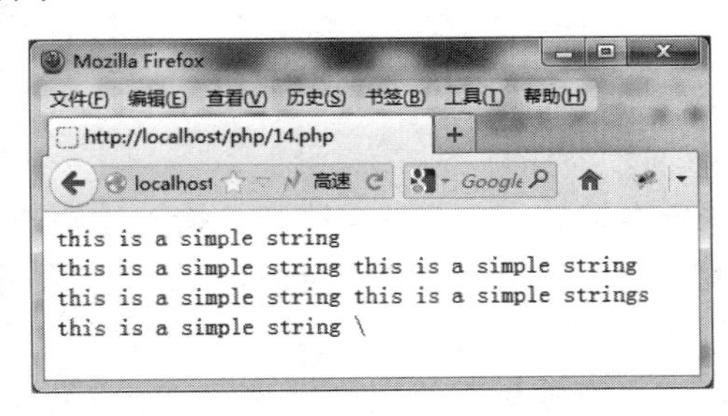

图 2-12　使用双引号

两者之间的不同点是对转义字符的使用。使用单引号方式时，需要对字符串中的单引号“'”进行转义；但使用双引号方式时，要表示单引号，可以直接写出，无须使用反斜线来进行转义。采用双引号表示字符串可以使用更多的转义字符，如果试图转义其他任何字符，反斜线本身也会被显示出来。表 2-1 列出了所有支持的转义字符。

表 2-1　转义字符列表

转义字符	输　出
\n	换行(LF 或者 ASCII 字符 0x0A(10))
\r	回车(LF 或者 ASCII 字符 0x0A(10))
\t	水平制表符(HT 或者 ASCII 字符 0x09(9))
\\	反斜杠
\$	美元符号
\'	单引号
\"	双引号
\[0-7]{1,3}	此正则表达式匹配一个使用八进制符号表达的字符串
\x[0-9A-Fa-f]{1,2}	此正则表达式匹配一个使用十六进制符号表达的字符串

另外，单引号方式和双引号方式还有一个区别在于，双引号中所包含的变量会自动被替换成变量值，而单引号中包含的变量则当作普通字符串照原样输出。

【例 2-5】字符串型数据类型单双引号方式的差别：

```
<?php
$a = '只会看到一遍';          // 声明一个字符串变量
echo  "$a";                 // 用双引号输出，输出内容为“只会看到一遍”
echo  "<p>";                // 输出段落标记
echo  '$a';                 // 用单引号输出，输出内容为“$a”
?>
```

运行结果如图 2-13 所示。

图 2-13　引号的使用

(3)　定界符(<<<)

定界符是从 PHP 4.0 开始支持的。在一段字符开始输入 3 个连续的小于符号，紧接着指定一个标识符表示开始，然后是字符串，最后是同样的标识符结束该段字符串。结束标识符必须从行的第一列开始，并且后面除了分号之外不能包含任何其他的字符，空格以及空白制表符都不可以。同样，定界符的标识符也必须遵循 PHP 中的命名规则，即只能包含字母、数字、下划线，而且必须以下划线或者非数字字符开始。使用界定符最大的好处就是可以在脚本中插入大篇幅的文本，并且文本中还可以直接使用单引号和双引号，无需对它们进行转义处理。

【例 2-6】采用界定符的方式来表示字符串：

```
<?php
$a = 'this is a simple string';     // 使用单引号表示字符串
$b = "this is a simple string";     // 使用双引号表示字符串
//使用标识符 STR 开始和使用标识符 STR 结束，当然可以使用任何其他合法标识符
$c = <<<STR
这里是包含在定界符里的字符串，需要提醒大家的是结束标识符不能被缩进，而且在分号前后都不能有任何符号，包括空格和制表符；另外，结束标识符之前的第一个字符必须是您操作系统的换行符。使用定界符可以在脚本中插入大量文本，并且文本中还可以直接使用单引号和双引号，无需进行转义。
<br/>
$a<br/>
$b
STR;
echo $c;
?>
```

运行结果如图 2-14 所示。

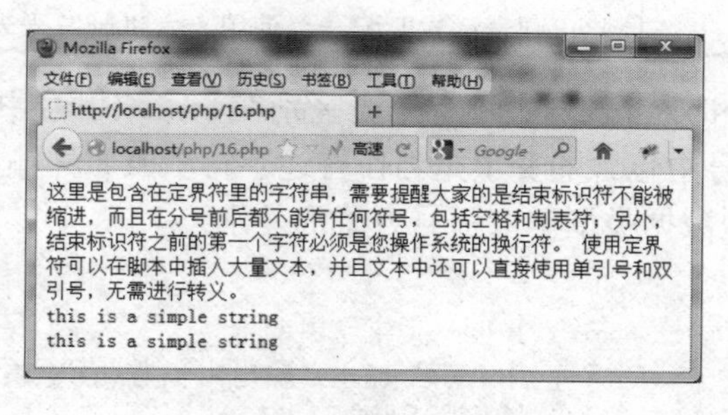

图 2-14　使用定界符

从程序的运行结果可以看出，在定界符方式中，变量名将同样被变量值所取代。

注意

PHP 解析器在解析变量时，会从遇到美元符($)开始，尽可能多地取得后面的字符来组成一个合法的变量名，当遇到单引号、双引号或者花括号“}”时会停止字符的取得。

2.2.2　复合数据类型

复合数据类型就是将简单数据类型的数据组合起来，表示一组特殊数据的数据类型。PHP 提供了 array(数组)和 object(对象)两种复合数据类型，它们都可以包含一种或多种简单数据类型。

1. 数组(Array)

数组是一系列相关数据的集合，以某种特定的方式进行排列，形成一个整体。数组中的每一个数据称为一个元素，元素的值可以是基本数据类型，也可以是复合数据类型(如以一个数组作为元素)；可以是相同的数据类型，也可以是不同的数据类型。数组里的每一个元素都有其唯一的编号，称为索引。在有些编程语言中，数组的索引必须是数字，而在 PHP 中，索引既可以是数字，也可以是字符串(该复合数据类型将在第 4 章进行详细讲解，这里仅作简要说明)。PHP 中可以使用多种方法构造一个数组。

【例 2-7】构建数组：

```
<?php
$num[0] = "one";
$num[1] = "two";
$num[2] = "three";
$num["three"] = 4;
echo $num[1];          // two
echo $num["three"];     // 4
//使用 array()构建数组
$arr = array("one" => "zhy", 1 => true);
print_r($arr);      // 用 print_r()函数查看数组中的全部内容
echo $arr["one"];   // 通过下标访问单个元素，zhy
echo $arr[1];       // 1
?>
```

运行结果如图 2-15 所示。

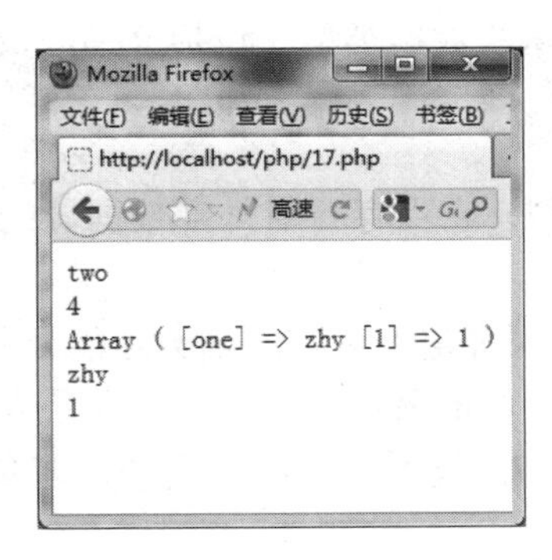

图 2-15　使用数组

提示

给元素赋布尔值，在查看数组内容时会进行自动转换。请自行验证：

```
$arr = array("one" => "zhy", 1 => false); echo $arr[1];
```

2. 对象(Object)

对象是一种更高级的数据类型，现实生活中的任何事物，如一本书、一张桌子等都可以看作是一个对象。对象类型的变量是由一组属性值和一组方法构成的，对象可以表示具体的事物，也可以表示某种抽象的规则、事件等。对于对象这一复杂数据类型，将在第 7 章进行详细讲解。

【例 2-8】构建对象：

```
<?php
class Person {
    var $name;              //属性值，表示对象的状态
    function run() {}       //方法，表示对象的功能
}
$p = new Person;            //使用 new 运算符实例化类 Person 的对象，保存到变量$p 中
$p->name = "zhy";           //通过$p 访问对象属性并赋值
echo $p->name;              //zhy
?>
```

运行结果如图 2-16 所示。

图 2-16　使用对象

2.2.3　特殊数据类型

PHP 还提供了一些特殊用途的数据类型，包括 Resource(资源)和 Null(空)。

1. Resource(资源)

资源是一种特殊的变量类型，它保存着对外部数据源的引用，如文件、数据库连接等，直到通信结束。

只有 PHP 脚本中负责将资源绑定到变量的函数才能返回资源，无法将其他数据类型转换为资源类型。资源变量里并不真正保存一个值，实际是只保存一个指针。在使用资源时，系统会自动启用垃圾回收机制，释放不再使用的资源，避免内存消耗殆尽。因此，资源很少需要手动释放。

数据库持久连接是一种比较特殊的资源，它不会被垃圾回收系统释放，需要手动释放。

【例 2-9】资源使用示例：

```
<?php
/*
使用 fopen()函数以写的方式打开本目录下的 test.txt 文件，返回文件资源
*/
$file = fopen("test.txt", "w");
var_dump($file); //输出 resource(3) of type(stream)
?>
```

运行结果如图 2-17 所示。

图 2-17　使用资源

2. NULL(空)

NULL(空)表示“什么也没有”，既不表示零，也不表示空格。空值 NULL 不区分大小写，即 null 和 NULL 效果是一样的。以下三种情况均被看作空值：

- 被赋值为 null。
- 变量没有被赋值。
- 变量赋值后，使用 unset()函数进行清除。

【例 2-10】使用 null 空值：

```
<?php
/*
is_null()函数判断变量是否为 null，该函数返回一个 boolean 值型，如果变量为 null，则返回 true，否则返回 false。unset()函数用来销毁变量
*/
$s1 = null;
$s2 = 'string';
if(is_null($s1)) {                //条件成立，返回 true
    echo 's1 = null ';          //该语句被执行
}                                //输出 s1 = null
echo '变量$s1 未被赋值。<p>';      //输出“变量$s1 未被赋值。”
if(is_null($s2)) {                //条件不成立，返回 false
    echo 's2 = null<br/>';      //该语句不执行
}
echo '变量$s2 被赋值。<p>';         //输出“变量$s2 被赋值。”
echo '变量$s2 使用 unset()函数处理之后：'; //输出“变量$s2 使用 unset()函数处理之后：”
unset($s2);
```

```
if(is_null($s2)) {                //该条件成立，返回 true
    echo 's2 = null<br/>';  //输出“s2 = null”
}
?>
```

运行结果如图 2-18 所示。

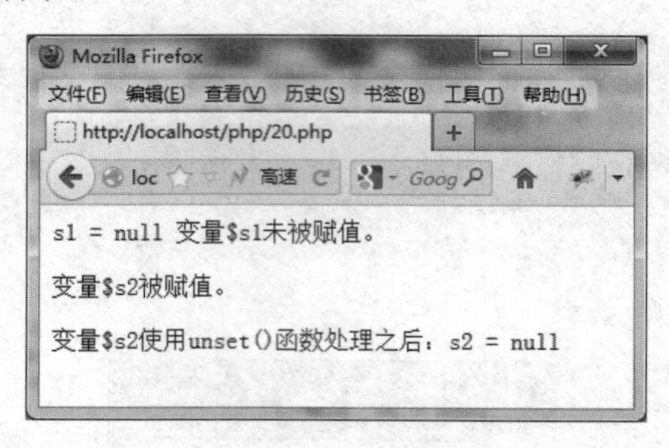

图 2-18　使用 null 值

2.3　数据类型转换

PHP 是弱类型检查语言，PHP 中的变量定义中不需要(或不支持)明确的类型定义，变量类型由上下文所决定，这给程序的编写带来很大的灵活与方便，但有时在程序中又需要知道自己使用的是哪种类型的变量，因此仍然需要用到类型转换，否则可能导致一些潜在的错误。

PHP 中的类型转换可以使用两种方式来实现：

- 一种方式是显式转换，即强制类型转换。在需要转换类型的变量前加上用“()”括起来的数据类型名称或使用 settype()函数来实现。
- 另一种方式是隐式转换，即自动类型转换。

2.3.1　隐式转换(自动转换)

PHP 中隐式数据类型转换很常见，变量会根据运行环境自动转换，是由 PHP 语言引擎自动解析的一种方式。经常遇到的自动转换有如下两种情况。

1. 直接的变量赋值操作

在 PHP 中，直接对变量的赋值操作是隐式类型转换最简单的方式。在直接赋值操作过程中，变量的数据类型由赋予的值决定。

【例 2-11】直接赋值：

```
<?php
$string1 = "HelloWorld!";
$int1 = 100;
echo $string1 = $int1;
?>
```

运行结果如图 2-19 所示。

图 2-19　直接赋值

这个操作本质上改变了$string1 变量的内容，而原有的变量内容则被垃圾收集机制回收。

2. 运算结果对变量的赋值操作

变量在表达式运算过程中发生类型转换，这并没有改变运算数本身的类型，改变的仅仅是这些运算数如何被求值。自动类型转换虽然由系统自动完成，但要遵循转换按数据长度增加的方向进行，以保证精度不被降低。一般分为两种情况：

- 表达式的操作数为同一数据类型时，将运算结果赋值给变量。
- 表达式的操作数为不同数据类型时，这种情况转换发生在运算过程中。

【例 2-12】 表达式赋值：

```
<?php
/*
下面的例子实现字符串连接，通常自动类型转换发生在特定的操作上下文中，具体的转换方式与特定的操作有关
*/
$a = 10;          //直接赋值为 10
$b = "2zhy";      //直接赋值为字符串
echo  $a . $b;    //将两个不同的变量值通过点号连接，运行结果输出 102zhy
?>
```

运行结果如图 2-20 所示。

图 2-20　表达式赋值

在进行类型转换时：

- 转换成 boolean 类型，则 null、0 和未赋值的变量或数组都会被转换为 false，其他为 true。
- 当 boolean 类型转换为 int 类型时，false 转换为 0，true 转换为 1。
- 当字符串转化为 int 类型时，字符串如果以数字开头，就截取到非数字部分，否则输出 0。
- 其他数据类型转换为 object 类型时，名为 scalar 的成员变量将包含原变量的值。

2.3.2 显式转换(强制转换)

当程序中需要某种指定数据类型的变量时，可以使用强制类型转换。强制转换包括两种：使用函数 setType(变量，类型)改变原变量的类型，或者在变量前加上(数据类型)不改变原变量的类型，允许转换的类型如表 2-2 所示。

表 2-2 允许转换的类型

转换操作符	转换类型	举 例
(boolean)或(bool)	转换成布尔型	(boolean)$num、(boolean)$str
(string)	转换成字符串型	(string)$boo、(string)$flo
(integer)或(int)	转换成整型	(integer)$boo、(integer)$str
(float)或(double)	转换成浮点型	(float)$str、(double)$str
(array)	转换成数组	(array)$str
(object)	转换成对象	(object)$str
(unset)	转换为 NULL	(unset)$str

【例 2-13】强制类型转换：

```
<?php
$a = "123";
$b = "123aa";
$c = "abc";
$d = TRUE;
$e = FALSE;
$f = 123;
echo (float)$a.'<br/>';          //将$a 强制转换为 float 类型，结果为 123
echo (float)$b.'<br/>';          //将$b 强制转换为 float 类型，结果为 123
echo (float)$c.'<br/>';          //将$c 强制转换为 float 类型，结果为 0
echo (int)$d.'<br/>';           //将$d 强制转换为 int 类型，结果为 1
echo (int)$e.'<br/>';           //将$e 强制转换为 int 类型，结果为 0
echo (bool)$f.'<br/>';           //将$f 强制转换为 bool 类型，结果为 1
var_dump((array)$b); echo"<br/>";
  //将$b 强制转换为数组 array(1) {[0]=> string(5) "123aa"}
var_dump((object)$b); echo"<br/>"; //将$b 强制转换为对象类型
  //object(stdClass)#1(1) {[ "scalar"]=> string(5) "123aa"}
var_dump((unset)$b); echo"<br/>"; //释放$b 变量，结果为 NULL
/*
setType()函数转换数据类型
语法格式：bool settype(mix var, string type)
getType()函数显示变量的数据类型
string gettype(mixed var)
*/
echo getType($a);       // string
$g = setType($a, "bool");  //强制转换为 bool
echo getType($g);       // boolean
?>
```

运行结果如图 2-21 所示。

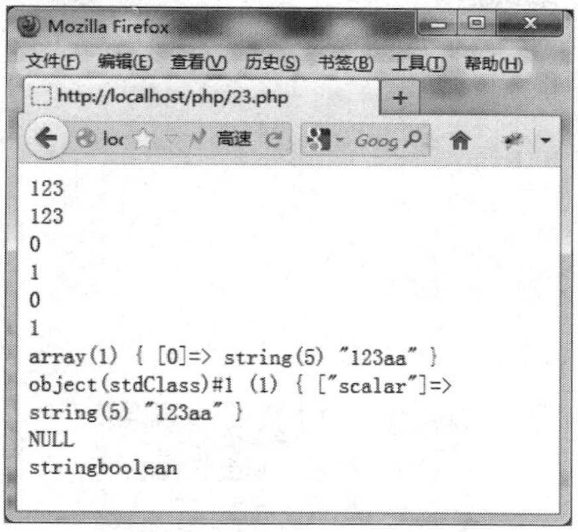

图 2-21　使用显式转换

2.4　常量与变量

常量与变量是构成程序的基础，根据程序运行过程中数据的值是否发生改变，可将数据分为常量与变量。常量就是在脚本执行期间值始终不变的量，变量的值则可以发生改变。

2.4.1　常量

常量，顾名思义是一个常态的量值。常量在使用前必须先定义，而且只能是标量值。它与值只绑定一次，在整个脚本执行期间该值不改变。常量的名称就是一个标识符，标识符要遵循 PHP 的命名规范，即以字母或下划线开头，后面可以跟任何字母、数字或下划线。默认情况下，常量大小写敏感，按照习惯推荐大写，但不要加“$”。

1. 常量的定义与使用

在 PHP 中，不能通过赋值语句来定义常量，只能使用 define()函数定义常量，语法如下：

```
bool define (string name, mixed value[, bool case_insensitive]);
```

第一个参数为常量的名字，第二个参数为常量的值或表达式，这两个参数为必选参数，第三个参数可选，表示常量名字是否区分大小写，如果设定为 true，表示不区分大小写，默认为 false。

【例 2-14】使用 define()函数定义常量：

```
<?php
define('DEFAULT_PATH' , '/var/www/'); // 定义常量，习惯上常量名采取大写
define('NORMAL_USER', '0');          //定义常量
echo DEFAULT_PATH.'<br/>';   // 显示常量值，输出  /var/www/
echo NORMAL_USER.'<br/>';    // 显示常量值，输出  0
echo default_path.'<br/>';   // 显示常量值，输出  default_path
// 常量定义时名字是大写，这里使用小写，程序不把 default_path 作为常量处理
```

```
/*
要判断一个常量是否已经定义，可以使用 defined()函数，语法格式如下：
bool defined(string name);
参数 name 为要判断的常量的名称，常量已定义则返回 true，否则返回 false
*/
if(defined('NORMAL_USER')) {
    echo NORMAL_USER;     // 条件成立，输出 0
}
?>
```

运行结果如图 2-22 所示。

图 2-22　定义常量

2. 系统预定义常量

系统预定义常量包括内核预定义常量和标准预定义常量，在程序中直接使用。不过很多常量都是由不同的扩展库定义的，只有加载了这些扩展库才会出现。常用的预定义常量如表 2-3 所示。

表 2-3　常用的预定义常量

常 量 名	功　能
__FILE__	文件的完整路径和文件名
__LINE__	当前行号
__CLASS__	类的名称
__METHOD__	类的方法名
PHP_VERSION	PHP 版本
PHP_OS	运行 PHP 程序的操作系统
DIRECTORY_SEPARATOR	返回操作系统分隔符
TRUE	逻辑真
FALSE	逻辑假
NULL	一个 null 值
E_ERROR	最近的错误之处
E_WARNING	最近的警告之处
E_PARSE	解析语法有潜在的问题之处
E_NOTICE	发生不同寻常的提示之处，但不一定是错误处

__FILE__、__LINE__、__CLASS__、__METHOD__中的“__”是两个下划线。

【例 2-15】预定义常量的实例：

```
<?php
echo '本文件路径和文件名为'.__FILE__.'<br />';
 //本文件路径和文件名为 D:\myPhp\test.php
echo '当前行数为：'.__LINE__.'<br />';          //当前行数为：3
echo '当前的 PHP 版本为：'.PHP_VERSION.'<br />';  //当前 PHP 版本为：5.2.6
?>
```

运行结果如图 2-23 所示。

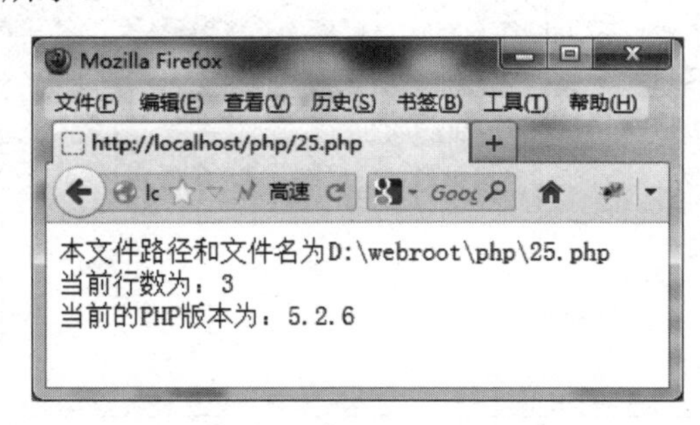

图 2-23　使用预定义常量

2.4.2　变量

在前面的一些代码实例中已经用到了变量，任何一种编程语言中变量都占据着举足轻重的地位，缺少了变量便缺少了灵活性。变量就是用于临时存储值的一个容器，比如数字、文本字符串或者数组等，一旦设置了某个变量，可以在脚本中重复地使用。

1. 变量的定义

在 PHP 中，变量采用美元符号($)加一个变量名的方式来表示：

```
$var_name = value;
```

2. 命名规则

变量的命名规则如下：

- 变量名必须以字母或下划线“_”开头。
- 变量名只能包含字母、数字、下划线。
- 变量名不能包含空格。如果变量名由多个单词组成，那么应该使用下划线进行分隔(比如$my_string)，或者以大写字母开头(比如$myString)。

PHP 是弱类型检查语言，因此变量在使用前不需要预先定义，也无须指定数据类型。同时，在定义变量时，也可以不用初始化变量，变量会在使用时自动声明。

【例 2-16】定义变量：

```
<?php
```

```
echo $var+1;     //未定义变量，输出  1
$v_ar = 1;        //无须指定类型，根据值决定变量类型
$var = "hello";  //可以随时针对变量赋值
$VAR = "world";  //变量严格区分大小写
echo  $VAR;      //输出  world
$1 = 100;              //有错误
ECHO "hello";    // 除变量名外都是不区分大小写的，输出  hello
$and = "关键字";
echo $and;       // 输出  关键字
?>
```

运行结果如图 2-24 所示。

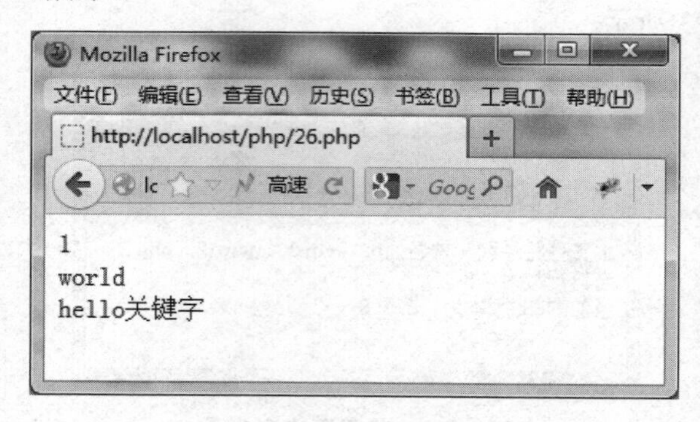

图 2-24　变量定义

注意

PHP 中有些标识符是系统定义的，又叫关键字。与其他编程语言不同的是，PHP 允许使用关键字名当作变量名，但是这样容易混淆，所以最好不要用。变量名要有一定的含义，以便能很好地了解变量所存储的内容，尽量使用小写方式。

3. 变量赋值

PHP 中不需要显式地声明变量，但好的编程实践是：所有变量都必须在使用前进行声明，最好带有注释。PHP 中为变量赋值有两种方式：传值和引用。这两种赋值方式在对数据的处理上存在很大差别。

- 传值赋值：使用“=”直接将赋值表达式的值赋给另一个变量。
- 引用赋值：将赋值表达式内存空间的引用赋给另一个变量。需要在“=”右边的变量前面加上一个“&”符号。在使用引用赋值的时候，两个变量将会指向内存中同一存储空间。因此任何一个变量的变化都会引起另外一个变量的变化。

【例 2-17】两种赋值方式的差异：

```
<?php
echo "使用传值方式赋值：<br/>";        // 输出  使用传值方式赋值：
$a = "hello";
$b = $a;                          // 将变量$a 的值赋值给$b，两个变量指向不同的内存空间
echo "变量 a 的值为".$a."<br/>";        // 输出  变量 a 的值为 hello
echo "变量 b 的值为".$b."<br/>";        // 输出  变量 b 的值为 hello
```

```
$a = "hello world!";                    // 改变变量a的值，变量b的值不受影响
echo "变量a的值为".$a."<br/>";          // 输出  变量a的值为hello world!
echo "变量b的值为".$b."<p>";            //输出  变量b的值为hello
echo "使用引用方式赋值：<br/>";         //输出  使用引用方式赋值：
$a = "world";
$b = &$a;                    // 将变量$a的引用赋给$b，两个变量指向同一块内存空间
echo "变量a的值为".$a."<br/>";  // 输出  变量a的值为world
echo "变量b的值为".$b."<br/>";  // 输出  变量b的值为world
$a = "world hello!";
/*
改变变量a在内存空间中存储的内容，变量b也指向该空间，b的值也发生变化
*/
echo "变量a的值为".$a."<br/>";  // 输出  变量a的值为world hello!
echo "变量b的值为".$b."<p>";    // 输出  变量b的值为world hello!
?>
```

运行结果如图2-25所示。

图2-25　变量赋值

2.4.3　变量的作用域

在PHP脚本的任何位置都可以声明变量，但是，声明变量的位置会大大影响访问变量的范围，这个可以访问的范围称为变量作用域。如果变量超出了作用域，则变量就失去了意义。

在PHP中，按照变量作用域的不同，可将变量分为局部变量、全局变量和静态变量。

1. 局部变量

在函数内部声明的变量，其作用域是所在函数(将在第3章中介绍函数)。它保存在内存的栈中，所以速度很快。

2. 全局变量

与局部变量相反，全局变量可以在程序的任何地方访问。被定义在所有函数以外的变量，其作用域是整个PHP文件；函数内部使用全局变量，在变量前面加上关键字GLOBAL声明。

3. 静态变量

静态变量是一种特殊的局部变量，静态变量只存在于函数作用域内，也就是说，静态变量只存活在栈中。一般的函数内变量在函数结束后会释放，比如局部变量，但是静态变量却不会。下次再调用这个函数的时候，该变量的值仍会保留下来。只要在变量前加上关键字 static，该变量就成为静态变量了。

【例 2-18】局部变量与全局变量对比：

```
<?php
$str = "函数外部定义的变量";                // 全局变量
function fun() {                              // 定义函数 fun()
    $str = "... 在函数内部定义的变量 ... "; // 局部变量，仅在该函数内部有效
    echo "函数内部输出变量值：".$str."<br/><br/>";
    /*
    输出局部变量的值
            函数内部输出变量值：... 在函数内部定义的变量 ...
    */
}
fun();                                        // 函数调用
echo "在函数外部输出变量值：".$str;
/*
输出全局变量的值
      在函数外部输出变量值：函数外部定义的变量
*/
?>
```

运行结果如图 2-26 所示。

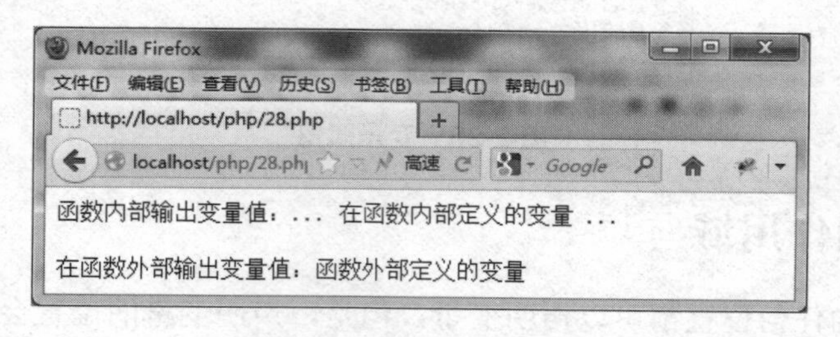

图 2-26　使用局部变量和全局变量

从运行结果可以看出，分别在函数内外定义的变量$str，在函数内部使用的是自己定义的局部变量$str，而函数调用结束后，函数内部定义的局部变量$str 销毁，输出的是全局变量$str 的值。

如果想要在函数内改变外部变量$str 的值，可以使用 global 关键字。

【例 2-19】使用 global 声明全局变量：

```
<?php
$str = "函数外部定义的变量";
function fun() {
    global $str;                              // 声明全局变量
    echo "函数内部：".$str."<br/>";
    /*
```

```
    输出全局变量的变量值
            函数内部：函数外部定义的变量
    */
    $str = "... 在函数内部改变变量的值 ... ";          //更改全局变量的值
    echo "改变后，函数内部：".$str."<br/><br/>";
    /*
    输出全局变量改变后的值
            改变后，函数内部：... 在函数内部改变变量的值 ...
    */
}
fun();
echo "函数调用结束后变量值：".$str;
/*
输出改变后全局变量的值
        函数调用结束后变量值：... 在函数内部改变变量的值 ...
*/
?>
```

运行结果如图 2-27 所示。

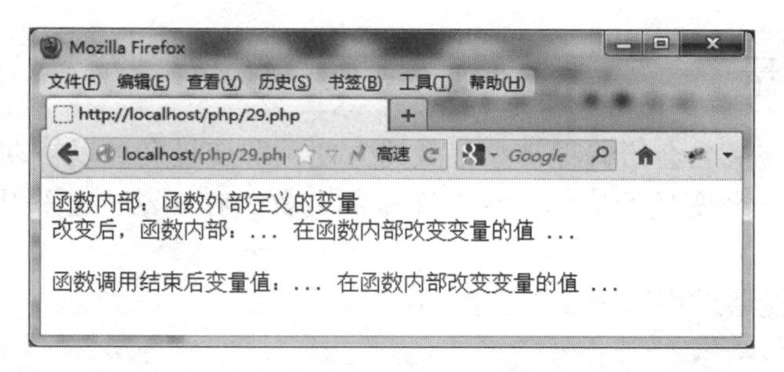

图 2-27　global 关键字的作用

静态变量在很多地方能用到，如在聊天室中可以使用静态变量来记录用户的聊天内容。

【例 2-20】使用 static 声明静态变量：

```
<?php
function fun() {
    static $num = 0;     // 初始化静态变量
    $num += 1;
    echo $num."  ";
}
function fun2() {
    $num = 0;               // 函数内的局部变量
    $num += 1;
    echo $num."  ";
}
echo "fun()中 num 的值：";
for($i=0; $i<10; $i++) {
    fun();
}                           // fun()中 num 的值：1 2 3 4 5 6 7 8 9 10
echo "<br/>";
echo "fun2()中 num 的值：";
```

```
for($i=0; $i<10; $i++) {
    fun2();
}                          // fun2()中 num 的值: 1 1 1 1 1 1 1 1 1 1
?>
```

运行结果如图 2-28 所示。

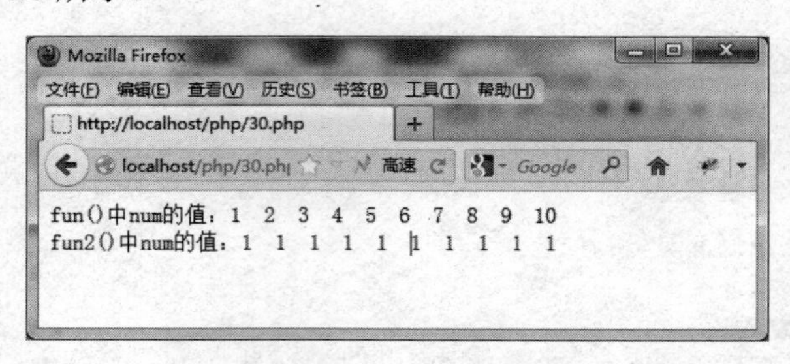

图 2-28 使用静态变量

从运行结果可以看出，静态变量的初始化只在函数第一次被调用时执行一次，以后就不再对其进行初始化操作了，静态作用域对递归函数很有用。

2.4.4 可变变量

有时候可变的变量名会给编程带来很大的方便，即变量名可以被动态地命名和使用。可变变量是指使用一个变量的值作为这个变量的名称。在语法上是采用两个美元符号($$)来进行定义的。

一个普通的变量通过声明来设置，例如：

```
<?php
$a = 'hello';
?>
```

一个可变变量获取了一个普通变量的值作为这个可变变量的变量名，例如：

```
<?php
$$a = 'world';
?>
```

此时，两个变量都被定义了：$a 的内容是“hello”并且$hello 的内容是“world”。

例如：

```
<?php
echo "$a    ${$a}";
?>
```

与以下语句输出的结果是相同的：

```
<?php
echo "$a    $hello";
?>
```

它们都会输出：hello world。

注意

在 PHP 的函数和类的方法中，超全局变量不能用作可变变量。$this 变量是一个特殊变量，不能被动态引用。

思考

```
<?php
$a = "${phpinfo()}";    //花括号内直接写 phpinfo()，函数是否会执行?
//花括号内第一个字符如果是空格、Tab、注释、回车或@等情况，结果会怎样?
?>
```

【例 2-21】使用可变变量：

```
<?php
$a = 'hello';              // 声明变量 $a 存储的值是 hello
$$a = 'world';        // 声明变量 $hello 存储的值是 world
echo $a."<br/>";
echo $hello."<br/>";
echo $$a."<br/>";
echo ${$a}."<br/>";
?>
```

运行结果如图 2-29 所示。

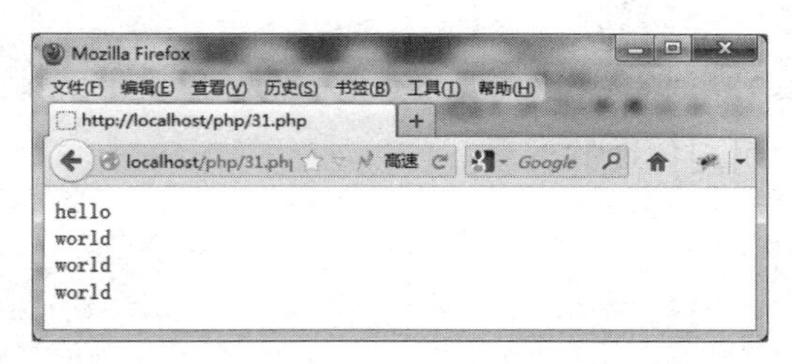

图 2-29　使用可变变量

2.4.5　变量的销毁

创建了一个变量，即在内存中开辟了一块空间，该空间引用计数加 1，变量名即为该空间的标签。当变量与该空间的联系被断开时，则空间引用计数减 1，直到引用计数为 0，则称为垃圾。任何一种编程语言都有其垃圾自动回收机制，无须过分关心内存分配。

在 PHP 中，也提供了手动销毁变量的方法，最常用的是使用 unset 函数。unset 函数并不是一个真正意义上的函数，它是一种语言结构。在使用此函数时，它会根据变量的不同触发不同的操作。

【例 2-22】变量的销毁：

```
<?php
$a = 10;      //声明变量$a
unset($a);    //使用 unset()销毁不再使用的变量$a，但并未释放内存空间
echo  $a;    //变量被销毁
?>
```

运行结果如图 2-30 所示。

图 2-30 销毁变量

建议读者自行验证以下情况。

(1) unset()销毁函数中的全局变量：

```
<?php
function destroy_foo() {//声明函数
    global $foo;         //函数内部使用 global 关键字声明全局变量
    echo $foo;
    unset($foo);         //使用 unset()释放变量
    echo $foo;
}
$foo = 'bar';             //函数外声明全局变量
destroy_foo();            //调用函数
echo $foo;                //全局变量有何变化？
?>
```

(2) unset()销毁函数引用传递的变量：

```
<?php
function foo(&$bar) {
    unset($bar);
    $bar = "hello";
}
$bar = 'world';
echo  $bar;

foo($bar);
echo  $bar;      //验证引用变量有何变化
?>
```

(3) unset()静态变量：

```
<?php
function foo()
{
    static $bar;
    $bar++;
    echo "Before unset: $bar, ";
    unset($bar);
    $bar = 23;
    echo "after unset: $bar\n";
}
```

```
foo();          //验证静态变量的变化
foo();
foo();
?>
```

2.5　PHP 的运算符

任何一种编程语言中都会用到运算符，它是 PHP 引擎对一个或多个操作数执行某种运算的符号，也称操作符。

按照连接操作数个数的不同，分为一元运算符、二元运算符、三元运算符。

按照所执行功能的不同，可分为赋值运算符、算术运算符、比较运算符、逻辑运算符、按位运算符、字符串运算符、数组运算符、类型运算符等。

这里将对 PHP 中一些常用的运算符进行详细介绍。

2.5.1　赋值运算符

赋值运算符是二元运算符，它左边的操作数必须是变量，右侧可以是一个值或表达式，PHP 中的赋值运算符如表 2-4 所示。

表 2-4　赋值运算符

运 算 符	举 例	展开形式	功 能
=	$a = 100	$a = 100	将右边的值赋值给左边
+=	$a += 100	$a = $a + 100	将左边的值加上右边的值赋值给左边
-=	$a -= 100	$a = $a - 100	将左边的值减去右边的值赋值给左边
*=	$a *= 100	$a = $a * 100	将左边的值乘以右边的值赋值给左边
/=	$a /= 100	$a = $a / 100	将左边的值除以右边的值赋值给左边
.=	$a .= 100	$a = $a . 100	将左边的字符串连接到右边赋值给左边
%=	$a %= 100	$a = $a % 100	将左边的值对右边的值取余赋值给左边

【例 2-23】使用赋值运算符：

```
<?php
$a = ($b = 4) + 5; // $a 现在成了 9，而 $b 成了 4
echo $a;          // 9
$a = 3;
$a += 5;          //  $a = $a + 5;
echo $a;          // 8
$b = "Hello ";
$b .= "There!";    // $b = $b . "There!";
echo $b;          // Hello There!
?>
```

运行结果如图 2-31 所示。

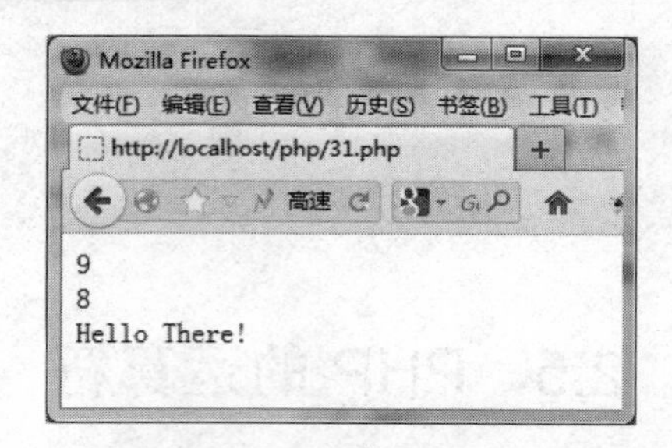

图 2-31　使用赋值运算符

2.5.2　算术运算符

算术运算符用来执行数学上的算术运算，包括加、减、乘、除等。PHP 中的算术运算符如表 2-5 所示。

表 2-5　算术运算符

运 算 符	名　称	举　例	结　果
-	取负运算	-$a	$a 的负数
+	加法运算	$a + $b	$a 和$b 的和
-	减法运算	$a - $b	$a 和$b 的差
*	乘法运算	$a * $b	$a 和$b 的积
/	除法运算	$a / $b	$a 和$b 的商
%	取余数运算	$a % $b	$a 和$b 的余数
++	自增运算	$a++、++$a	$a 的值加 1
--	自减运算	$a--、--$a	$a 的值减 1

【例 2-24】使用算术运算符：

```
<?php
$a = -100;
$b = 50;
$c = 30;
echo '$a = '.$a.',';                     // $a = -100,
echo '$b = '.$b.',';                     // $b = 50,
echo '$c = '.$c.'<p/>';                  // $c = 30
echo '$a + $b = '.($a + $b).'<br/>';     // 计算变量$a 加$b 的值-50
echo '$a - $b = '.($a - $b).'<br/>';     // 计算变量$a 减$b 的值-150
echo '$a * $b = '.($a * $b).'<br/>';     // 计算变量$a 乘$b 的值-5000
echo '$b / $a = '.($b / $a).'<br/>';     // 计算变量$b 除以$a 的值-0.5
echo '$a % $c = '.($a % $c).'<br/>';     // 计算变量$a 除以$c 的余数值-10
echo '$b % $a = '.($b % $a).'<br/>';     // 计算变量$b 除以$a 的余数值 50
echo '$a++ = '.($a++).'  ';    // 对变量$a 进行后置自增运算
echo '运算后$a 的值为：'.$a.'<br/>';
echo '$b-- = '.($b--).'  ';    // 对变量$b 进行后置自减运算
echo '运算后$b 的值为：'.$b.'<br/>';
echo '++$c = '.(++$c).'  ';    // 对变量$c 进行前置自增运算
```

```
echo '运算后$c的值为: '.$c.'<br/>';
?>
```

运行结果如图 2-32 所示。

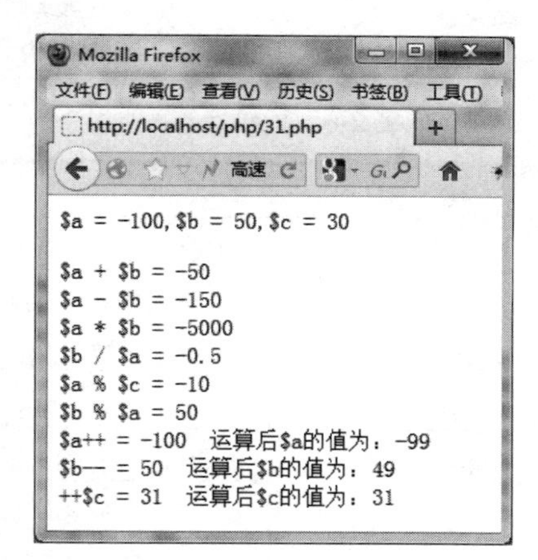

图 2-32 使用算术运算符

从运行结果可以看出，在算术运算符中使用“%”取余，如果被除数(%运算符前面的表达式)是负数，那么运算结果也是负数。除号“/”总是返回浮点数，即使两个运算数是整数也是如此。

自增自减运算符是针对单独一个变量来操作的，使用方法有两种：一种是先将变量的值增加或者减少 1，然后再将值赋给原变量，这种方式称为前置自增或自减运算符；另一种是将运算符放在变量后面，先返回变量的当前值，然后再将变量的值增加或者减少 1，这种方式称为自增或自减运算符。

【例 2-25】使用自增自减运算符：

```
<?php
$a = 10;
$b = $a++;  //后缀模式，先赋值，后运算
echo $a,$b; //$a为11，$b为10
$b = ++$a; //前缀模式，先计算，后赋值

echo $a,$b; //$a为12，$b为12
?>
```

运行结果如图 2-33 所示。

图 2-33 自增自减

2.5.3 比较运算符

比较运算符用于对两个变量或者表达式进行比较，如果比较结果为真，则返回 true；如果比较结果为假，则返回 false。PHP 中的比较运算符如表 2-6 所示。

表 2-6 比较运算符

运 算 符	名 称	举 例	功 能
==	等于	$a == $b	如果$a 等于$b，返回 true
===	全等于	$a === $b	如果$a 等于$b，并且它们的类型也相同，返回 true
!= <>	不等	$a!= $b $a <> $b	如果$a 不等于$b，返回 true
!==	不全等	$a !== $b	如果$a 不等于$b，或者它们的类型不同，返回 true
<	小于	$a < $b	如果$a 小于$b，返回 true
>	大于	$a > $b	如果$a 小于$b，返回 true
<=	小于或等于	$a <= $b	如果$a 小于或者等于$b，返回 true
>=	大于或等于	$b >= $a	如果$a 大于或者等于$b，返回 true

如果比较一个整数和字符串，则字符串会被转换为整数。如果比较两个数字字符串，则作为整数比较。

【例 2-26】使用比较运算符：

```
<?php
$a = 100;
echo '$a : ';  var_dump($a);                          //$a:int(100)
echo '<br/>$a == 100 : ';  var_dump($a == 100);    //$a == 100 : bool(true)
echo '<br/>$a == "100" : ';  var_dump($a == "100"); //$a == "100" : bool(true)
echo '<br/>$a === 100 : ';  var_dump($a === 100);  //$a === 100 : bool(true)
echo '<br/>$a === "100" : '; var_dump($a === "100");  //$a === "100" : bool(false)
echo '<br/>0 == "a" : ';  var_dump(0 == "a");        //字符串 a 转换为整数为 0
echo '<br/>0 === "a" : ';  var_dump(0 === "a");       //0 === "a" : bool(false)
echo '<br/>"1" == "01" : ';  var_dump("1" == "01"); //"1"== "01" : bool(true)
?>
```

运行结果如图 2-34 所示。

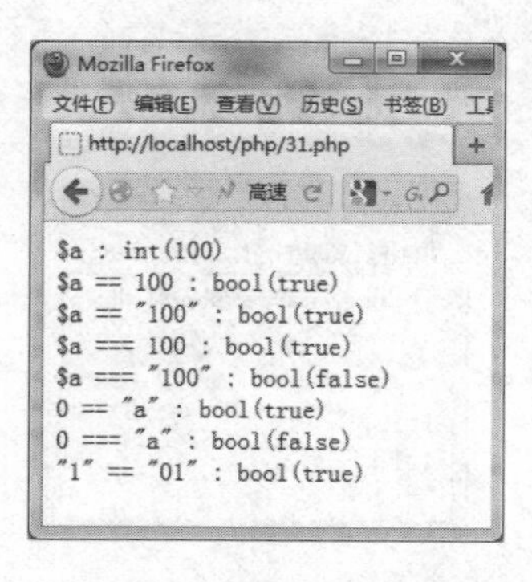

图 2-34 使用比较运算符

2.5.4　逻辑运算符

逻辑运算符用来组合布尔型数据，处理后的结果仍为布尔型数据。PHP 中的逻辑运算符如表 2-7 所示。

表 2-7　逻辑运算符

运 算 符	名　称	举　例	功　能
and、&&	逻辑与	$a && $b	如果$a 和$b 都为 true，返回 true
or、||	逻辑或	$a || $b	如果$a 和$b 其中一个为 true，返回 true
xor	逻辑异或	$a xor $b	如果$a 和$b 一真一假时，返回 true
not 或!	逻辑非	! $a	如果$a 不为 true，返回 true

【例 2-27】使用逻辑运算符：

```
<?php
$a = true;
$b = false;
echo '$a = ' ; var_dump($a); echo ', $b = ' ; var_dump($b);
 //$a=bool(true), $b=bool(false)
echo '<br/>$a && $b : ' ;  var_dump($a&&$b);     //$a&&$b:bool(false)
echo '<br/>$a || $b : ';  var_dump($a || $b);     //$a||$b:bool(true)
echo '<br/>$a xor $b : ';  var_dump($a xor $b);    //$a xor $b:bool(true)
echo '<br/>!$a : ';     var_dump(!$a);         //! $a:bool(false)
echo '<br/>!$b : ';     var_dump(!$b);         //!$b:bool(true)
?>
```

运行结果如图 2-35 所示。

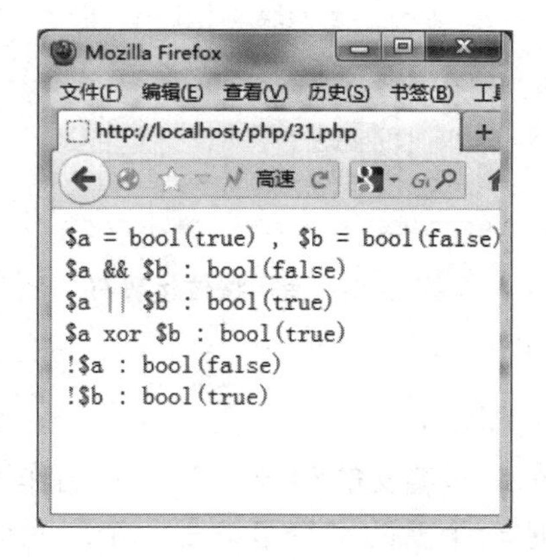

图 2-35　使用逻辑运算符

2.5.5　按位运算符

计算机中的各种信息都是以二进制的形式存储的，PHP 中的位运算符允许对整型数值按二进制位从低位到高位对齐后进行运算。

PHP 中的位运算符如表 2-8 所示。

表 2-8　按位运算符

运 算 符	名　称	举　例	功　能
&	按位与	$a & $b	如果$a 和$b 的相对应的位都为 1，则结果的该位为 1
|	按位或	$a | $b	如果$a 和$b 的相对应的位有一个为 1，则结果的该位为 1
^	按位异或	$a ^ $b	如果$a 和$b 的相对应的位不同，则结果的该位为 1
~	按位取反	~$a	将$a 中为 0 的位改为 1，为 1 的位改为 0
<<	左移	$a << $b	将$a 在内存中的二进制数据向左移动$b 个位数(每移动一位相当于乘以 2)，右边移空部分补 0
>>	右移	$a >> $b	将$a 在内存中的二进制数据向右移动$b 个位数(每移动一位相当于除以 2)，左边移空部分补 0

【例 2-28】使用按位运算符：

```
<?php
$a = 5;                          // 5 的二进制代码是 101
$b = 3;                          // 3 的二进制代码是 011
echo '$a & $b = '  . ($a & $b) . '<br/>'; // 运算结果为二进制代码 001，即 1
echo '$a | $b = '  . ($a | $b) . '<br/>'; // 运算结果为二进制代码 111，即 7
echo '$a ^ $b = '  . ($a ^ $b) . '<br/>'; // 运算结果为二进制代码 110，即 6
?>
```

运行结果如图 2-36 所示。

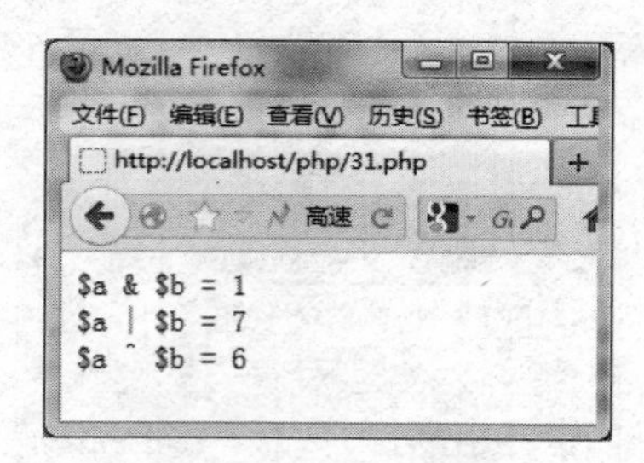

图 2-36　使用按位运算符

2.5.6　字符串运算符

字符串运算符就只有一个，即英文的句号“.”。它的作用是将两个字符串或字符串与任何标量数据连接起来，组成一个新的字符串，是一个二元运算符。在前面的例子中已多次用到。

【例 2-29】使用字符串运算符：

```
<?php
$a = 'tom';
$b = 3;
echo  $a  . $b . '岁了';      // tom3 岁了
?>
```

运行结果如图 2-37 所示。

图 2-37　使用字符串运算符

2.5.7　错误控制运算符

PHP 支持一个错误控制运算符“@”，当将其放置在一个 PHP 表达式之前时，该表达式可能产生的任何错误信息都被忽略掉。

【例 2-30】使用错误控制运算符：

```
<?php
/*
$err = 10/0; //Warning: Division by zero in c:\wamp\www\test.php on line 2
             //如果不想显示这个错误，可在表达式前加上“@”
*/
$err = @(10/0);
?>
```

运行结果如图 2-38 所示。

图 2-38　使用错误控制运算符

错误控制运算符只对表达式有效，可以把@放在变量、函数和 include()中调用、常量等之前。不能把它放在函数或类的定义之前，也不能用于条件结构，例如 if 和 foreach 等。

2.5.8　其他运算符

PHP 中除了以上介绍的运算符外，还有一些其他运算符，如表 2-9 所示。

表 2-9　其他运算符

运 算 符	举　例	功　能
? :	$a<$b ? $c=1 : $c=0	三元运算符，可以提供简单的逻辑判断
=>	键=>值	数组下标符号
->	对象->成员	对象成员访问符号

这里主要介绍一下“? :”，它在 PHP 中是唯一的三元运算符，语法形式如下：

```
(expr1) ? (expr2) : (expr3);
```

如果条件“expr1”成立，则执行语句“expr2”，否则执行“expr3”。

【例 2-31】三元运算符(? :)的应用：

```
<?php
$a = 100;
echo ($a == "100") ? "exp2" : "exp3"; echo "<br/>";   //exp2
echo ($a === "100") ? "exp2" : "exp3"; echo "<br/>";  //exp3
?>
```

运行结果如图 2-39 所示。

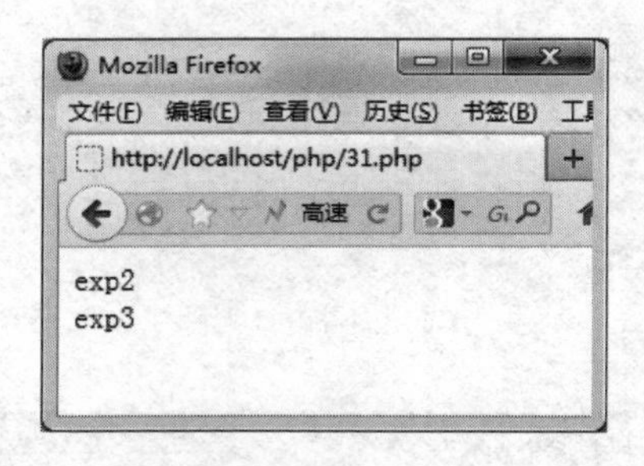

图 2-39　使用三元运算符

2.5.9　运算符的优先级

运算符的优先级是指在一个语句中出现多个运算符时的先后运算顺序。与数学四则运算中的“先乘除、后加减”是同样的原理。

在 PHP 中，运算符的运算规则是：先计算优先级别高的，后计算优先级别低的，同一优先级别的运算符则采用从左向右的方向进行运算，可以使用“()”来强制提高运算的优先级别。PHP 运算符的优先级如表 2-10 所示。

表 2-10　运算符的优先级

结合方向	运 算 符	优 先 级
非结合	new	1
非结合	[]	2
非结合	++　--	3
右	!　~　(float)　(int)　(string)　(object)　@	4

续表

结合方向	运 算 符	优 先 级
左	* / %	5
左	+ - .	6
左	<< >>	7
非结合	< <= > >=	8
非结合	== != <> === !==	9
左	&	10
左	^	11
左	|	12
左	&&	13
左	||	14
左	? :	15
右	赋值运算符	16
左	and	17
左	xor	18
左	or	19
左	,	20

2.6　流程控制语句

缺少了流程控制语句，程序就不会存在。因为，在实际操作时，总有一部分代码要根据用户的输入来决定执行序列，这就要用到 PHP 的流程控制。主要包括顺序结构、分支结构和循环结构。

顺序结构就是按照脚本中语句出现的先后顺序依次执行，如赋值语句、输入输出语句等。分支和循环结构需要一定的流程控制语句来控制程序的执行顺序。

- 条件控制语句：if 和 switch。
- 循环控制语句：while、do-while、for 和 foreach。
- 跳转控制语句：break、continue 和 return。

2.6.1　条件控制语句

条件控制语句是根据表达式的判定结果，有选择性地执行指定的语句。

1. if 语句

if 语句是最常用的条件控制语句，主要包括以下几种形式。

(1)　单分支 if 语句

语法格式：

```
if(expr)                       // 不要加分号
    statements;                // 条件成立则执行的语句(块)
```

判定 expr 表达式返回的布尔值，如果为真，就执行 statements 语句，如果为假，则跳过 statements 语句。要执行的 statement 语句为多条时，把语句放在“{}”中，“{}”称为语句块。

【例 2-32】单分支 if 的应用：

```
<?php
$score = 70;
if($score >= 60) {                         //条件成立，返回逻辑值 true
    echo "成绩 : " . $score;               //执行语句块
    echo "<br/>合格";
}
?>
```

运行结果如图 2-40 所示。

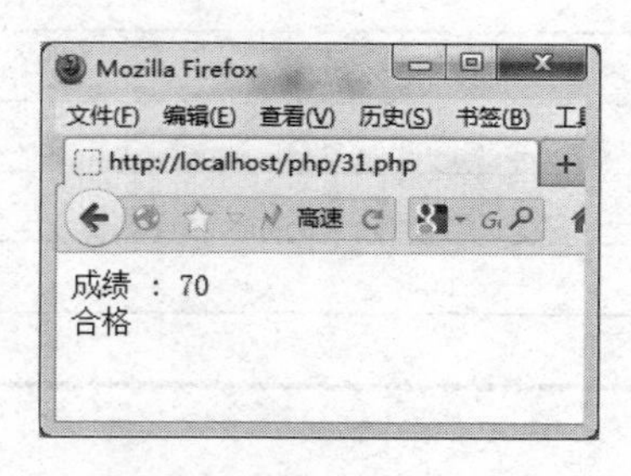

图 2-40　使用单分支 if 语句

(2)　双分支 if-else 语句

语法格式：

```
if(expr) {
    statements1;
} else {
    statements2;
}
```

判定 expr 表达式返回的布尔值，如果为真，就执行 statements1 语句，如果为假，则执行 statements2 语句。

【例 2-33】双分支 if 语句的应用：

```
<?php
$score = 50;
if($score >= 60) {                     //条件不成立
    echo "成绩 : " . $score;           //语句块不被执行
    echo "<br/>合格";
} else {                               //执行 else 语句后的代码块
    echo "成绩 : " . $score;           // 成绩：50
    echo "<br/>不合格";                // 不合格
}
?>
```

运行结果如图 2-41 所示。

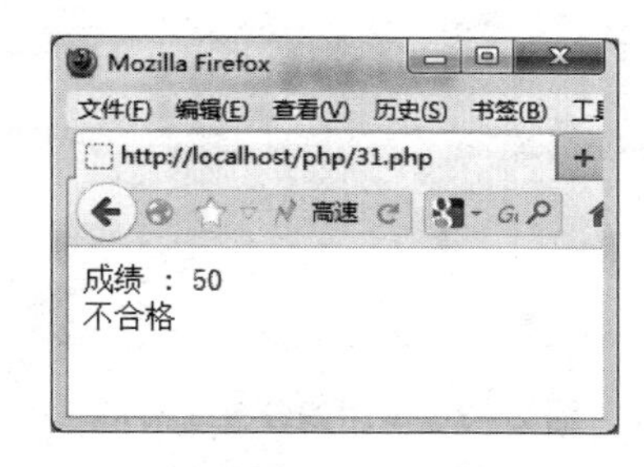

图 2-41　使用双分支 if 语句

(3) 多分支 if-elseif-else 语句

语法格式：

```
if(expr1) {
   statements1;
} elseif(expr2) {
   statements2;
}
...
else {
   statementsn;
}
```

判定 expr1 表达式返回的布尔值，如果为真，就执行 statements1 语句，如果为假，判断 expr2 表达式返回的布尔值，如果为真，执行 statements2 语句，如果为假，继续判断下面表达式的真假性，如果所有的表达式布尔值都为假，则执行 statementsn 语句。

【例 2-34】多分支 if 语句的应用：

```
<?php
$score  = 90;
echo "成绩 : " . $score;        //显示  成绩：90
if($score  >= 90) {             //满足条件，返回逻辑值 true
   echo "<br/>优秀";            //执行该语句块，显示  优秀
} elseif($score >= 80) {        //下列条件不再判断
   echo "<br/>良好";
} elseif($score >= 60) {
   echo "<br/>合格";
} else {
   echo "<br/>不合格";
}
?>
```

运行结果如图 2-42 所示。

2. switch 语句

switch 语句也是一种多分支结构，虽然使用 elseif 语句可以进行多重判断，但是书写起来非常繁琐。

图 2-42　使用多分支 if 语句

switch 语句的语法格式为：

```
switch(expr) {
    case value1:
        statement1;
        break;
    case value2:
        statement2;
        break;
    ...
    default:
        statementn;
}
```

首先计算 expr 表达式的值，然后依次用 expr 的值和 value 值进行比较，如果相等，就执行该 case 下的 statement 语句，直到 switch 语句结束或者遇到第一个 break 语句为止；如果不相等，继续查找下一个 case；一般 switch 语句中都有一个默认的 default，表示如果前面的 value 值都与 expr 值不匹配，就执行 statementn 语句。

注意，在 switch 语句中，不论 statement 是一条语句还是若干条语句构成的语句块，都不使用“{}”。

【例 2-35】多分支 switch 的应用：

```
<?php
$score  = 70;
echo "成绩 : " . $score ;    // 成绩：70
switch($score) {              // 计算$score 的值
    case $score >= 90:       //开始判断，不满足则继续向下判断
        echo "<br/>优秀";
        break;
    case $score >= 80:
        echo "<br/>良好";
        break;
    case $score >= 60:        //满足条件
        echo "<br/>合格";     // 合格
        break;                //遇到 break，结束 switch 语句
    default:
        echo "<br/>不合格";
}
?>
```

运行结果如图 2-43 所示。

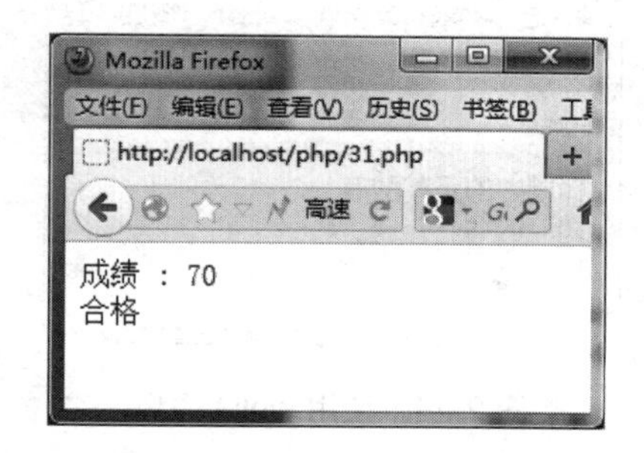

图 2-43 使用 switch 语句

使用 switch 语句时，应注意以下几点：

- switch 中的 expr 的数据类型只能是整型或字符串。
- switch 中各 case 代码块无须添加“{}”。
- 每个 case 后应该有 break，否则将继续执行下一个分支语句的内容。
- default 子句不是必需的，可以省略。

2.6.2 循环控制语句

在脚本执行过程中，有时需要将某一段代码反复执行，如计算“1+2+3+...+100”，这时就要用到循环控制语句。PHP 中主要有以下几种循环方式。

1. while 循环

while 循环是 PHP 中最常见的循环语句，语法格式为：

```
while(expr) {
    statements;
}
```

如果 expr 表达式的值为真，则执行 statements 语句，执行结束后，再次返回判断 expr 表达式的值是否为真，为真还要继续执行 statements 语句，直到 expr 表达式的值为假才跳出循环，执行 while 循环后面的语句。

这里与 if 语句一样，如果 statements 语句有多条时，可以使用“{}”将多条语句组成语句块。

【例 2-36】while 循环的应用：

```
<?php
$num = 10;
echo "10 以内的正整数有 : <br/>"; //10 以内的正整数有:
while($num > 0) {                    //条件满足，开始循环
    echo $num . "  "; // 10  9  8  7  6  5 4  3  2  1
    $num--;                         // 改变循环条件，防止死循环
}
?>
```

运行结果如图 2-44 所示。

图 2-44　使用 while 循环

在上面的程序中，变量$num 的值每循环一次，值减小 1，直到“$num>0”条件不成立退出循环。如果在循环体内不改变变量$num 的值，循环体将无限循环下去，形成死循环，在程序开发中使用循环要避免死循环的发生。另外，如果开始时$num 是 0 或者负数，循环体将会一次也不执行。

2. do-while 循环

do-while 循环与 while 循环的区别在于，do-while 循环的循环体至少会执行一次，语法格式如下：

```
do{
   statements;
} while(expr);
```

首先执行循环体 statements 语句，然后判断 expr 表达式的值，如果 expr 表达式的值为真，重复执行 statements 语句，如果为假，跳出循环，执行 do-while 循环后面的语句。

【例 2-37】do-while 循环的应用：

```
<?php
$num = 10;
echo "10 以内的正整数有 : <br/>"; //输出提示语句   10 以内的正整数有:
do {                                //无论条件如何，都执行下面语句块
   echo $num . "  "; //执行该语句输出 10 9 8 7 6 5 4 3 2 1
   $num--;                         //改变循环条件
} while($num > 0);                 //判断循环条件，如果满足要求就继续循环，否则退出
?>
```

运行结果如图 2-45 所示。

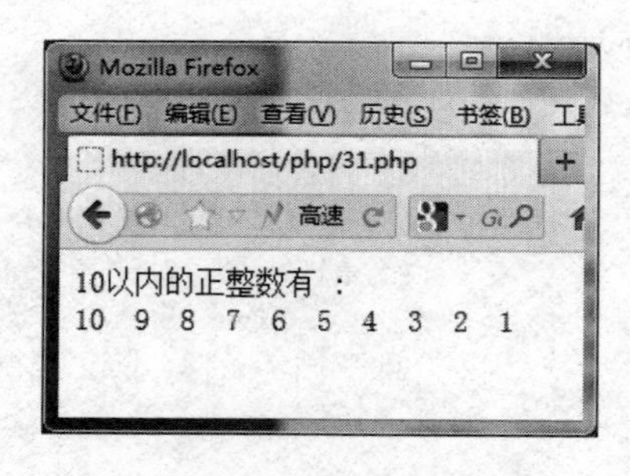

图 2-45　使用 do-while 循环

3. for 循环

while 和 do-while 循环都适合于条件型循环，针对明确知道循环次数的情况使用 for 循环更灵活，语法格式如下：

```
for (expr1; expr2; expr3) {
    statements;
}
```

其中：

- 表达式 expr1 在循环开始前无条件计算一次，对循环控制变量赋初值。
- 表达式 expr2 为判断条件，在每次循环开始前求值，如果值为真，则执行循环体，如果值为假，则终止循环。
- expr3 在每次循环体执行之后被执行。

每个表达式都可以为空。如果表达式 exp2 为空，则会无限循环下去，需要在循环体 statements 中使用过 break 语句来结束循环。

【例 2-38】 for 循环的应用：

```
<?php
echo "10 以内的正整数有 : <br/>";    //输出提示语句    10 以内的正整数有:
for($num=10; $num>0; $num--) {   //初始化$num，判断，满足条件则执行循环语句块
    echo $num . "  ";    //循环显示      10 9 8 7 6 5 4 3 2 1
};
?>
```

运行结果如图 2-46 所示。

图 2-46　使用 for 循环

4. foreach 循环

foreach 循环是 PHP 4 引进的，只能用于数组。在 PHP 5 中，又增加了对对象的支持，语法格式如下：

```
foreach (array_expr as $value) {
    statement;
}
```

或者：

```
foreach (array_expr as $key=>$value) {
    statement;
}
```

foreach 语句将遍历数组 array_expr，每次循环时，将当前数组元素的值赋给$value，如果是第二种方式，将当前数组元素的键赋给$key，直至数组到达最后一个元素。当 foreach 循环结束后，数组指针将自动被重置。

【例 2-39】foreach 循环的应用：

```
<?php
$arr = array('this', 'is', 'an', 'example');  // 声明一个数组并初始化
// 使用第一种 foreach 循环形式输出数组所有元素的值
foreach($arr as $value) {
   echo $value."  ";        //this is an  example
}
echo "<br/>";
// 使用第二种 foreach 循环形式输出数组所有的键值和元素值
foreach($arr as $key=>$value) {
   echo $key . "=>" . $value."  "; //0=>this 1=>is 2=>an 3=>example
}
?>
```

运行结果如图 2-47 所示。

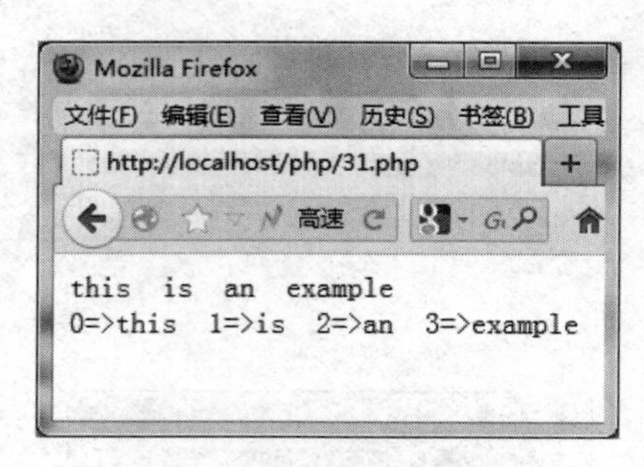

图 2-47　使用 foreach 循环

2.6.3　跳转控制语句

PHP 提供了 break 语句及 continue 语句用于实现循环跳转，下面分别介绍一下其各自的用法。

1. break 语句

break 语句用于中断循环的执行。对于没有设置循环条件的循环语句，可以在语句任意位置加入 break 语句来结束循环。在多层循环嵌套的时候，还可以通过在 break 后面加上一个整型数字“n”，终止当前循环体向外计算的 n 层循环。

【例 2-40】使用 break 终止循环的执行：

```
<?php
//第 1 个双重循环语句
for ($a=1; $a<=5; $a++) {          //外层循环开始
   for ($b=1; $b<=5; $b++) {       //内层循环开始
      echo $a.$b."<br>";
      break;                 //只终止内层循环
```

```
    }
}                              // 11 21 31 41 51
echo "<br>";
//第 2 个双重循环语句
for ($a=1; $a<=5; $a++) {          //外层循环开始
    for ($b=1; $b<=5; $b++) {
        echo $a.$b."<br>";
        break 2;           //终止双重循环
    }
}                              // 11
?>
```

运行结果如图 2-48 所示。

图 2-48　使用 break 语句终止循环

2. continue 语句

continue 语句用于中断本次循环，进入下一次循环，在多重循环中也可以通过在 continue 后面加上一个整型数字“n”，告诉程序跳过 n 层循环中 continue 后面的语句。

【例 2-41】使用 continue 终止本次循环的执行：

```
<?php
$arr = array(1,2,3,4,5,6,7,8,9,10);
for($i=0; $i<10; $i++) {
    echo "<br/>";
    if($i%2 == 0) {        // 如果$i 的值为偶数，则跳出本次循环，进入下次循环
        continue;
    }
    for(;;) {              // 如果$i 的值为奇数，才会执行该循环；并且该循环无限执行
        for($j=0; $j<10; $j++) {
            if($j == $i) {
                continue 3;    // 跳出最外重循环
            } else {
                echo $arr[$j]."  ";
            }
        }
    }
}
/*
```

```
1
1 2 3
1 2 3 4 5
1 2 3 4 5 6 7
1 2 3 4 5 6 7 8 9
*/
?>
```

运行结果如图 2-49 所示。

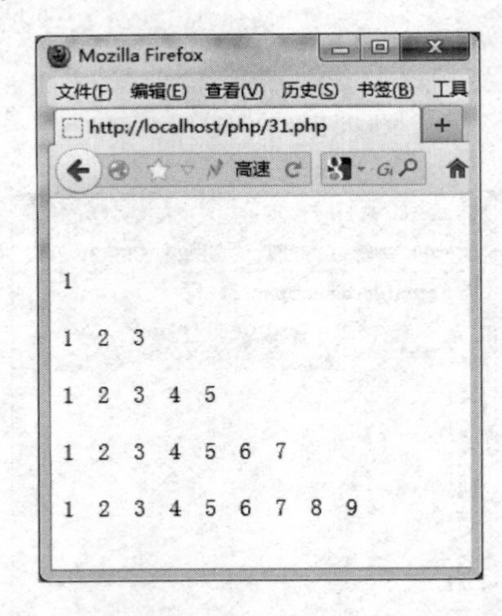

图 2-49 使用 continue 语句终止本次循环

3. exit 语句

当前的脚本只要执行到 exit 语句，不管它在什么结构中都要直接退出当前脚本。

2.7 上机练习

(1) 写代码块：定义一个变量 name，赋值为"zhangsan"，并输出这个变量，要求颜色为蓝色的。最后销毁这个变量。

(2) 使用 for 循环实现乘法口诀表。

(3) 某会议中心在举办为期两个月的拍卖会，安排如下。

- 星期一：油画专场。
- 星期二：瓷器专场。
- 星期三：书法专场。
- 星期四：珠宝专场。
- 星期五：服饰专场。
- 星期六：饰品专场。
- 星期日：家具专场。

编写一个程序，求出今天是星期几，并输出今天是什么拍卖专场。

要求：使用 switch 结构来实现。

(4) 某电器商城正举办“上市一周年”店庆活动，购买单个电器优惠信息如下：

- 1999 元以下参加抽奖活动。
- 满 1999 元送电饭煲一个。
- 满 2999 元送电磁炉一个。
- 满 3999 元送微型洗衣机一个。

编写一个程序，输入购买电器的价格，输出可以享受的优惠信息。

要求：使用 if-else 结构来实现。

第3章 函数的应用

学前提示

PHP 的真正威力源自于它的函数，在 PHP 中，提供了超过 1000 多个内建函数。函数是一种可以在任何被需要的时候执行的代码块。在程序开发过程中，使用函数可以提高程序的重用性，提升软件的开发效率，提高软件的可维护性、可靠性等。本章我们就来学习 PHP 中的函数。

知识要点

- 自定义函数的应用。
- 函数的调用。
- 内建函数的应用。
- 包含文件的应用。

3.1 自定义函数

在程序设计中，可以将一段经常使用的代码封装起来，在需要使用时直接调用，这就是函数。PHP 中不仅提供了大量丰富的系统函数，还允许用户自定义函数。

3.1.1 函数定义与调用

1. 函数的定义

函数通常由函数名、参数、函数体和返回值 4 部分组成。函数体是实现函数功能的代码段，它可以是任何有效的 PHP 代码。函数定义的语法格式如下：

```
function fun_name([$arg1, $arg2, ..., $argn]) {
    fun_body;                  // 函数体，实现具体功能的代码
    [return $value;]           // 返回值
}
```

其中：

- function：是定义函数的关键字。
- fun_name：是自定义函数的名字，必须是以字母或下划线开头，后面可以跟字母、数字或下划线。函数名代表整个函数，具有唯一性，因为 PHP 不支持函数重载，所以函数名不能重复，并且 PHP 中函数名是不区分大小写的。
- $arg1, … , $argn：是函数的参数，可以有一个或多个，也可以没有。其作用范围为函数体内，相当于局部变量。
- return $value：是函数的返回值语句，根据函数功能，可以有返回值，也可以没有返回值，没有返回值称为过程。函数执行到该语句即结束，因此不要在其后写任何代码。

2. 函数的调用

函数只有被调用后，才真正开始执行函数体中的代码，执行完毕，返回调用函数的位置继续向下执行。注意：

- 通过函数名实现调用，可以在函数声明之前调用，也可以在声明之后调用。
- 如果函数有参数列表，可以通过传递参数改变函数内部代码的执行行为。
- 如果函数有返回值，当函数执行完毕后，函数名可当作保存返回值的变量使用。

下面我们通过一个示例来了解一下函数的定义与调用。

【例 3-1】 函数的定义和调用：

```
<?php
/*
函数中每个参数都是一个表达式，定义时称为形参，调用时输入的实际值称为实参。实参和形参应该个数相等，类型一致。形参与实参按顺序对应传递数据
*/
function fun($a) {            // 声明自定义函数
```

```
    return $a * $a;           // 返回计算后的结果
}
echo fun(10)."<br/>";         // 调用函数，计算 10 的平方，100
echo fun(15)."<br/>";         // 调用函数，计算 15 的平方，225
?>
```

运行结果如图 3-1 所示。

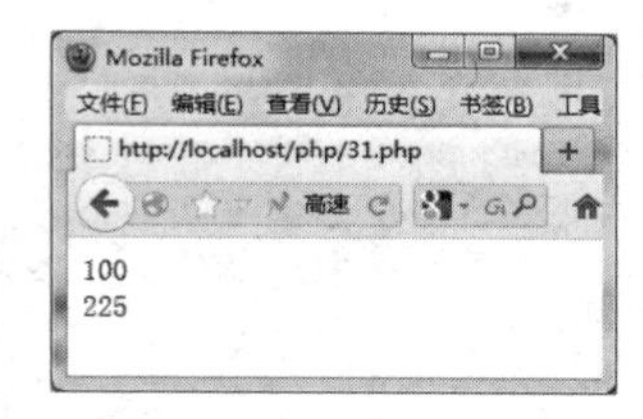

图 3-1　函数的定义与使用

3.1.2　函数的参数

函数在定义时如果带有参数，那么在函数调用时需要向函数传递数据。PHP 支持函数参数传递的方式有按值传递、按引用传递和默认参数 3 种。

1. 按值传递方式

按值传递是函数默认的参数传递方式，将实参的值复制到对应的形参中。该方式的特点是，在函数内部对形参的任何操作对实参的值都不会产生影响。

【例 3-2】函数按值传递参数：

```
<?php
function fun($a) {            // 声明自定义函数
    $a = $a + 100;            // 改变局部变量形参的值
    echo '函数内部 $a = ' . $a . '<br/>';
}
$a = 11;                      //声明全局变量
echo '函数外部调用 fun()函数前 $a = ' . $a . '<br/>';
     //函数外部调用 fun()函数前 $a =11
fun($a);                      //函数内部 $a = 111
echo '函数外部调用 fun()函数后 $a = ' . $a . '<br/>';
     //函数外部调用 fun()函数后 $a =11
?>
```

运行结果如图 3-2 所示。

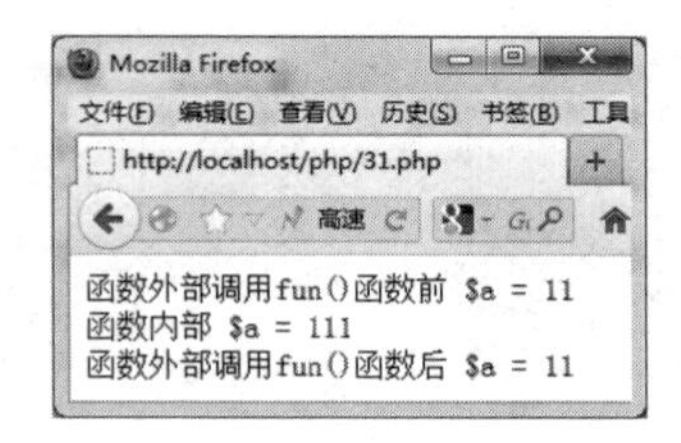

图 3-2　函数按值传参

2. 按引用传递方式

按引用传递是将实参在内存中分配的地址传递给形参。该方式的特点是，在函数内部的所有操作都会影响到实参的值。也就是说，在函数内部修改了形参的值，函数调用结束后，实参的值也会发生改变。

引用传递方式需要函数定义时在形参前加上“&”号。

【例 3-3】函数按引用传递参数：

```
<?php
function fun(&$a) {              // 声明自定义函数，参数前多了&，表示按引用传递
   $a = $a + 100;                // 改变形参的值，实参的值也会发生改变
   echo '函数内部 $a = ' . $a . '<br/>';
}
$a = 11;
echo '函数外部调用 fun()函数前 $a = ' . $a . '<br/>';
    //函数外部调用 fun()函数前 $a =11
fun($a);                         //函数内部 $a =111
echo '函数外部调用 fun()函数后 $a = ' . $a . '<br/>';
    //函数外部调用 fun()函数后 $a =111
?>
```

运行结果如图 3-3 所示。

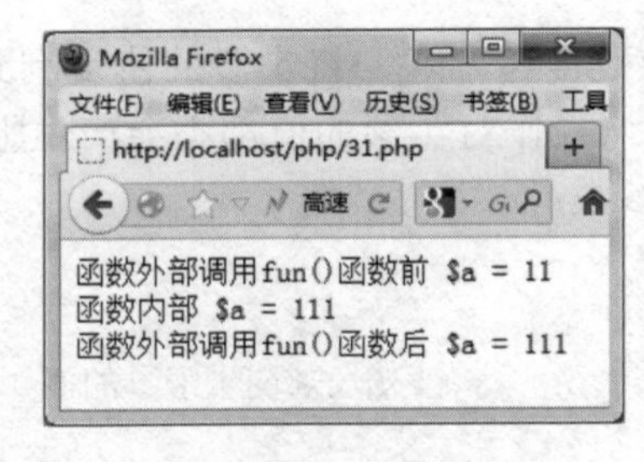

图 3-3　函数按引用传参

3. 默认参数

PHP 中，在定义函数时，还可以为一个或多个形参指定默认值。默认值必须是常量表达式，也可以是 NULL；并且当使用默认参数时，任何默认参数必须放在任何非默认参数的右侧。

【例 3-4】函数带有默认参数：

```
<?php
function fun($a, $b=100) {        // 声明带有默认值的自定义函数
   return $a + $b;
}
echo fun(10)."<br/>";             // 110
echo fun(10, 20)."<br/>";         // 30
?>
```

运行结果如图 3-4 所示。

图 3-4　使用默认参数

3.1.3　函数返回值

只依靠函数来完成某些功能还不够，有时也需要使用函数执行后的结果。函数执行完毕后，可返回一个值给它的调用者，这个值称为函数的返回值，通过 return 语句来实现。

return 语句可以将函数的值传递给函数的调用者，同时也终止了函数的执行。return 语句最多只能返回一个值，如果需要返回多个值，可以把要返回的值存入数组，返回一个数组；如果不需要返回任何值，而是结束函数的执行，可以只使用 return。

【例 3-5】函数返回值的应用：

```
<?php
function fun($a, $b) {              // 声明自定义函数
    if($b != 0) {
        return $a + $b;
    } else {
        return '0 不能做除数';
    }
}
echo fun(10, 2)."<br/>";            // 12
echo fun(10, 0)."<br/>";            // 0 不能做除数
?>
```

运行结果如图 3-5 所示。

图 3-5　使用函数返回值

3.1.4　变量函数

在 PHP 中支持变量函数，也就是可以声明一个变量，通过变量来访问函数。如果一个变量名后有圆括号，PHP 将寻找与变量的值同名的函数，并且将尝试执行它。

【例 3-6】变量函数的应用：

```
<?php
function fun() {               // 声明 fun()函数
    echo '调用 fun() 函数!<br/><br/>';
}
function func($string) {    // 声明 func()函数
    echo '调用 func() 函数!<br/>';
    echo $string;
}
$var_fun = 'fun';    // 将 fun 函数名赋值给变量
$var_fun();          //调用该变量值同名函数并执行，调用 fun()函数!
$var_fun = 'func';  //重新赋值
$var_fun('通过改变变量的值，实现调用其他函数');
/*
调用 func() 函数!
通过改变变量的值，实现调用其他函数
*/
?>
```

运行结果如图 3-6 所示。

图 3-6　使用变量函数

3.1.5　函数的引用

函数参数的传递可以按照引用传递，这样可以修改实参的值。引用不仅可用于函数参数，也可以用于函数本身。对函数的引用，就是对函数返回值的引用。

对函数的引用，是在函数名前加“&”符号来实现的。

【例 3-7】使用对函数的引用：

```
<?php
function &fun($param) {          // 声明自定义函数
    return $param;
}
$foo = &fun('string');          //将函数名即返回值在内存中占用的空间地址保存到变量
echo '$foo = ' . $foo . '<br/>';  // $foo = string
?>
```

运行结果如图 3-7 所示。

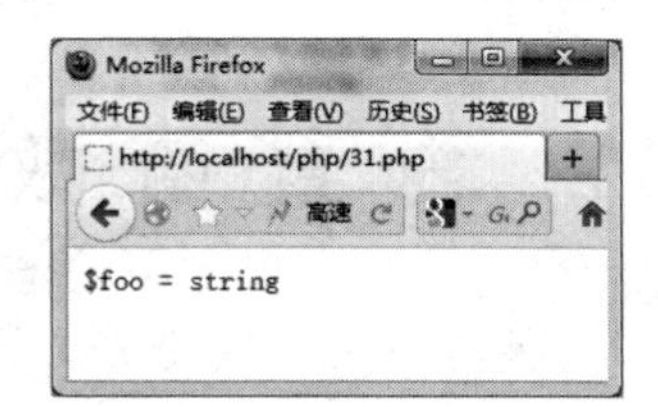

图 3-7　使用对函数的引用

对函数的引用，必须定义和调用的时候都使用“&”符号。

3.1.6　递归函数

有这么一个古老的故事：从前有座山，山上有个庙，庙里有个老和尚和小和尚，老和尚给小和尚讲故事，讲的是从前有座山，山上有个庙，庙里有个老和尚和小和尚，老和尚给小和尚讲故事，讲的是……，这就是典型的“递归”。

递归调用是一种解决方案，一种逻辑思想，即把一个大工作分为逐渐减小的小工作。比如说，一个蚂蚁要搬 50 块食物，它想，只要先搬走 49 块，那剩下的一块就能搬完了，然后考虑那 49 块，只要先搬走 48 块，那剩下的一块就能搬完了……，在程序中，这种递归可以依靠“函数嵌套”这个特性来实现。

递归函数即自调用函数，在函数体内直接或间接地自己调用自己。通常此类函数体中会包含条件判断，以分析是否需要执行递归调用；并指定特定条件以终止递归动作。其最大好处在于可以精简程序中繁杂的重复调用。

因此改编后的故事变成：从前有座山，山上有个庙，庙里有个老和尚和 3 岁小和尚，老和尚给小和尚讲故事，讲的是从前有座山，山上有个庙，庙里有个老和尚和 2 岁小和尚，老和尚给小和尚讲故事，讲的是……。

【例 3-8】使用对函数的递归调用：

```
<?php
function test($n) {                  // 声明自定义函数
    echo $n;                         // 函数体内的可执行语句，显示实参值
    if($n > 0)                       // 根据条件判断是否执行或终止递归动作
        test($n-1);                  // 开始递归，并给出附加条件改变变量的值，防止死循环
}
test(10);                            // 109876543210
?>
```

运行结果如图 3-8 所示。

图 3-8　使用递归函数

3.2 内置函数

PHP 提供了大量的内置函数，方便程序员直接使用，下面对常用函数做一些介绍。

3.2.1 日期时间函数

在 Web 开发中，对于日期和时间的使用和处理是最为常见的，如想要获取服务器的日期和时间、时区、检查日期的有效性等，下面我们就来学习几种常用的日期时间函数。

(1) 获取日期/时间信息的函数——getdate()：

```
array getdate([int timestamp])
```

该函数返回数组形式的日期、时间信息，在调用时如果没有给出参数时间戳，则默认返回当前时间。该函数返回的数组键名和值如表 3-1 所示。

表 3-1 getdate()函数返回的数组键名表

键 名	说 明	返 回 值
seconds	秒的数字表示	0~59
minutes	分钟的数字表示	0~59
hours	小时的数字表示	0~23
mday	月份中第几天的数字表示	1~31
wday	星期中第几天的数字表示	0(表示星期天)到 6(表示星期六)
mon	月份的数字表示	1~12
year	4 位数字表示的完整年份	如 2014
yday	一年中第几天的数字表示	0~365
weekday	星期几的完整文本表示	Sunday 到 Saturday
month	月份的完整文本表示	January 到 December
0	自从 Unix 纪元开始至今的秒数	与系统相关

【例 3-9】使用 getdate()函数获取当前的日期时间信息：

```
<?php
$today = getdate();        // 获取当前日期和时间
echo "<pre>";
var_dump($today);          // 返回值是数组，所以使用 var_dump 来输出
echo "</pre>";
?>
```

运行结果如图 3-9 所示。

(2) 设定一个脚本中所有日期时间函数的默认时区——date_default_timezone_set()：

```
bool date_default_timezone_set(string timezone_identifier)
```

其中参数 timezone_identifier 为时区标识符。

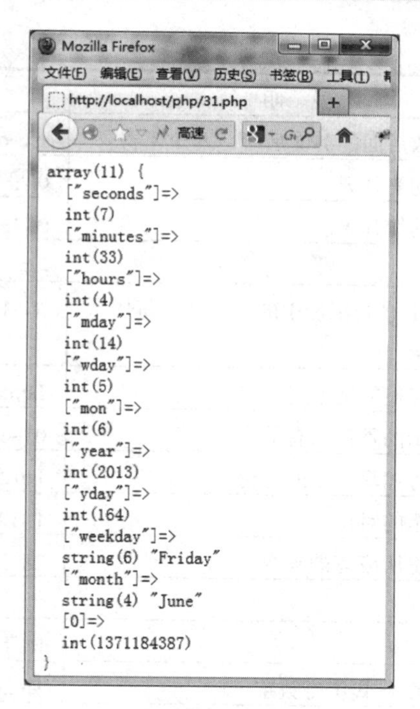

图 3-9　例 3-9 的运行结果

【例 3-10】设置当前脚本中所有日期时间的默认时区为上海：

```
<?php
date_default_timezone_set("Asia/Shanghai");          // 设置默认时区为上海
?>
```

(3)　获取时区的函数——date_default_timezone_get()：

```
string date_default_timezone_get()
```

该函数将返回一个时区字符串，如果未曾对环境和时区进行设置，将返回 UTC。

(4)　格式化本地时间日期的函数——date()：

```
string date(string format[, int timestamp])
```

返回将整数 timestamp 按照给定的格式字串而产生的字符串。如果没有给出时间戳，则使用本地当前时间。该函数所使用的 format 参数如表 3-2 所示。

表 3-2　format 参数的字符串

format 字符	说　明	返 回 值
日		
d	月份中的第几天，有前导零的两位数字	01~31
D	星期中的第几天，文本表示的 3 个字母	Mon 到 Sun
j	月份中的第几天，没有前导零	1~31
l(L 的小写)	星期几，完整的文本格式	Sunday 到 Saturday
N	数字表示的星期中的第几天	1(星期一)到 7(表示星期天)

续表

format 字符	说　明	返 回 值
S	每月天数后面的英文后缀，两个字符	st、nd、rd 或者 th
w	星期中的第几天	0(星期天)到 6(星期六)
z	年份中的第几天	0~366
星期		
W	ISO-8601 格式年份中的第几周，每周从周一开始	如 15
F	月份，完整的文本格式	January 到 December
m	数字表示的月份，有前导零	01~12
M	三个字母缩写表示的月份	Jan 到 Dec
n	数字表示的月份	1~12
t	给定月份所应有的天数	28~31
年		
L	是否为闰年	闰年为 1，否则为 0
o	ISO-8601 格式年份数字	如 2014
Y	4 位数字完整表示的年份	如 2014
y	2 位数字表示的年份	如 14
时间		
a	小写的上午和下午值	am 或 pm
A	大写的上午和下午值	AM 或 PM
B	Swatch Internet 标准时	000~999
g	12 小时格式	1~12
G	24 小时格式	0~23
h	12 小时格式	01~12
H	24 小时格式	00~23
i	有前导零的分钟数	00~59
s	秒数，有前导零	00~59
时区		
e	时区标识	如 UTC、GMT
I	是否为夏令时	是夏令时为 1，否则为 0
O	与格林威治时间相差的小时数	如+0200
T	本机所在的时区	如 EST、MDT
Z	时差偏移量的秒数	-43200~43200
完整的日期/时间		
c	ISO8601 格式的日期	如 2014-02-12T15:19:21+00:00
r	RFC822 格式的日期	如 Thu, 21 Dec 2011 16:01:07 +0200
U	从 Unix 纪元开始至今的秒数	

【例 3-11】使用 date()函数获取当前日期时间信息：

```
<?php
echo "现在是 ：".date("Y-m-d H:i:s")."<br/>";        // 输出当前日期时间
date_default_timezone_set("Asia/Shanghai");          // 设定时区为上海
echo "设定时区后，现在是 ：".date("Y-m-d H:i:s");     // 输出当前日期时间
?>
```

运行结果如图 3-10 所示。

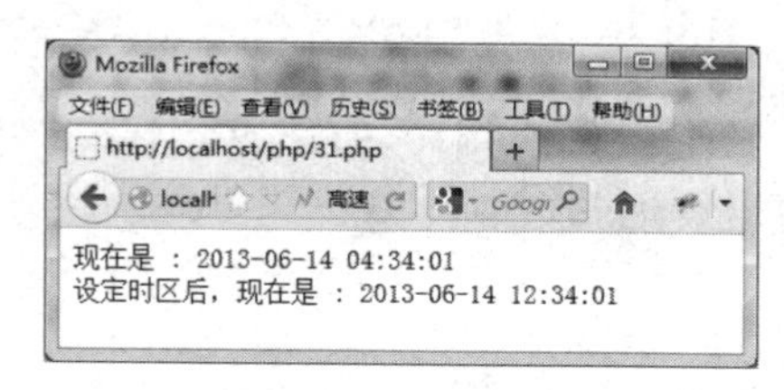

图 3-10　例 3-11 的运行结果

(5)　检测日期的有效性函数——checkdate()：

```
bool checkdate(int month, int day, int year)
```

如果给出的日期有效，则返回 TRUE，否则返回 FALSE。检查由参数构成的日期的合法性。日期在以下情况下被认为有效：year 的有效值为 1~32767，month 的有效值为 1～12。day 的有效值在给定的 month 所应该具有的天数范围之内。

【例 3-12】使用 checkdate()函数来检测日期的有效性：

```
<?php
$year = 2012;
$month = 2;
$day = 29;
var_dump(checkdate($month, $day, $year));  // bool(true)
$day = 30;
echo "<br/>";
var_dump(checkdate($month, $day, $year));  // bool(false)
?>
```

运行结果如图 3-11 所示。

图 3-11　例 3-12 的运行结果

(6)　获取当前时间戳——time()：

```
int time(void)
```

返回自从 Unix 纪元(格林威治时间 1970 年 1 月 1 日 00:00:00)到当前时间的秒数。

(7) 取得一个日期的 Unix 时间戳——mktime():

```
int mktime([int hour[, int minute[, int second[, int month[,
 int day[, int year[, int is_dst]]]]]]])
```

根据给出的参数返回 Unix 时间戳。

【例 3-13】使用 time()和 mktime()获取日期的时间戳:

```
<?php
echo "当前时间戳 : " . time() . "<br/>";
$nextWeek = time() + (7 * 24 * 60 * 60);
echo "一周后日期时间 : ". date('Y-m-d H:i:s', $nextWeek) ."<br/>";
echo "2012-01-01 的时间戳 : " . mktime(0 , 0 , 0 , 1 , 1 , 2012);
?>
```

运行结果如图 3-12 所示。

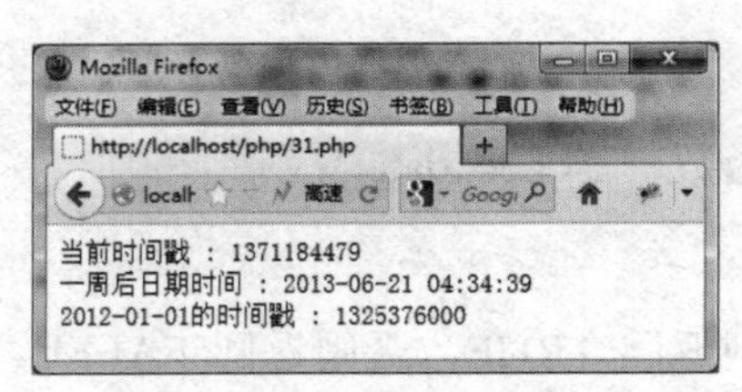

图 3-12　例 3-13 的运行结果

3.2.2　数学函数

数学函数用于实现数学上的常用运算，主要处理程序中 int 和 float 类型的数据。

(1) 随机函数——rand():

```
int rand([int min, int max])
```

如果没有提供可选参数 min 和 max，rand()返回 0 到 RAND_MAX 之间的伪随机整数，否则返回指定区间的伪随机整数。

【例 3-14】使用 rand()获取随机整数:

```
<?php
echo rand()."<br/>";          // 返回随机整数
echo rand(100,999)."<br/>";  // 产生一个 3 位随机整数
?>
```

运行结果如图 3-13 所示。

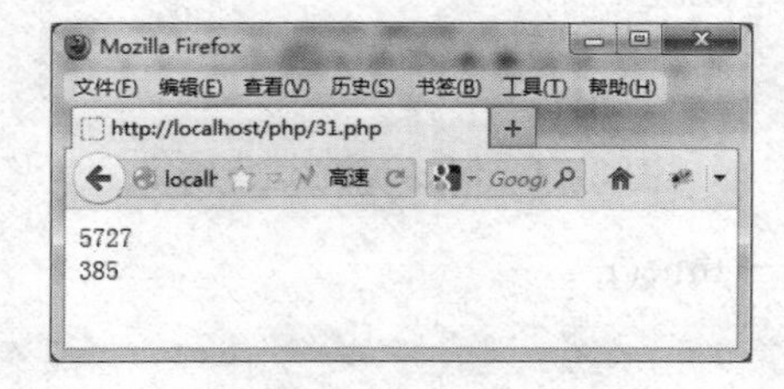

图 3-13　使用 rand 函数

每次刷新页面，输出结果会有所不同。

(2)　对浮点数四舍五入的函数——round()：

```
float round(float val[, int precision])
```

返回将 val 根据指定精度 precision(十进制小数点后数字的数目)进行四舍五入的结果。precision 也可以是负数或零(默认值)。

(3)　舍去法取整函数——floor()：

```
float floor(float value)
```

返回不大于 value 的下一个整数，将 value 的小数部分舍去取整。

(4)　进一法取整函数——ceil()：

```
float ceil(float value)
```

返回不小于 value 的下一个整数，value 如果有小数部分，则进一位。

【例 3-15】对整数取整和四舍五入：

```
<?php
echo round(3.4)."<br/>";
echo round(3.5)."<br/>";
echo round(2.3456, 2)."<br/>";
echo round(23456.5, -3)."<br/>";
echo "<hr/>";
echo ceil(2.45)."<br/>";
echo ceil(2.9898)."<br/>";
echo "<hr/>";
echo floor(2.45)."<br/>";
echo floor(2.9898)."<br/>";
?>
```

运行结果如图 3-14 所示。

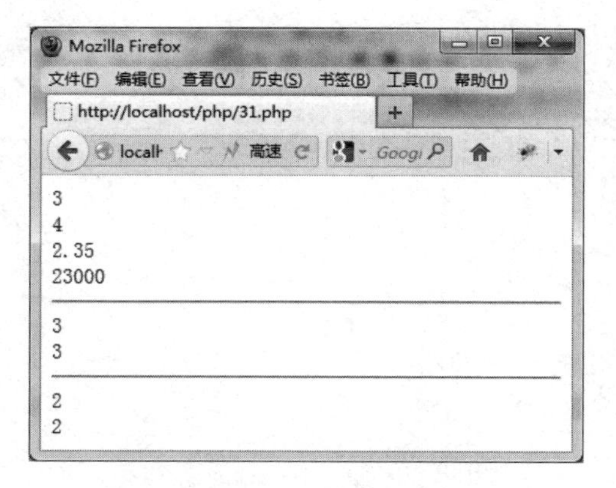

图 3-14　对整数取整和四舍五入

3.2.3　变量相关的函数

变量相关的函数很多，可以方便地实现变量的检测、类型转换等。

(1) 检查变量是否为空的函数——empty():

```
bool empty(mixed var)
```

如果 var 是非空或非零的值，则 empty()返回 FALSE。也就是说，“”、0、“0”、NULL、FALSE、array()、var $var;，以及没有任何属性的对象都将被认为是空的，如果 var 为空，则返回 TRUE。

(2) 检测变量是否设置函数——isset():

```
bool isset(mixed var[, mixed var[, ...]])
```

如果 var 存在则返回 TRUE，否则返回 FALSE，若使用 isset()测试一个被设置成 NULL 的变量，将返回 FALSE。

(3) 释放给定的变量的函数——unset():

```
void unset(mixed var[, mixed var[, ...]])
```

unset()销毁指定的 var 变量，可同时销毁多个变量。

对于全局变量，如果在函数内部销毁，只是在函数内部起作用，而函数调用结束后，全局变量依然存在且有效。

【例 3-16】变量相关函数的应用：

```
<?php
$a = 0;
$b = null;
$c = "hello";
var_dump(empty($a)); echo "<br/>";
var_dump(empty($b)); echo "<br/>";
var_dump(empty($c)); echo "<br/>";
echo "<hr/>";
var_dump(isset($a)); echo "<br/>";
var_dump(isset($b)); echo "<br/>";
var_dump(isset($c)); echo "<br/>";
echo "<hr/>";
unset($c);
var_dump(isset($c)); echo "<br/>";
echo "<hr/>";
$var = "world";
function unset_demo() {
    global $var;
    unset($var);
    echo "函数内部销毁全局变量 : ";
    var_dump(isset($var)); echo "<br/>";
}
unset_demo();
echo "函数外部检测全局变量 : ";
var_dump(isset($var));
?>
```

运行结果如图 3-15 所示。

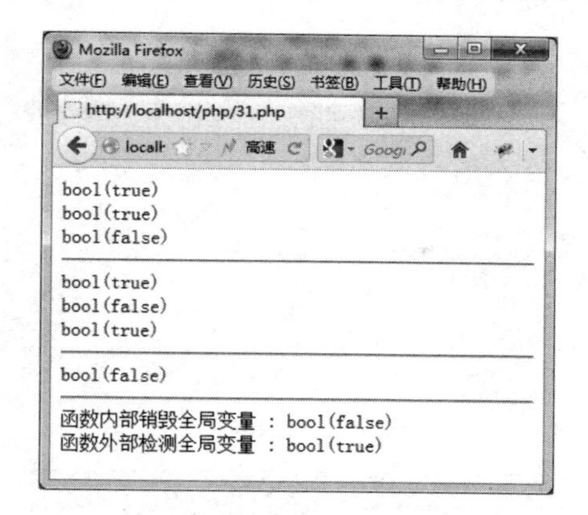

图 3-15　使用变量相关的函数

3.3　包含文件

为了更好地组织代码，使自定义函数可以在同一个项目的多个文件中使用，通常将多个自定义的函数组织到同一个或多个文件中，这些收集函数定义的文件就是用户自己创建的 PHP 函数库。当在脚本中使用这些函数库中定义的函数时，就需要使用 include()、require()等函数将函数库载入到脚本程序中。

3.3.1　include 和 require

include()和 require()语句是语言结构，不是真正的函数。使用 include 和 require 语句都能实现包含并运行指定文件，这两种结构除了在如何处理失败方面不同之外几乎完全一样。

- include()：一般在流程控制的处理区使用，当 PHP 脚本读到它的时候才将它包含的文件读进来。
- require()：在文件的开头和结尾处使用，在脚本执行前就先读入它包含的文件。

文件读取失败后，include 产生一个警告，而 require 则导致一个致命错误。也就是说，如果想在遇到丢失文件时停止处理页面，就用 require，而希望脚本继续运行就用 include。

【例 3-17】包含文件的应用。

① example.inc 的代码如下：

```
<p align="center">Copyright 2007-2011 ShopNC, All Rights Reserved XXXX科技有限责任公司</p>
<p align="center">软件注册登记编号：2008SR07843  ICP备案许可证号：XXXXX号</p>
```

② index.php 的代码如下：

```
<html>
<body>
...
<?php
/*
```

```
可以不使用()
include("example.inc");
require "example.inc";
require("example.inc");
*/
include "example.inc";
?>
</body>
</html>
```

运行结果如图 3-16 所示。

图 3-16　使用包含文件

3.3.2　include_once 和 require_once

include_once 或 require_once 语句在脚本执行期间包含并运行指定文件，作用与 include 或 require 语句类似，唯一的区别是，如果该文件中的代码已经被包含了，则不会再次包含，只会包含一次。以避免函数重定义以及变量重赋值等问题。

3.4　上 机 练 习

(1)　输出 1~100 之间的奇数之和。

(2)　使用循环打印出九九乘法表。

1*1=1

2*1=2　　2*2=4

3*1=3　　3*2=6　　3*3=9

4*1=4　　4*2=8　　4*3=12　4*4=16

……

提示：第一个乘数变化规律是从 1 到 9，数值与行号相同，第二个乘数从 1 开始，最大值与行号相同。可以用变量 i 代表第一个乘数，用变量 j 代表第二个乘数，其中 j 与 i 的关系是 j<=i。

(3)　试编写程序，求 n 行 n 列矩阵两条对角线元素之和。

第4章 PHP 数组

学前提示

在 Web 页面中，经常会看到一些滚动的欢迎文字、会员通信录、产品的销售状况等，这些信息的逻辑编程在 PHP 脚本中就采用了数组。在任何一种编程语言中，数组的重要程度与字符串不相上下。数组也是 PHP 重要的数据类型之一，使用非常广泛。程序设计中，为了处理方便，可以把若干数据类型相同或不同的变量有序地组织起来，构成一个数组，通过数组可以对大量数据进行存储、排序、删除等集中管理，从而更有效地提高程序开发效率。PHP 中的数组比许多其他高级语言中的数组更灵活，使用也更加方便。

知识要点

- 数组的定义与访问。
- 数组的常用操作。
- 预定义数组。

4.1 数组的定义

数组来源于高等数学中的矩阵，由一系列有顺序的变量组成，每个变量都有编号，形成一个可操作的整体。PHP 的数组并不要求每个变量的数据类型相同，可以是任意类型的变量的集合体，其中每个变量被称为一个元素，每个元素由一个特殊的标识符来区分，这个标识符称为键(也可以称为下标)。

数组中的每个实体都包括两项：键和值。

4.1.1 数组的声明

数组本身也是变量，命名规则和写法同其他变量。组成数组的元素可以是 PHP 所支持的任何数据类型，如字符串、布尔值等。在 PHP 中声明数组的方式主要有两种：

- 使用 array()函数声明数组。
- 直接为数组元素赋值。

1. 使用 array()来声明数组

语法如下：

```
array([key =>] value, [key =>] value, ...);
```

其中：

- key：是数组元素的“键”或者“下标”，可以是 integer 或者 string。key 如果是浮点数，将被取整为 integer。
- value：是数组元素的值，可以是任何值，当 value 为数组时，则构成多维数组。
- [key =>]：可以忽略的部分，默认为索引数组，索引值从 0 开始。

2. 直接为数组元素赋值

语法如下：

```
$数组名[索引值] = 元素值;
```

其中：

- 索引值可以是整数或字符串，若为数字，可以从任意数字开始。
- 元素值可以为任何值，若元素值为数组，则构成多维数组。

【例 4-1】使用数组：

```
<?php
$arr1 = array(1,8=>"张", "保定市", 8=>"大学", "想"); //使用 array()定义混合数组
$arr2 = array(2,3,5,7);                              //使用 array()定义索引数组
$arr3[0] = "软件系";                    //使用直接赋值定义数组。数组元素下标从 0 开始
$arr3[1] = "网络系";
$arr3[2] = "计应系";
$arr4["name"] = "软件工程";
$arr4["url"] = "http://www.hbsi.edu.cn";
```

```
echo "打印数组键和值如下 :<br/>"; //打印数组键和值如下:
print_r($arr1); echo "<br/>"; //Array([0]=>1 [8]=>大学 [9]=>保定市 [10]=>想)
print_r($arr2); echo "<br/>";   //Array([0]=>2 [1]=>3 [2]=>5 [3]=>7)
print_r($arr3); echo "<br/>";   //Array([0]=>软件系 [1]=>网络系 [2]=>计应系)
print_r($arr4); echo "<br/>";
  //Array([name]=>软件工程 [url]=>http://www.hbsi.edu.cn

echo "访问数组元素 :<br/>";    //访问数组元素:
echo '$arr1[8] : '.$arr1[8]."<br/>";  //$arr1[8]: 大学
echo '$arr2[1] : '.$arr2[1]."<br/>";  //打印数组第二个元素 3
echo '$arr3[1] : '.$arr3[1]."<br/>";  //$arr3[1]: 网络系
echo '$arr4["url"] : '.$arr4["url"]."<br/>";    // 打印键值为 url 的元素值;

?>
```

运行结果如图 4-1 所示。

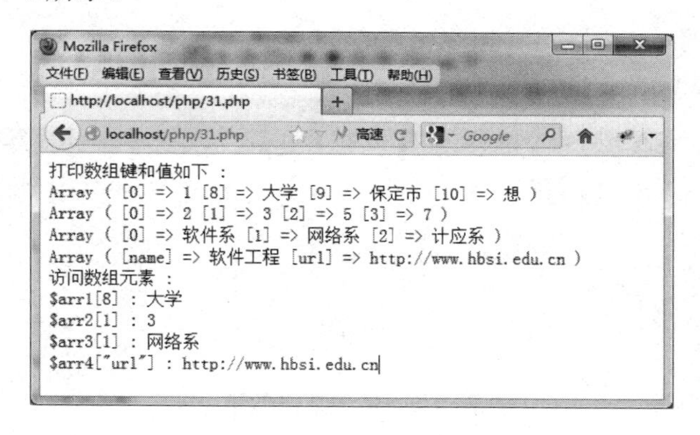

图 4-1　使用数组

4.1.2　数组的分类

PHP 支持以下两种数组：

- 索引数组(Indexed Array)。是使用数字作为下标，默认索引值从数字 0 开始，不需要特别指定，PHP 会自动地为索引数组的键名复制一个自动递增的整数。如例 4-1 中的数组$arr2、$arr3。
- 关联数组(Associative Array)。关联数组的键名是字符串，也可以是数值和字符串混合的形式。在一个数组中只要有一个键名不是数字，那么这个数组就称为关联数组。如例 4-1 中的数组$arr1、$arr4。

4.1.3　数组的构造

数组的本质是储存、管理和操作一组变量，PHP 支持一维数组和多维数组。

- 一维数组：当一个数组的元素是变量时，则称其为一维数组，例 4-1 中所用到的四个数组均为一维数组。
- 多维数组，当一个数组的元素是一个数组时，则称为多维数组。

【例 4-2】二维数组的使用：

```
<?php
//定义多维数组
$contact = array(
    "one" => array(1, "张", "软件系"),
    "two" => array(2, "王", "网络系"),
    "three" => array(3, "李", "计应系")
);
print_r($contact);
/*
Array(
    [one] => array([0] => 1  [1] => 张  [2] => 软件系)
    [two] => array([0] => 2  [1] => 王  [2] => 网络系)
    [three] => array([0] => 3  [1] => 李  [2] => 计应系)
)
*/
?>
```

运行结果如图 4-2 所示。

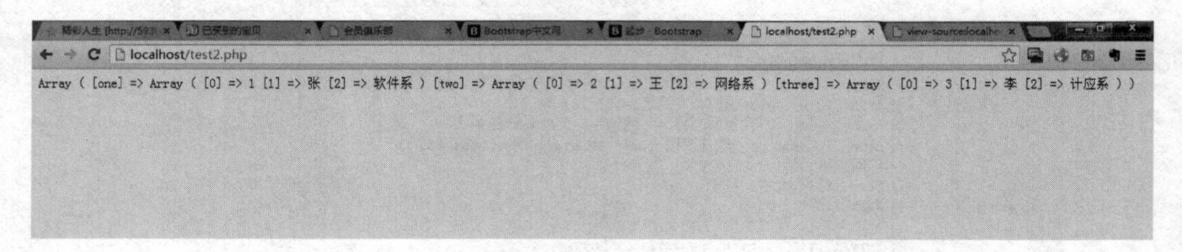

图 4-2　使用二维数组

4.2 遍历数组

数组主要是为了实现多个相互关联的数据批量处理的目的，很少直接访问数组中的单个成员，大部分需要对整个数组进行统一管理。遍历数组的方法有很多，既可以使用 while 循环、也可以使用 for 循环和 foreach 语句。

1. 使用 foreach 循环遍历数组

foreach 仅能用于数组或对象，当试图将其用于其他数据类型或者一个未初始化的变量时会产生错误。foreach 结构有如下两种形式：

```
foreach (array_expr as $value) {                //第一种格式
    statement
}
```

或者：

```
foreach (array_expr as $key => $value) {    //第二种格式
    statement
}
```

其中：

- 第一种格式遍历数组把 array_expr 中每个元素的值依次赋值给$value，并且数组内部的指针下移到下一个元素至数组末尾。
- 第二种格式不仅能遍历数组 array_expr 中的每个元素值，还能遍历键名，把键名赋值给$key，把元素值赋值给$value。

在实际操作时，如果需要访问数组的键名，可以采用第二种方式。

【**例 4-3**】使用 foreach 遍历数组：

```
<?php
$arr1 = array(2,3,5,7,11,13);
$arr2 = array("r"=>"软", "j"=>"件", "g"=>"工", "c"=>"程");
echo "输出数组 arr1 所有元素值：<br/>";          //输出数组 arr1 所有元素值：
foreach($arr1 as $value) {
   echo $value." ";                       //2 3 5 7 11 13
}
echo "<hr/>";
echo "输出数组 arr2 所有键名和元素值：<br/>";     //输出数组 arr2 所有键名和元素值：
foreach($arr2 as $key=>$value) {
   echo $key . "=>" . $value." ";        //r=>软 j=>件 g=>工  c=>程
}
echo "<hr/>";
$arr = array(
   "hbsi"=>array("name"=>"Hbsi" , "url"=>"http://www.hbsi.net"),
   "introduce" => "电子商务");
echo "使用 foreach 遍历二维数组：<br/>";
foreach($arr as $item) {
   if(is_array($item)) {  // 使用 is_array()判断给定变量是否是一个数组
      foreach($item as $k=>$v) {
         echo $k . "=>" . $v." ";
           //name=>Hbsi  url=>http://www.hbsi.net
      }
   } else {
      echo $item;                     //电子商务
   }
   echo "<br/>";
}
?>
```

运行结果如图 4-3 所示。

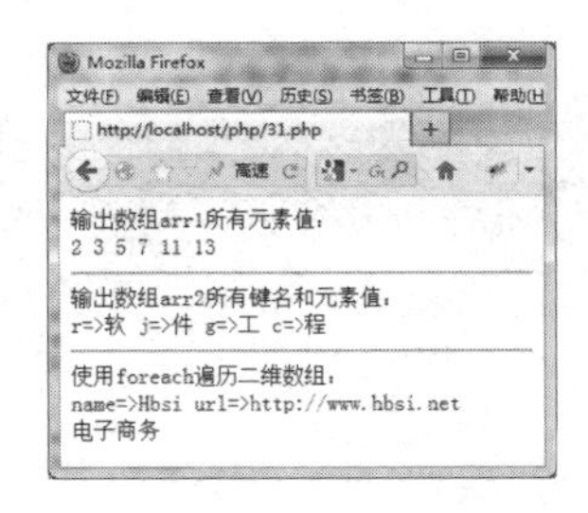

图 4-3　使用 foreach 遍历数组

2. 使用 list()、each()和 while 循环遍历数组

使用 list()函数实际是通过"="把数组中的每个元素值赋给 list()函数中的每个参数，list()函数又将自己的参数转换成在脚本中可以直接使用的变量，但该函数仅能用于数字索引的数组，且数字索引从 0 开始。语法形式如下：

```
void list(mixed varname, mixed ...) = array_expression;
```

【例 4-4】使用 list 遍历数组：

```
<?php
$arr = array("Hbsi" , "http://www.hbsi.net");
list($name, $url) = $arr;        // 将数组$arr 中两个元素的值分别赋给$name 和$url
echo "name : " . $name . "<br/>";       //name: Hbsi
echo "url  : " . $url . "<br/>";        //url: http://www.hbsi.net
?>
```

运行结果如图 4-4 所示。

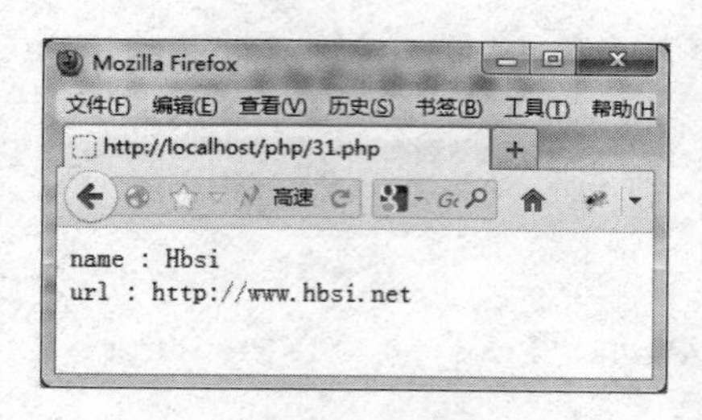

图 4-4　list 遍历数组

使用 each()函数遍历数组实际是将数组当作参数传递给 each()，返回数组中当前元素的键值对，并向后移动数组指针到下一个元素的位置，如果指针越过了数组的末端，则返回 false。

【例 4-5】使用 each 遍历数组：

```
<?php
$arr = array("张三" , "李四");
$name = each($arr);    // 将数组$arr 中第一个元素赋值给$name，并将指针下移
print_r($name);            //array([1]=>张三 [value]=>张三 [0]=>0 [key]=>0)
$name = each($arr);
print_r($name);
?>
```

运行结果如图 4-5 所示。

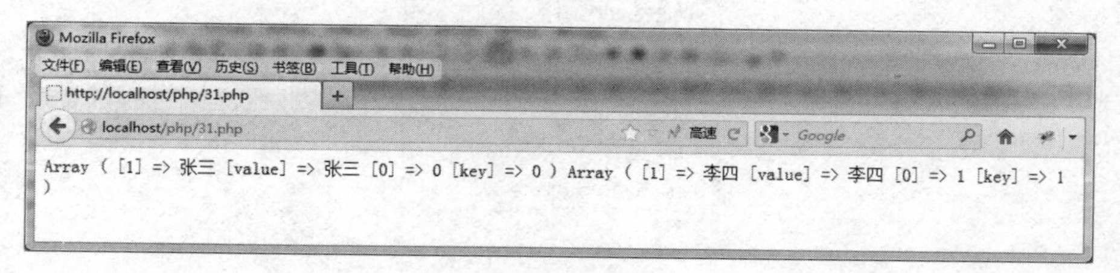

图 4-5　用 each 遍历数组

键值对为混合数组，键名分别为 0、1、key 和 value，其中 0 和 key 对应的值表示原数组元素的键名，1 和 value 对应的值为原数组元素的值。

【例 4-6】使用 each 和 list 联合遍历数组：

```
<?php
$arr = array("张三" , "李四");
list($key,$value) = each($arr);    // 自行分析赋值过程
echo "$key=>$value";               // 0=>张三
?>
```

运行结果如图 4-6 所示。

图 4-6　each 结合 list 遍历数组

【例 4-7】结合 while 循环后使用 each 和 list 联合遍历数组：

```
<?php
$arr = array("张三" , "李四");
while(list($key,$value) = each($arr)) {        // 自行分析赋值过程
    echo "$key=>$value";                      // 0=>张三 1=>李四
}
?>
```

运行结果如图 4-7 所示。

图 4-7　循环遍历数组

3. 使用 for 循环遍历数组

for 循环遍历数组时，通过数组的下标来访问数组中的每个元素，且必须保证下标是连续的数字索引。而 PHP 中，数组不仅可以指定非连续数字下标，还可以存在字符串下标，所以很少使用 for 循环来遍历数组。

【例 4-8】使用 list 遍历数组：

```
<?php
$arr = array(
    array(1,2),
```

```
    array(11,22)
);

for($i=0; $i<count($arr); $i++) {
    for($j=0; $j<count($arr[$i]); $j++) {
        echo $arr[$i][$j];                          //1 2 11 22
    }
}
?>
```

运行结果如图 4-8 所示。

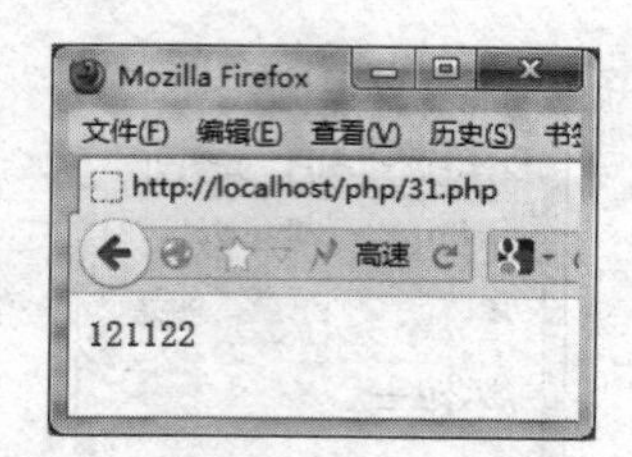

图 4-8　以 for 循环遍历数组

4.3 数组的常用操作

数组由于其灵活性和方便性，在编程中经常被使用，PHP 中与数组相关的函数也很多，下面介绍一些常用的数组操作函数。

4.3.1 统计数组元素个数

在 PHP 中，可以使用 count()函数对数组中的元素个数进行统计。

语法形式如下：

```
int count(mixed var[, int mode])
```

其中参数 var 为必要参数；如果可选的 mode 参数设为 COUNT_RECURSIVE(或 1)，count()将递归地对数组计数，这在计算多维数组的所有单元时有用，mode 的默认值是 0。

【例 4-9】使用 count 统计数组元素的个数：

```
<?php
$arr1 = array(2,3,5,7,11,13);
$arr2 = array(
    "hbsi"=>array("name"=>"Hbsi", "url"=>"http://www.hbsi.net"),
    "introduce" => "电子商务");
echo "数组\$arr1 元素个数为 : " . count($arr1) . "<br/>";                    //6
echo "二维数组数组\$arr2 元素个数为 : " . count($arr2) . "<br/>";              //2
echo "二维数组\$arr2 递归所有元素个数为 : " . count($arr2, COUNT_RECURSIVE);//4
?>
```

运行结果如图 4-9 所示。

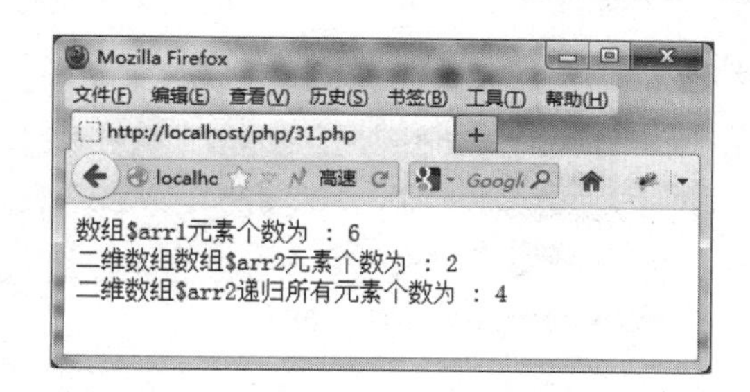

图 4-9　统计数组元素

4.3.2　数组与字符串的转换

数组与字符串的转换在程序开发过程中经常使用，主要使用 explode()和 implode()函数来实现。

1. 使用一个字符串分割另一个字符串——explode()函数

语法形式如下：

```
array explode(string separator, string string[, int limit])
```

此函数返回由字符串组成的数组，字符串 string 被字符串 separator 作为边界分割出若干个子串，这些子串构成一个数组。如果设置了 limit 参数，则返回的数组包含最多 limit 个元素，而最后那个元素将包含 string 的剩余部分。

【例 4-10】过滤敏感字。

论坛管理的后台管理员可以设置若干过滤字符，当访问者发表留言时，可以将一些敏感字符过滤掉。管理员输入的若干字符构成的是一个字符串，在后台处理时需要将这个字符串转换为数组，这时可以使用 explode()函数。然后把数组保存起来，每当有访问者发表留言时，可以逐一判断数组中的元素在用户留言中是否存在，如果存在，则进行相应的处理以屏蔽。

表单页面 explode.php 的代码如下：

```
<html>
<head>
<title>explode()使用举例</title>
</head>
<body>
<form name="form1" method="post" action="demo.php">
<p>请输入要过滤的字符串，使用&quot;、&quot;隔开：</p>
<p>
<textarea name="words" cols="30" rows="5" id="words"></textarea>
</p>
<p>
<input type="submit" name="submit" id="submit" value="确  定">
</p>
</form>
</body>
</html>
```

运行结果如图 4-10 所示。

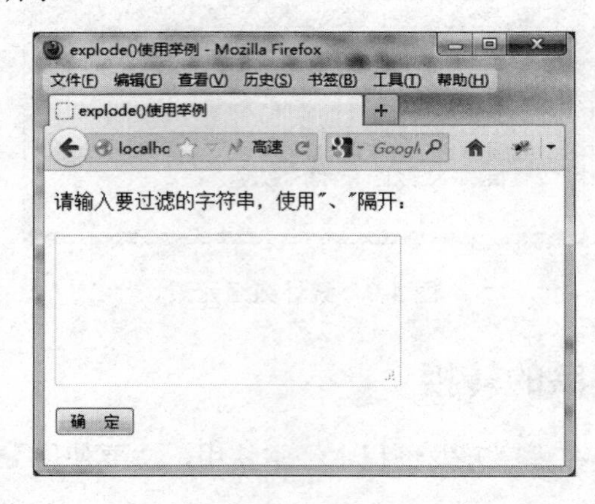

图 4-10　表单页面

表单处理页面 demo.php 的代码如下：

```
<?php
if($_POST['submit'] != '') {
    $content = $_POST['words'];
    $words = explode("、" , $content);
    print_r($words);
}
?>
```

运行结果如图 4-11 所示。

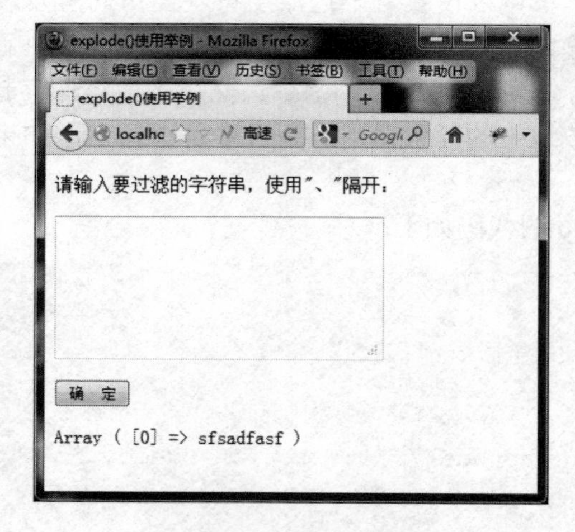

图 4-11　运行结果

读者可自行验证上述案例，其中使用了预定义数组$_POST。

2. 将数组元素连接为一个字符串——implode()函数

语法形式如下：

```
string implode(string glue, array pieces)
```

功能是把 pieces 数组元素用 glue 指定的字符串作为间隔符连成一个字符串。

【例 4-11】使用 implode 将数组转换为字符串：

```
<?php
$arr = array("name"=>"Hbsi", "url"=>"http://www.hbsi.net");
echo implode(': ', $arr);                // Hbsi: http://www.hbsi.net
?>
```

运行结果如图 4-12 所示。

图 4-12　将数组转换为字符串

4.3.3　数组的查找

在数组中查找某个键名或者元素是否存在，可以遍历数组进行查找，也可以使用 PHP 提供的函数，查找起来更为方便。

1. 检查数组中是否存在某个值——in_array()函数

语法形式如下：

```
bool in_array(mixed needle, array haystack[, bool strict])
```

在 haystack 中搜索 needle，如果找到，则返回 TRUE，否则返回 FALSE。如果第三个参数 strict 的值为 TRUE，则 in_array()函数还会检查 needle 的类型是否与 haystack 中的相同。

2. 在数组中搜索给定的值——array_search()函数

语法形式如下：

```
mixed array_search(mixed needle, array haystack[, bool strict])
```

在 haystack 中搜索 needle 参数并在找到的情况下返回键名，否则返回 FALSE。如果第三个参数 strict 的值为 TRUE，则 array_search 函数还会检查 needle 的类型是否与 haystack 中的相同。

该函数与 in_array()的不同之处在于 needle 如果找到，返回值不同。

3. 检查给定的键名或索引是否存在于数组中——array_key_exists()函数

语法形式如下：

```
bool array_key_exists(mixed key, array search)
```

在 search 中搜索是否存在为 key 的键名或索引，如果找到，则返回 TRUE，否则返回

FALSE。

【例 4-12】在数组中查找元素示例，代码如下：

```
<?php
$arr = array("name"=>"Hbsi",
             "url"=>"http://www.hbsi.net",
             "introduce" => "电子商务");
var_dump(in_array("Hbsi", $arr)); echo "<br/>";         //bool(true)
var_dump(in_array("Hbsi", $arr)); echo "<br/>";         //bool(false)
var_dump(array_search("Hbsi", $arr)); echo "<br/>";     //string(4) "name"
var_dump(array_search("Hbsi", $arr)); echo "<br/>";     //bool(false)
var_dump(array_key_exists("name", $arr)); echo "<br/>";   //bool(true)
var_dump(array_key_exists("Name", $arr)); echo "<br/>";   //bool(false)
?>
```

运行结果如图 4-13 所示。

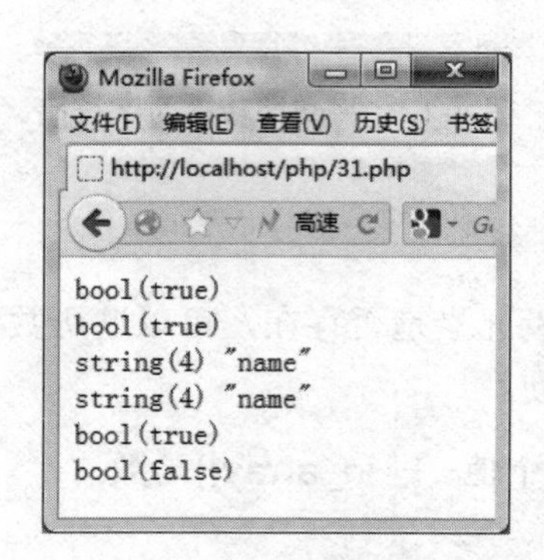

图 4-13　查找元素

从运行结果可以看出，以上 3 个函数在进行查找时，如果查找的是字符串，是区分大小写的，这是尤为需要注意的地方。

4.3.4　数组的排序

对于数组而言，常用的操作除了遍历和查找外，另一项比较重要的操作就是排序了。下面介绍 3 个比较重要且常用的对数组进行排序的函数。

1. 对数组进行升序排序——sort()函数

语法形式如下：

```
bool sort(array &array[, int sort_flags])
```

可选的第 2 个参数 sort_flags 可以用以下值改变排序的行为。

- SORT_REGULAR：正常比较元素(不改变类型)。
- SORT_NUMERIC：元素被作为数字来比较。
- SORT_STRING：元素被作为字符串来比较。
- SORT_LOCALE_STRING：根据当前的 locale 设置把元素当作字符串比较。

2. 对数组进行降序排序——rsort()函数

语法形式如下：

```
bool rsort(array &array[, int sort_flags])
```

【例 4-13】数组排序。

代码如下：

```
<?php
$arr = array(56,9,12,100,32);

echo "<br/>数组未排序前元素依次为 : <br/>";
foreach($arr as $v) {
    echo $v . "  ";                    // 56 9 12 100 32
}
echo "<hr/>";

sort($arr);
echo "<br/>数组升序排序后元素依次为 : <br/>";
foreach($arr as $v) {
    echo $v . "  ";                    //9 12 32 56 100
}

sort($arr, SORT_STRING);    // 把数组元素作为字符串类型排序
echo "<br/>数组元素被作为字符串升序排序后依次为 : <br/>";
foreach($arr as $v) {
    echo $v . "  ";                    //100 12 32 56 9
}
echo "<hr/>";

rsort($arr);
echo "<br/>数组降序排序后元素依次为 : <br/>";
foreach($arr as $v) {
    echo $v . "  ";                    //100 56 32 12 9
}

rsort($arr, SORT_STRING);    // 把数组元素作为字符串类型排序
echo "<br/>数组元素被作为字符串降序排序后依次为 : <br/>";
foreach($arr as $v) {
    echo $v . "  ";                    //9 56 32 12 100
}
?>
```

运行结果如图 4-14 所示。

3. 对关联数组排序——ksort()和 asort()函数

如果使用关联数组，在排序后还需要保持键和值的排序一致，这时就需要使用 ksort()和 asort()函数。

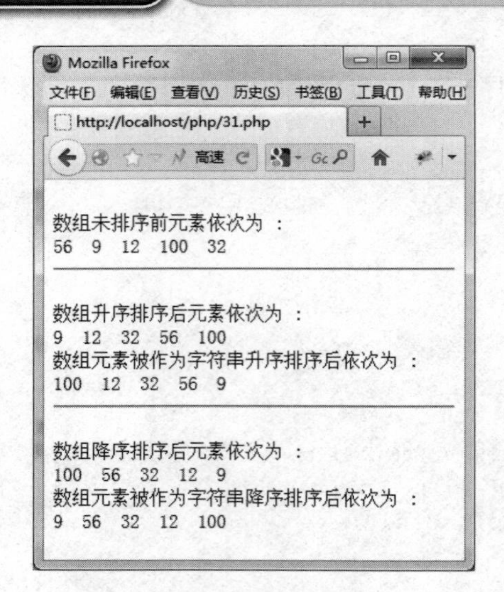

图 4-14　数组排序

语法形式如下：

```
bool asort(array &array[, int sort_flags]) //对数组进行排序并保持索引关系
bool ksort(array &array[, int sort_flags]) //对数组按照键名排序
```

【例 4-14】关联数组排序。

代码如下：

```
<?php
$fruits =
  array("d" => "lemon", "a" => "orange", "b" => "banana", "c" => "apple");
echo "<br/>数组没有排序前元素依次为 : <br/>";
foreach ($fruits as $key => $val) {
    echo "$key = $val\n";    //d = lemon a = orange b = banana c = apple
}
echo "<hr/>";

asort($fruits);
echo "<br/>数组排序后元素依次为 : <br/>";
foreach ($fruits as $key => $val) {
    echo "$key = $val\n";    // c = apple b = banana d = lemon a = orange
}
echo "<hr/>";
echo "<br/>数组按键名排序后元素依次为 : <br/>";

ksort($fruits);
foreach ($fruits as $key => $val) {
    echo "$key = $val\n";    //a = orange b = banana c = apple d = lemon
}
?>
```

运行结果如图 4-15 所示。

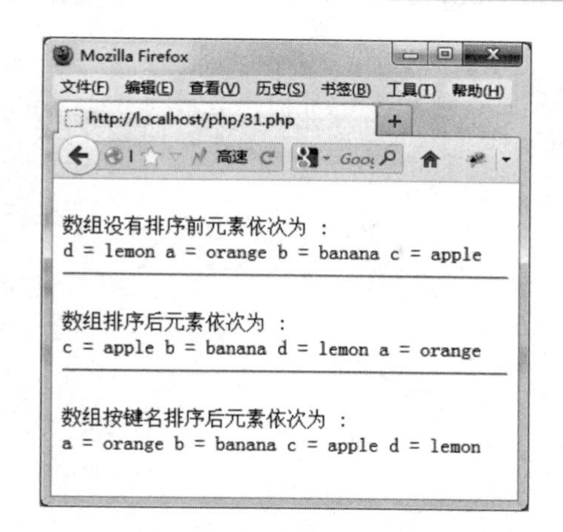

图 4-15 关联数组排序

4.3.5 数组的拆分与合并

在 PHP 开发过程中，还会经常用到将两个数组合并为一个或者取出数组中的某一部分构成一个新的数组的操作，这时可以使用数组的拆分与合并函数。

1. 从数组中取出一段——array_slice()函数

语法形式如下：

```
array array_slice(array array, int offset[, int length[,
 bool preserve_keys]])
```

返回根据 offset 和 length 参数所指定的 array 数组中的一段序列。$offset 为获取数组子集开始的位置；如果为负，则将从数组$array 中距离末端这么远的地方开始。可选参数 length 为获取子元素的个数，如果 length 为负，则将终止在距离数组$array 末端这么远的地方。如果省略，则序列将从 offset 开始一直到 array 的末端。

array_slice()默认将重置数组的键。自 PHP 5.0.2 起，可以通过将 preserve_keys 设为 TRUE 来改变此行为。

2. 把数组中的一部分去掉并用其他值取代——array_splice()函数

语法形式如下：

```
array array_splice(array &input, int offset[, int length[,
 array replacement]])
```

array_splice()把 input 数组中由 offset 和 length 指定的单元去掉，如果提供了 replacement 参数，则用 replacement 数组中的单元取代。返回一个包含有被移除单元的数组。其中 input 中的数字键名不被保留。

如果要使用 replacement 来替换从 offset 到数组末尾的所有元素，可以用 count($input) 作为 length。

【例 4-15】 数组的拆分。

代码如下：

```
<?php
$arr = array("d" => "lemon", "a" => "orange", "b" => "banana", "c" => "apple");
echo "数组原有元素依次为 : <br/>";
foreach ($arr as $key => $val) {
    echo "$key = $val\n";     // d = lemon a = orange b = banana c = apple
}
echo "<hr/>取出数组中指定部分 : <br/>";
$part = array_slice($arr, 2);
foreach($part as $key=>$value) {
    echo $key . "=>" . $value . "  ";    //b=>banana c=>apple
}
echo "<br/>";
$part = array_slice($arr, -2, 1);
foreach($part as $key=>$value) {
    echo $key . "=>" . $value . "  ";   //b=>banana
}
echo "<br/>";
$part = array_slice($arr, 0, 3);
foreach($part as $key=>$value) {
    echo $key."=>".$value."  ";  //d=>lemon a=>orange b=>banana
}
echo "<hr/>替换数组中一部分元素: <br/>";
array_splice($arr, 1, count($arr), "fruit");
foreach($arr as $key=>$value) {
    echo $key . "=>" . $value . "  ";   //d=>lemon 0=>fruit
}
?>
```

运行结果如图 4-16 所示。

图 4-16　数组的拆分

3. 合并一个或多个数组——array_merge()函数

语法形式如下：

```
array array_merge(array array1[, array array2[, array ...]])
```

返回一个或多个数组的合并后的新数组，一个数组中的值附加在前一个数组的后面。

如果输入的数组中有相同的字符串键名，则后面键名的值会覆盖前一个。如果是数字键名，后面的值将不会覆盖原来的值，而是附加到后面，并且合并后的数组的键名将会以连续的方式重新进行键名索引。

【例 4-16】数组的合并示例。

代码如下：

```
<?php
$arr1 = array("name"=>"hbsi", "url"=>"http://www.hbsi.edu.cn", "10086");
$arr2 = array("name"=>"软件工程", "职大路");
$arr3 = array("ch_name"=>"网络工程", "建设路");
$result = array_merge($arr1, $arr2);
$result2 = array_merge($arr1, $arr3);

echo "合并数组含有相同的字符串键值：<br/>";
foreach($result as $key=>$value) {
    echo $key . "=>" . $value . "  ";
    //name=>软件工程 url=> http://www.hbsi.edu.cn 0=>10086 1=>职大路
}

echo "<br/>合并数组没有相同的字符串键值：<br/>";
foreach($result2 as $key=>$value) {
    echo $key . "=>" . $value . "  ";
    // name=>hbsi  url=> http://www.hbsi.edu.cn  0=>10086
    // ch_name=>网络工程   1=>建设路
}
?>
```

运行结果如图 4-17 所示。

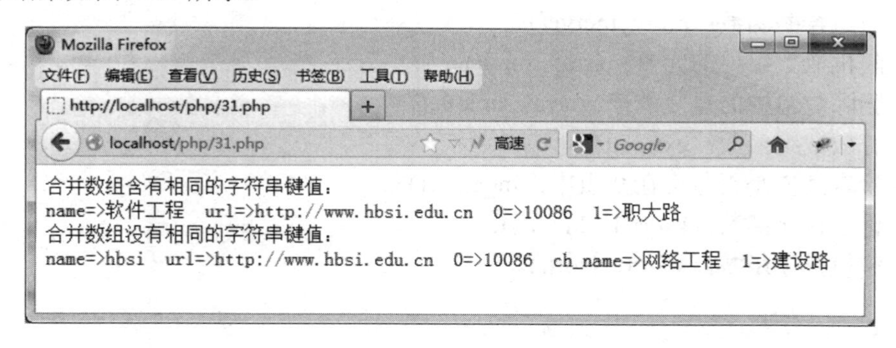

图 4-17　数组的合并

4.4　PHP 预定义数组

使用数组，能够非常方便地操纵一组变量，除了自定义数组外，PHP 还提供了一组预定义数组，这些数组变量包含了来自 Web 服务器、运行环境和用户输入的数据等信息。这些数组在全局范围内自动生效，因此也被称为自动全局变量或者超全局变量。

常用的预定义数组如表 4-1 所示。

表 4-1 预定义数组

数组名称	说 明
$_SERVER[]	当前 PHP 服务器变量数组，如$_ SERVER['REMOTE_ADDR']获取浏览当前页面的用户 IP 地址
$GLOBALS[]	包含正在执行脚本所有超级全局变量的引用内容
$_ENV[]	当前 PHP 环境变量数组
$_GET[]	获得以 GET 方法提交的变量数组
$_POST[]	获得以 POST 方法提交的变量数组
$_REQUEST[]	包含当前脚本提交的全部请求
$_COOKIE[]	获取和设置当前网站的 Cookie 标识
$_SESSION[]	包含所有会话变量有关的信息
$_FILES[]	包含上传文件所有的相关变量信息

4.5 上 机 练 习

(1) 定义一个数组$array，内含有 5 个元素，值依次为“周一”、“周二”，……“周五”，下标默认从 0 开始计数，然后使用 foreach 循环将数组的值逐行输出。

(2) 将上题中的数组$array 的下标和值进行替换并放入新的数组中，不可使用内置函数(array_flip)，并循环输出新数组的下标。

(3) 在上题的数组$array 中练习使用下列 PHP 内置数组常用函数。

- 数组合并函数：array_merge()。
- 随机取数组内的元素：array_rand()。
- 删除数组中的重复的值：array_unique()。
- 打散数组函数：extract()。
- 检查某值是否包含在数组中：in_array()。
- 键名排序函数：ksort()、krsort()。
- 键值排序函数：sort()、rsort()。

第5章

字符串操作

学前提示

在Web应用中，用户与系统的交互基本上是靠文字来进行的，因此在PHP编程中，很多情况下需要对字符串进行处理和分析。正确地使用和掌握字符串相关的操作能在开发过程中节约大量的时间，提高开发的效率。

知识要点

- 认识字符串。
- 字符串表示形式。
- 字符串操作常用函数。

5.1 认识字符串

字符串是由 0 个或多个字符组成的集合，所谓的字符，可以包含以下内容。

- 数字字符：如 1、2、3 等。
- 字母字符：如 a、b、c 等。
- 特殊字符：如!、@、#等。
- 转义字符：如\n、\r、\t 等。

其中转义字符在输出时不会看到具体字符，只能够看到它所产生的格式化效果。PHP 是弱类型检查语言，所以其他类型的数据一般都可以直接应用于字符串操作函数中。

【例 5-1】格式化输出字符串：

```
<?php
   echo "This is an example!\n@#DSF";  // This is an example! @#DSF
?>
```

运行结果如图 5-1 所示。

图 5-1　格式化输出

查看页面源代码，格式如下：

```
This is an example!
@#DSF
```

5.2 字符串表示形式

字符串可以使用以下三种形式来表示：单引号(')、双引号(")和定界符(<<<)。在使用过程中一定要注意的是单引号与双引号的差异，任何变量在双引号中都会被转换为它的值进行输出显示；而单引号的内容是都会原样被输出。

【例 5-2】单引号和双引号的差异：

```
<?php
$name = "ShopNC";
$str1 = "$name , http://www.shopnc.net";    // 双引号内的变量将被识别  ShopNC
$str2 = '$name , http://www.shopnc.net';    // 单引号内的字符串原封不动 $name
echo $str1 . "<br/>";                       // ShopNC , http://www.shopnc.net
```

```
echo $str2 . "<br/>";                          // $name , http://www.shopnc.net
?>
```

运行结果如图 5-2 所示。

图 5-2　引号的差异

5.3　字符串常用操作

在创建字符串之后，就可以对它进行操作了，可以直接在函数中使用字符串，也可以把它存储在变量中，字符串很多的常用操作都可以通过 PHP 内置函数来完成。

5.3.1　字符串连接

字符串的连接运算符为“.”，用于把两个字符串值连接起来。

下面看一个简单的例子。

【例 5-3】字符串的连接运算符“.”。

代码如下：

```
<?php
$name = "ShopNC";
$url = "http://www.shopnc.net";
echo $name . " , " . $url . "<br/>";    // ShopNC, http://www.shopnc.net
echo "$name , $url<br/>";              // 也可以把变量直接写在""内
?>
```

运行结果如图 5-3 所示。

图 5-3　连接字符串

5.3.2 获取字符串长度

PHP 提供 strlen 函数来计算字符串的长度，语法形式如下：

```
int strlen(string string)
```

【例 5-4】计算字符串的长度：

```
<?php
echo strlen("Hello World!");          // 将输出 12
?>
```

运行结果如图 5-4 所示。

图 5-4 计算字符串的长度

5.3.3 去掉字符串的首尾空格和特殊字符

用户在浏览器中输入数据时，经常会输入一些多余的空格，空格也是有效字符，而服务器在进行处理并输出时又必须将空格去掉，因此 PHP 提供了 trim()、rtrim()、ltrim()等函数，分别去除一个字符串两端空格、一个字符串尾部空格、一个字符串首部空格。

1. 去掉字符串的首尾空格——trim()函数

语法形式如下：

```
string trim(string str[, string charlist])
```

其中，参数 str 为要去掉空格的字符串；可选参数 charlist 为准备从字符串 str 中移除的字符，如果不提供该参数，则默认去除以下字符。

- " "：空格(ASCII 32 (0x20))。
- "\t"：制表符(ASCII 9 (0x09))。
- "\n"：换行符(ASCII 10 (0x0A))。
- "\r"：回车符(ASCII 13 (0x0D))。
- "\0"：空字符(ASCII 0 (0x00))。
- "\x0B"：垂直制表符(ASCII 11 (0x0B))。

2. 去掉字符串右边的空格——rtrim()函数

语法形式如下：

```
string rtrim(string str[, string charlist])
```

3. 去掉字符串的左边的空格——ltrim()函数

语法形式如下：

```
string ltrim(string str[, string charlist])
```

【例 5-5】去除字符串的空格：

```
<?php
$str = " ShopNC ";
echo "原字符串：|$str|<br/>";                    //原字符串：| ShopNC |
echo "去掉首尾空格：|".trim($str)."|<br/>";    //去掉首尾空格：|ShopNC|
echo "去掉右边空格：|".rtrim($str)."|<br/>";  //去掉右边空格：| ShopNC|
echo "去掉左边空格：|".ltrim($str)."|<br/>"; //去掉左边空格：|ShopNC |
echo $str;    //上述函数返回新字符串，但$str 变量本身不会受到任何影响  ShopNC
?>
```

运行结果如图 5-5 所示。

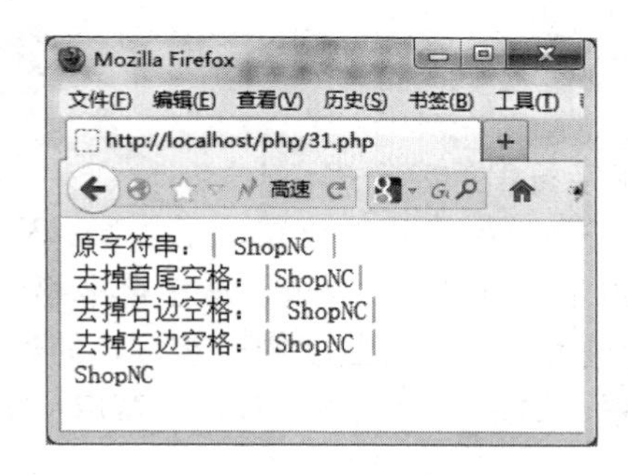

图 5-5　去除空格

5.3.4　大小写转换

在字符串操作过程中，经常会出现字符串中字母大小写不统一的情况，这时可以使用大小写转换函数，语法形式如下：

```
string strtolower(string str);       // 转换为小写
string strtoupper(string str);       // 转换为大写
string ucfirst(string str);          //整个字符首串字母大写
string ucwords(string str);          //整个字符串中以空格为分隔符的单词首字母大写
```

我们来看一个简单的例子。

【例 5-6】大小写转换：

```
<?php
$str = " this is an example ";
echo strtolower($str);       //this is an example
echo strtoupper($str);      //THIS IS AN EXAMPLE
echo ucfirst("hello world");     //Hello world
echo ucwords($str);     //This Is An Example
echo $str;                   //不会给原字符串造成影响
?>
```

运行结果如图 5-6 所示。

图 5-6 大小写转换

5.3.5 字符串截取

如果要截取字符串中的某一段字符串，PHP 提供了 substr()函数来实现。语法形式如下：

```
string substr(string string, int start[, int length])
```

其中：

- 参数 string 为要取子字符串的字符串。
- 参数 start 为要截取子字符串开始的位置，正数表示从指定位置开始；负数表示从字符串尾端算起的指定位置开始；0 表示从字符串第一个字符开始。
- 可选参数 length 为正数，表示要截取的子字符串的长度，为负数，表示截取到字符串末端倒数的位置，如果不指定该参数，则截取 string 子串从 start 开始至末尾。

【例 5-7】字符串的截取：

```
<?php
$str = "ShopNC http://www.shopnc.net";
echo "原字符串：$str<br/>";                // ShopNC http://www.shopnc.net
echo "截取子串：" . substr($str , 7) . "<br/>";
    //截取子串：http://www.shopnc.net
echo "截取子串：" . substr($str , 7 , 3) . "<br/>"; //截取子串：htt
echo "截取子串：" . substr($str , -7) . "<br/>";     //截取子串： pnc.net
echo "截取子串：" . substr($str , -7 , -3) . "<br/>"; //截取子串：pnc.
?>
```

运行结果如图 5-7 所示。

图 5-7 截取字符串

5.3.6　字符串查找

在开发过程中，如果需要对字符串进行查找操作，PHP 也提供了相关的函数。

1. 搜索一个字符串在另一个字符串中的第一次出现——strstr()函数

语法形式如下：

```
string strstr(string haystack, string needle)
```

其中，参数 haystack 为被搜索的字符串；参数 needle 为要搜索的字符串。该函数返回字符串的其余部分(从匹配点开始)，如果未找到所搜索的字符串，则返回 FALSE。

2. 查找字符串在另一个字符串中第一次出现的位置——strpos()函数

语法形式如下：

```
int strpos(string haystack, mixed needle[, int start])
```

其中，可选参数 start 为开始搜索的位置。与 strstr()不同的是，如果搜索到字符串，则返回该字符串第一次出现的位置。

【例 5-8】字符串查找：

```
<?php
$str = "ShopNC http://www.shopnc.net";
echo "原字符串为：$str<br/>";
echo strstr($str, "http") . "<br/>";      // 找到后返回子串
var_dump(strstr($str, "HTTP"));           // bool(false)
echo "<hr/>";
echo strpos($str, "http") . "<br/>";     // 找到后返回首次出现的位置 7
var_dump(strpos($str, "HTTP"));          // bool(false)
?>
```

运行结果如图 5-8 所示。

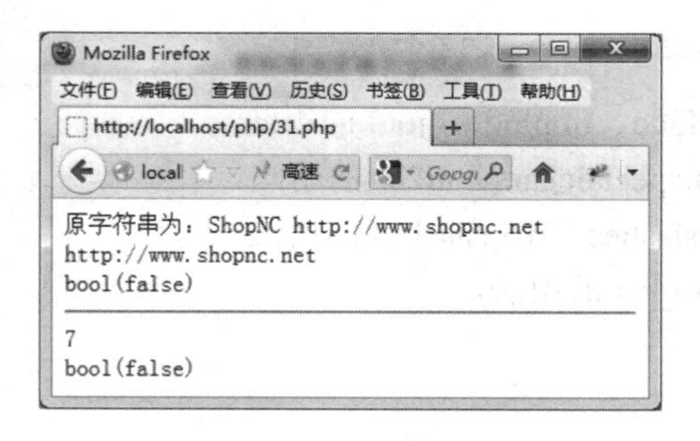

图 5-8　字符串查找

5.3.7　字符串替换

上面介绍了如何查找字符串，在开发中还会需要查找到某个子串后将其用另一个子串替换掉，这时，可以使用字符串替换函数 str_replace()来实现。

语法形式如下：

```
mixed str_replace(mixed search, mixed replace, mixed subject[, int &count])
```

其中，参数 search 为要查找的子串，参数 replace 是用来替换的字符串，参数 subject 是被搜索的字符串，可选参数 count 为执行替换的数量。

【例 5-9】字符串替换：

```
<?php
$str = "ShopNC http://www.shopnc.net";
echo "原字符串为：$str<br/>";
echo "替换字符串后：" . str_replace('ShopNC', '网城创想', $str);
/*
替换字符串后：网城创想 http://www.shopnc.net
*/
?>
```

运行结果如图 5-9 所示。

图 5-9　字符串替换

5.4　上 机 练 习

(1) 比较 echo、print、printf 和 sprintf 的不同，学会使用在线教程：

```
http://www.w3school.com.cn w3school
```

(2) 学习并体会 explode、implode、join 的用法。

(3) 学习并体会 htmlspecialchars、nl2br 的用法。

(4) 学习并体会 addslashes、stripslashes 的用法。

(5) 学习并体会 parse_str 的用法。

第 6 章

正则表达式

学前提示

我们在网页中进行用户注册时，经常会遇到输入的用户名、E-mail 地址、身份证号等不合格的验证信息，要求重新输入。这是一种很常见的 Web 逻辑应用，服务器端脚本里使用的就是正则表达式。正则表达式是一种用于模式匹配和替换的强有力的规则，在字符串处理上有着举足轻重的作用，许多程序设计语言都支持正则表达式，但不能独立应用，必须结合相应的函数。

知识要点

- 正则表达式的语法规则。
- 正则表达式的常用函数。

6.1 什么是正则表达式

字符是计算机软件处理文字时最基本的单位，可能是字母、数字、标点符号、空格、换行符、汉字等。字符串是 0 个或更多个字符的序列。在编写处理字符串的程序或网页时，常常会需要收集并判断符合某些特殊规则的字符串，通常是指这个字符串里有一部分能满足表达式给出的条件。

以前的查找方式往往无法解决或者解决过程非常复杂。PHP 提供了正则表达式这一强大工具来实现这一功能。正则表达式就是用于描述这些规则的工具。换句话说，正则表达式就是记录文本规则的代码。

6.1.1 正则表达式简介

正则表达式最初源于神经系统方面的研究，若干年后，一位名叫 Stephen Kleene 的数学科学家，在基于早期神经系统研究工作的基础上，发表了一篇题目是《神经网事件的表示法》的论文，利用称为“正则集合”的数学符号来描述此模型，引入了正则表达式的概念。

在之后一段时间，人们发现可以将这一工作成果应用于其他方面。Unix 的主要发明人 Ken Thompson 就把这一成果应用于计算搜索算法的一些早期研究，他将此符号系统引入编辑器 QED，然后是 Unix 上的编辑器 ed，并最终引入 grep。从此，正则表达式逐渐被正式引入到多种语言中。

一个正则表达式就是由普通字符(例如字符 a~z)以及特殊字符(称为元字符)组成的匹配模式。该模式描述在查找文字主体时待匹配的一个或多个字符串。正则表达式作为一个模板，将某个字符模式与所搜索的字符串进行匹配。

6.1.2 PHP 中正则表达式的作用

在 PHP 中，正则表达式基本上有 3 个作用：

- 匹配，用于从字符串中析取信息。
- 用新文本代替匹配文本。
- 将一个字符串拆分为一组更小的信息块。

6.2 正则表达式的基础语法

正则表达式由原子(最基本的组成单位，至少包含一个)和有特殊功能的字符(一些元字符)以及模式修正符组成：

- 原子包括所有的大小写字母、数字、标点符号、非打印字符以及双引号、单引号等一些其他符号。
- 元字符是具有特殊含义的符号，如“*”、“?”等。

6.2.1　元字符

所谓元字符，就是指那些在正则表达式中具有特殊意义的专用字符，可以用来规定其前导字符(即位于元字符前面的字符)在目标对象中的出现模式。要想真正用好正则表达式，正确理解元字符是最重要的事情。

表 6-1 列出了常用的元字符及其简单描述。

表 6-1　常用的元字符

<table>
<tr><th>元 字 符</th><th>描　述</th><th>举　例</th></tr>
<tr><td>.</td><td>匹配任何单个字符</td><td>如 r.t，匹配 rat、rut，但是不匹配 root</td></tr>
<tr><td>^</td><td>匹配一行开始的字符串</td><td>如^when，匹配 when in …，但是不匹配 what …</td></tr>
<tr><td>$</td><td>匹配出现在行尾的字符串</td><td>如$way，匹配… on the way，但是不匹配 … on the WAY</td></tr>
<tr><td>*</td><td>匹配前面的子表达式 0 次或多次</td><td>如 to*e，匹配 te、toe、tooe 到 to…e</td></tr>
<tr><td>+</td><td>匹配前面的子表达式 1 次或多次</td><td>如 to*e，匹配 toe、tooe 到 to…e，但是不匹配 te</td></tr>
<tr><td>?</td><td>匹配前面的子表达式 0 次或 1 次</td><td>如 to*e，匹配 te、toe</td></tr>
<tr><td>{n}</td><td>n 是一个非负整数。匹配确定的 n 次</td><td>如 to{2}e，匹配 tooe</td></tr>
<tr><td>{n,}</td><td>n 是一个非负整数。至少匹配 n 次</td><td>如 to{2}e，匹配 tooe、toooe 等</td></tr>
<tr><td>{n, m}</td><td>m 和 n 均为非负整数，其中 n<=m。最少匹配 n 次且最多匹配 m 次</td><td>如 to{1,3}e，匹配 toe、tooe、toooe</td></tr>
<tr><td>\b</td><td>匹配一个单词边界</td><td>如 er\b 匹配 never，但是不匹配 verb</td></tr>
<tr><td>\B</td><td>匹配非单词边界</td><td>如 er\B 匹配 verb，但是不匹配 never</td></tr>
<tr><td>[]</td><td>匹配[]内的任意一个字符</td><td>如[abc]可以匹配 a 或者 b 或者 c</td></tr>
<tr><td>|</td><td>选择字符，匹配|两侧的任意字符</td><td>如 TO|to|To|tO，可以匹配四种不同的字符</td></tr>
<tr><td>-</td><td>连字符，匹配一个范围</td><td>如[a-z]，可以匹配任意一个小写字母</td></tr>
<tr><td>[^]</td><td>不匹配[]内的任何一个字符</td><td>如[^a-z]，匹配非小写字母</td></tr>
<tr><td>\</td><td>转义字符</td><td>如需要匹配 .，? 等，需要把它们变为普通字符，“\.”用于匹配“.”</td></tr>
<tr><td>\</td><td>反斜杠，见表 6-2、6-3</td><td></td></tr>
<tr><td>()</td><td>分组或选择</td><td>如(very){1,}，匹配 very good、very very good；如(four|six)th，匹配 fourth 或 sixth</td></tr>
<tr><td>(?:pattern)</td><td>匹配 pattern 但不获取匹配结果</td><td>如 industr(?:y|ies)就是比 industry|industries 更简略的表达式</td></tr>
<tr><td>(?=pattern)</td><td>正向预查，在任何匹配 pattern 的字符串开始处匹配查找字符串</td><td>如 Windows(?=XP|NT|2008)
能匹配 Windows2008，但不能匹配 Windows7</td></tr>
<tr><td>(?!pattern)</td><td>负向预查，在任何不匹配 pattern 的字符串开始处匹配查找字符串</td><td>如 Windows(?!XP|NT|2008)能匹配 Windows7，但不能匹配 Windows2008。</td></tr>
</table>

表 6-2 给出反斜杠指定的预定义字符集。

表 6-2　反斜杠指定的预定义字符集

预定义字符集	说　明
\d	任意一个十进制数字，相当于[0-9]
\D	任意一个非十进制数字，相当于[^0-9]
\s	任意一个空白字符，包括 Tab 键和换行符
\S	任意一个非空白字符
\w	任意一个单词字符，相当于[a-zA-Z0-9_]
\W	用于匹配所有与\w 不匹配的字符

表 6-3 给出了反斜杠指定的不可打印字符集。

表 6-3　反斜杠指定的不可打印字符集

字　符	说　明
\a	警报，ASCII 中的<BEL>字符
\e	Escape，ASCII 中的<ESC>字符
\f	换页符，ASCII 中的<FF>字符
\n	换行符，ASCII 中的<LF>字符
\r	回车符，ASCII 中的<CR>字符
\t	水平制表符，ASCII 中的<HT>字符
\cx	Control-X，其中 X 是任意字符
\xhh	十六进制代码
\ddd	八进制代码

6.2.2　模式修正符

模式修饰符的作用是规定正则表达式该如何解释和应用，PHP 中的常用模式修正符如表 6-4 所示。

表 6-4　PHP 中的常用模式修正符

修 正 符	说　明
i	忽略大小写模式
m	多行匹配。仅当表达式中出现“^”、“$”中的至少一个元字符且字符串有换行符“\n”时，“m”修饰符才起作用，不然被忽略。“m”修饰符可以改变“^”为表示每一行的头部
s	改变元字符‘.’的含义，使其可以代表所有字符也包含换行符。其他模式不能匹配换行符
x	忽略空白字符

6.3　POSIX 扩展正则表达式函数

PHP 中实现 POSIX 扩展正则表达式的函数有 7 个，下面介绍主要函数的语法。

6.3.1　字符串匹配函数——ereg()和 eregi()

如果要实现字符串的匹配，可以使用函数 ereg()或 eregi()，其中函数 eregi()在进行字符串匹配时，不区分大小写，而函数 ereg()则区分。

语法形式如下：

```
bool ereg(string pattern, string string[, array regs])
```

以区分大小写的方式在 string 中寻找与给定的正则表达式 pattern 匹配的子串，如果给出第 3 个参数 regs，则匹配项将被存入 regs 数组中，其中$regs[0]包含整个匹配的字符串。

【例 6-1】邮箱验证：

```
<?php
$email = "shopnc@gmail.com";

$ereg = "([a-z0-9_\-]+)@([a-z0-9_\-]+\.[a-z0-9\-\._\-]+)";
  //邮箱检测正则表达式

if(ereg($ereg, $email)) {
    echo "邮箱合法！";
} else {
    echo "邮箱不合法!";
}
?>
```

运行结果如图 6-1 所示。

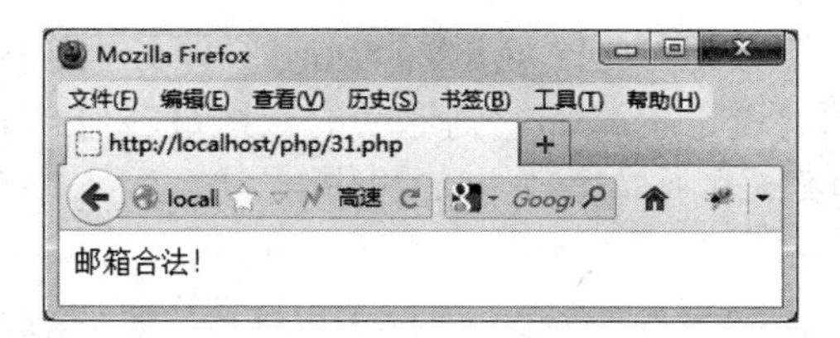

图 6-1　邮箱验证

6.3.2　字符串替换函数——ereg_replace()和 eregi_replace()

如果要实现字符串的替换，可以使用函数 ereg_replace()或 eregi_replace()，其中函数 eregi_replace()在查找匹配项时不区分大小写。语法形式如下：

```
string ereg_replace(string pattern, string replacement, string string)
```

以区分大小写的方式在 string 中扫描与 pattern 匹配的部分，并将其替换为 replacement。

返回替换后的字符串，如果没有可供替换的匹配项，则会返回原字符串。

【例 6-2】字符串替换：

```
<?php
$email = "shopnc@gmail.com";
$mailto = "<a href='mailto:$email'>$email</a>";
echo $mailto ."<br/>";                                        //shopnc@gmail.com
//去掉 email 链接
$ereg = "<a([ ]+)href=([\"']*)mailto:($email)([\"']*)[^>]*>"; //正则表达式
//<a>标记前半部分匹配正则表达式
$string = eregi_replace($ereg,"", $mailto);
$string = eregi_replace("</a>","", $string);     // </a>部分
echo $string;                                          // shopnc@gmail.com
?>
```

运行结果如图 6-2 所示。

图 6-2　字符串替换

6.3.3　字符串拆分函数——split()和 spliti()

函数 split()或 spliti()能够实现用正则表达式把一个字符串拆分为一个数组，其中 spliti()不区分字符串大小写。语法形式如下：

```
array split(string pattern, string string[, int limit])
```

该函数返回一个字符串数组，每个元素为 string 经区分大小写的正则表达式 pattern 作为边界分割出的子串。如果设定了 limit，则返回的数组最多包含 limit 个单元，而其中最后一个单元包含了 string 中剩余的所有部分。如果出错，则返回 FALSE。

【例 6-3】字符串拆分：

```
<?php
$date = "2011-03-29  10:10:10";
$ereg = "[-:/]|([ ]+)";       // 使用 -、:、/ 或者空格作为分隔符
$arr = split($ereg, $date);
echo "<pre>";
var_dump($arr);
echo "</pre>";
/*
array(6) {
   [0]=>
   string(4) "2011"
```

```
    [1]=>
    string(2) "03"
    [2]=>
    string(2) "29"
    [3]=>
    string(2) "10"
    [4]=>
    string(2) "10"
    [5]=>
    string(2) "10"
}
*/
?>
```

运行结果如图 6-3 所示。

图 6-3　字符串拆分

6.4　Perl 兼容正则表达式函数

PCRE 全称为 Perl Compatible Regular Expression，意思是“Perl 兼容正则表达式”。

Perl 是一门语言，它的字符串处理功能非常的强大，这里的 PCRE 就是使用了 Perl 的正则函数库。

在 PCRE 中，通常将正则表达式包含在两个反斜线“/”之间。实现该风格正则表达式的函数有 7 个，使用“preg_”为前缀命名。Perl 兼容正则表达式已被广泛地使用，下面列举了表单验证时常用的几个表达式：

```
//验证邮箱
$pattern = "/^[\w-.]+@[\w-.]+(.\w+)+$/";
//验证手机号
$pattern = "/^\d{11}$/";
//验证是否是整数
$pattern = "/^\d+$/";
```

```
//验证是否是正整数
$pattern = "/^[1-9]\d+$/";
//验证邮编
$pattern = "/^\d{6}$/";
//验证 IP 地址
$pattern = "/^\d{1,3}\.\d{1,3}\.\d{1,3}\.\d{1,3}$/";
//验证 QQ 号
$pattern = "/^[1-9]\d{4,15}$/";
//验证是否是数字(可以带小数点，也不管正负)
$pattern = "/^[0-9.-]*[+]?[0-9.]+$/";
//验证是否是英文
$pattern = "/^[a-z]+$/i";
//验证是否是汉字
$pattern = "/^[\x80-\xff]+\$/";
//验证是否以 http://或 ftp://或 https://开头
$pattern = "/^(http\:\/\/|ftp\:\/\/|https\:\/\/|\/)/i";
//验证 URL 是否合法
$pattern = "/^http:\/\/[A-Za-z0-9]+[A-Za-z0-9.]+\.[A-Za-z0-9]+\$/";
//验证身份证格式
$pattern = "/^(\d{14}[0-9X]|\d{17}[0-9X])$/";
```

【例 6-4】邮箱验证：

```
$subject = 'admin@shopnc.net';
if (preg_match("/^[\w-.]+@[\w-.]+(.\w+)+$/",$subject))
    echo '^_^ Email 是合法的';
else
    echo '-_- Email 出错啦！';
```

6.4.1 对数组查询匹配函数——preg_grep()

语法形式如下：

```
array preg_grep(string pattern, array input)
```

该函数返回一个数组，数组中包括了 input 数组中与给定的 pattern 模式相匹配的元素。对于输入数组 input 中的每个元素，preg_grep()也只进行一次匹配。

【例 6-5】对数组进行查找匹配：

```
<?php
$preg = "/^[0-9]{6}$/"; // 邮政编码表达式
$arr = array('300191','123', '300200', 'a21');
$preg_arr = preg_grep($preg, $arr);
echo "<pre>";
var_dump($preg_arr);
echo "</pre>";
/*
array(2){
    [0]=>
    string(6) "300191"
    [2]=>
```

```
    string(6) "300200"
}
*/
?>
```

运行结果如图 6-4 所示。

```
Mozilla Firefox
文件(F) 编辑(E) 查看(V) 历史(S) 书签(B) 工具(T) 帮助(H)
http://localhost/php/31.php
array(2) {
  [0]=>
  string(6) "300191"
  [2]=>
  string(6) "300200"
}
```

图 6-4　数组查找匹配

6.4.2　字符串匹配函数 preg_match()和 preg_match_all()

语法形式如下：

```
int preg_match(string pattern, string subject[, array matches [, int flags]])
```

该函数在 subject 字符串中搜索与 pattern 给出的正则表达式相匹配的内容。如果给出了第 3 个参数 matches，则将匹配结果存入该数组。

$matches[0]将包含与整个模式匹配的文本，该函数只会进行一次匹配，最终返回 0 或 1 的匹配结果数。

如果需要一直搜索到 subject 的结尾处，则使用函数 preg_match_all()。

【例 6-6】从 url 中取出域名：

```
<?php
$string = 'abcd1234efgh56789jklm9013';
preg_match("/\d{4}/", $string, $matchs);   //匹配出第一个符合表达式信息的即停止
print_r($matchs);
/*
输出结果为:   Array([0] => 1234)
*/

preg_match_all("/\d{4}/", $string, $matchs);
  //匹配出所有符合表达式信息的才会停止
print_r($matchs);
/*
输出结果为: Array([0] => Array([0] => 1234 [1] => 5678  [2] => 9013))
*/
?>
```

运行结果如图 6-5 所示。

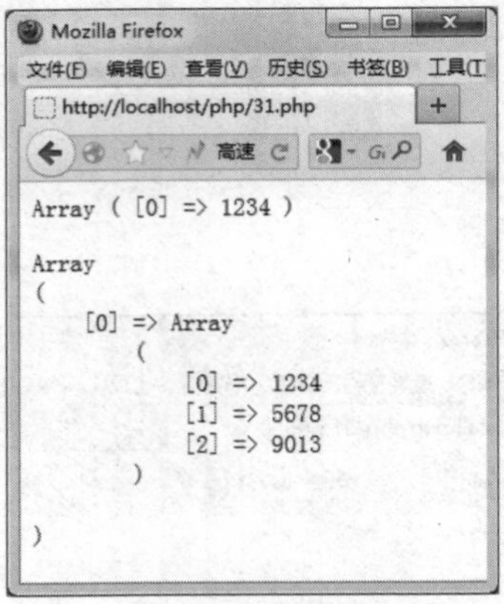

```
Array ( [0] => 1234 )

Array
(
    [0] => Array
        (
            [0] => 1234
            [1] => 5678
            [2] => 9013
        )

)
```

图 6-5　截取域名

6.4.3　转义特殊字符函数——preg_quote()

语法形式如下：

```
string preg_quote(string str[, string delimiter])
```

将以 str 为参数的所有特殊字符进行自动转义，即自动加上一个反斜线“/”。如果需要以动态生成的字符串作为模式去匹配，则可以用此函数转义其中可能包含的特殊字符。

如果提供了可选参数 delimiter，该字符也将被转义。

正则表达式的特殊字符包括：. \\ + * ? [^] $ ( ) { } = ! < > | :。

【**例 6-7**】对字符串进行自动转义：

```
<?php
$name = "*shopnc.net";
$name = preg_quote($name, "net");
echo $name;      // 将输出 \*shop\nc\.\net
?>
```

运行结果如图 6-6 所示。

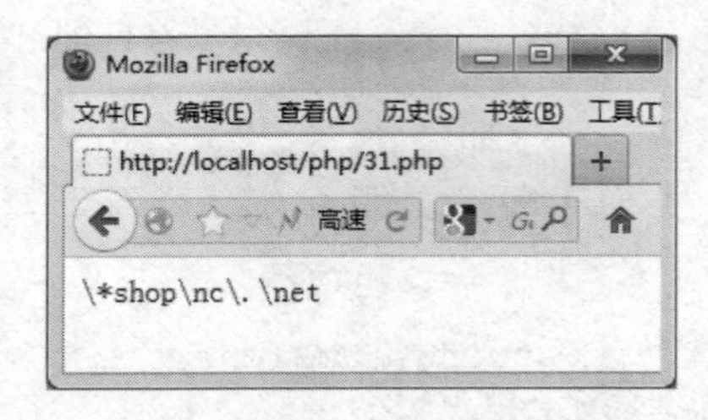

图 6-6　自动转义

6.4.4　搜索和替换函数——preg_replace()

语法形式如下：

```
mixed preg_replace(mixed pattern, mixed replacement,
  mixed subject[, int limit])
```

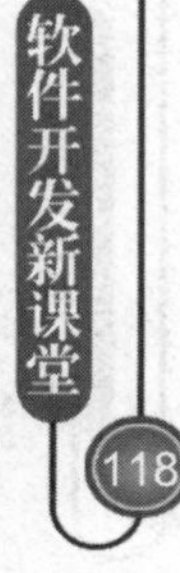

在 subject 中搜索 pattern 模式的匹配项并替换为 replacement。如果指定了 limit，则仅替换 limit 个匹配项，如果省略 limit 或者其值为-1，则所有的匹配项都会被替换。

该函数和函数 ereg_replace()的主要区别在于 preg_replace()的每个参数(除了 limit)都可以是一个数组，而函数 ereg_replace()的每个参数都只能是字符串。如果函数 preg_replace() pattern 和 replacement 都是数组，将以其键名在数组中出现的顺序来进行处理。这不一定与索引的数字顺序相同。如果使用索引来标识哪个 pattern 将被哪个 replacement 来替换，应该在调用 preg_replace()之前用 ksort()对数组进行排序。

【例 6-8】对数组进行查找替换：

```
<?php
$string = "The quick brown fox jumped over the lazy dog.";
$patterns[0] = "/quick/";
$patterns[1] = "/brown/";
$patterns[2] = "/fox/";
$replacements[2] = "bear";
$replacements[1] = "black";
$replacements[0] = "slow";

var_dump($string); echo "<br/>";
/*
string(45) "The quick brown fox jumped over the lazy dog."
*/

$str = preg_replace($patterns, $replacements, $string);
var_dump($str); echo "<br/>";
/*
string(45) "The bear black slow jumped over the lazy dog."
*/

ksort($patterns);
ksort($replacements);
$str = preg_replace($patterns, $replacements, $string);
var_dump($str); echo "<br/>";
/*
string(45) "The slow black bear jumped over the lazy dog."
*/
?>
```

运行结果如图 6-7 所示。

图 6-7　对数组进行查找替换

6.4.5 字符串拆分函数——preg_split()

语法形式如下：

```
array preg_split(string pattern, string subject[, int limit[, int flags]])
```

该函数返回一个字符串数组，每个元素为 subject 经正则表达式 pattern 作为边界分割出的子串。如果设定了 limit，则返回的数组最多包含 limit 个单元，而其中最后一个单元包含了 string 中剩余的所有部分。该函数与 split()用法相同，这里不再举例。

6.5 测试正则表达式

正则表达式的语法很令人头疼，即使对经常使用它的人来说也是如此。由于难于读写，容易出错，所以找一种工具对正则表达式进行测试是很有必要的。

6.5.1 RegexBuddy

RegexBuddy 是一款正则表达式编辑工具，可以帮助我们来编写需要的正则表达式，还可以使用它来理解别人编写的表达式。运行截图如图 6-8 所示。

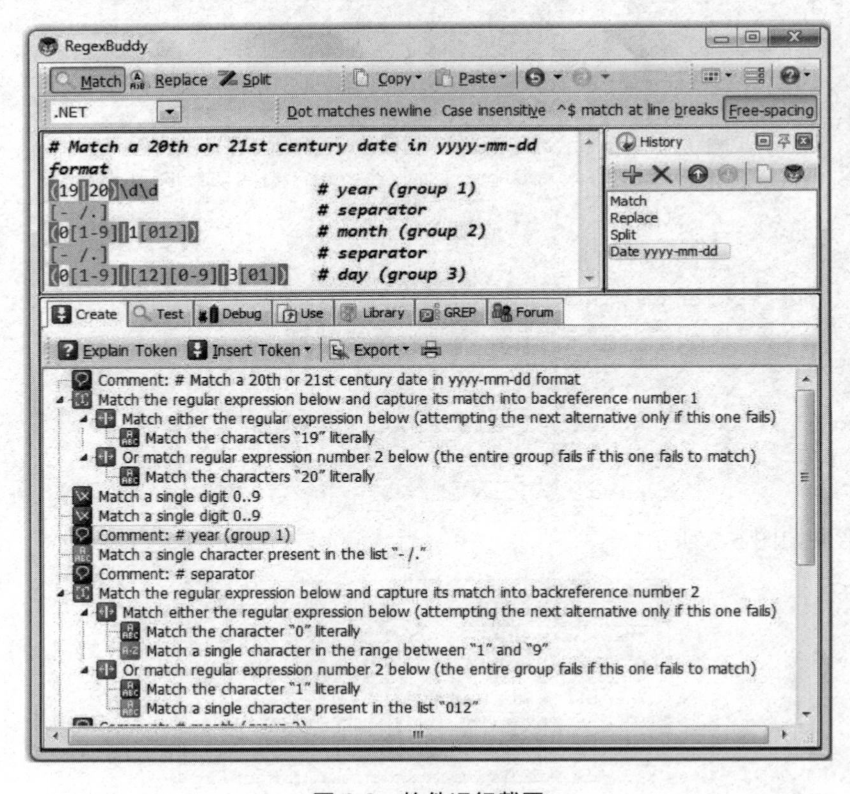

图 6-8 软件运行截图

6.5.2　JavaScript 正则表达式在线测试工具

测试 JavaScript 正则表达式的工具界面如图 6-9 所示。输入正则表达式和字符串后，则给出匹配的结果。参考网址为 http://tools.jb51.net/tools/regex.asp。

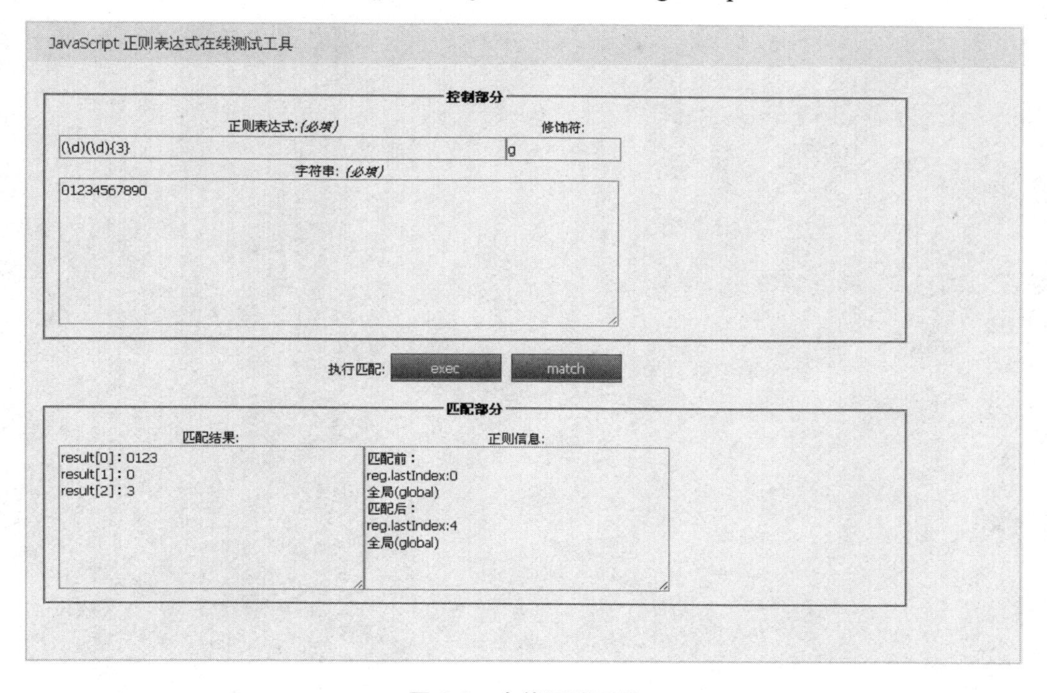

图 6-9　在线测试工具

6.6　上 机 练 习

(1)　使用 preg_grep 函数判断邮编是否合法。
(2)　使用 preg_match 函数判断邮件是否合法。
(3)　使用 preg_match 函数从 HTML 中取出<script>代码。
(4)　使用 preg_replace 函数过滤 JavaScript 代码。
(5)　使用 preg_split 函数去掉字符串中的*。
(6)　使用正则表达式去掉一段网页内容中的所有<img>图片元素。
(7)　选择一种测试工具进行正则表达式测试。

第7章

面向对象的程序开发

学前提示

从事软件开发时常常有这样的体验：在开发过程中，使用者会不断地提出各种更改要求，即使在软件投入使用后，仍需要修改。对于用结构化方法开发的程序来说，这种修改往往是很困难的，而且还会因为计划或考虑不周，不但旧错误没有得到彻底改正，又引入了新的错误；另一方面，代码重用率低，使得程序员的工作效率极受影响。为提高软件系统的稳定性、可修改性和可重用性，人们在实践中逐渐创造出软件工程的一种新途径——面向对象方法学。

自 PHP 5 正式版本的发布起，标志着一个全新的 PHP 时代的到来。PHP 5 的最大特点就是引入了面向对象的全部机制，并保留了向下兼容。

知识要点

- 面向对象的概念。
- 类与对象的创建和使用。
- 面向对象的重要特性。
- 常用的魔术方法。

7.1　面向对象的概念

对象一开始并不是 PHP 项目的关键，是后来才引入的，但实践证明引入对象是非常正确的。很多面向对象风格的 PHP 类库和程序在广泛流传，说明了对象对于 PHP 的重要性。最初在 PHP/FI 时还没有对象，到了 PHP 3 计划阶段，对象也没有在安排之中，后来为了定义和存储关联数组而提出了对象，PHP 4 开始了一场悄悄的革命，PHP 5 明确表示支持对象和面向对象程序设计，但仍然不是一种纯粹的面向对象语言，仅仅是支持。PHP 6 离我们有段距离，虽然许多特性已经发布，但不会有质的飞跃。

面向对象编程(Object Oriented Programming，OOP)是一种计算机编程架构，OOP 的一条基本原则是：计算机程序是由单个能够起到子程序作用的单元或对象组合而成的，OOP 实现了软件工程的三个目标：重用性、灵活性和扩展性。

面向对象一直是软件开发领域内比较热门的话题，首先，面向对象符合人类看待事物的一般规律。其次，采用面向对象方法可以使系统各部分各司其职、各尽所能，为编程人员敞开了一扇大门，使其编程的代码更简洁、更易于维护，并且具有更强的可重用性。

从 OOP 的视角看，不应区分语言，无论是 C++、Java、.NET 还是其他更多面向对象的语言。只要你了解了 OO 的真谛，便可以跨越语言，让你的思想实现轻松的跳跃。

7.2　类和对象

理解面向对象程序设计的第一个障碍是类和对象之间奇妙的关系，类(class)和对象(object)是面向对象方法的核心概念。

类是对一类事物的描述，是抽象的、概念上的定义，类好像是在图纸上设计的楼房，楼房设计出来了，但这个楼房并不存在。对象是实际存在的该类事物的每个个体，因而也称实例(instance)。对象是实实在在存在的，照着楼房的设计图纸，高楼盖起来，可以住进去了。在计算机中，可以理解为，在内存中创建了实实在在存在的一个内存区域，存储着这个对象。

7.2.1　类和对象的关系

简单地说，类是用于生成对象的代码模板，PHP 中使用关键字 class 和一个任意的类名来声明一个类。类名可以是任意数字和字母的组合，但是不能以数字开头，一般使用首字符大写，而后每个单词首字符大写的方式，这样会方便阅读。与一个类关联的代码必须用大括号括起来。例如：

```
<?php
class Product {
    //类体
}
?>
```

这样就创建了一个合法的 Product 类，虽然没有任何用处，但是已经完成了一些非常重要的事情。如果把类当作生成对象的模板，那么对象是根据类中定义的模板所构造的数据。对象是类的“实例”，它是由类定义的数据类型。

可以使用 Product 类作为生成 Product 对象的模型：

```
<?php
class Product {
    //类体
}
$p = new Product();
?>
```

这样就通过使用 new 这个关键字创建了一个 Product 的对象。

7.2.2　类中的属性

属性指在 class 中声明的变量，也被称为成员变量，用来存放对象之间互不相同的数据。在 PHP 5 中，类中的属性与普通变量很相似，除了必须使用 public、private、protected 之一进行修饰以决定变量的访问权限之外。

- public(公开)：可以自由地在类的内部和外部读取、修改。
- private(私有)：只能在这个当前类的内部读取、修改。
- protected(受保护)：能够在这个类和类的子类中读取和修改。

以上关键字是 PHP 5 中引入的，在 PHP 4 下运行将无法正常工作。

属性的使用：通过使用“->”符号连接对象和属性名来访问属性变量。在方法内部通过“$this->”来访问同一对象的属性。

【例 7-1】属性的使用：

```
<?php
class Product {
    public $name = "lenvovo";         //定义 public 属性 $name
    public $price = 2000;             // 定义 public 属性 $price
}
$p = new Product();                // 创建对象
echo "商品名称是 ".$p->name;     // 输出对象$p 的属性 $name
echo "<br>";
echo '商品价格是 '.$p->price;    //输出 price 属性
?>
```

运行结果如图 7-1 所示。

图 7-1　使用对象属性

Product 类有两个属性，$name 和$price，实例化后，使用$p->name 和$p->age 访问属性的内容。当然，我们可以在属性定义时不设置初始值，那样的话，就打印不出任何结果了。

PHP 并没有强制属性必须在类中声明，可以通过对象随时动态增加属性到对象，例如：

```
$p->count = 10;                    //通过对象动态增加属性
```

但这种习惯不好，建议不要使用。PHP 允许动态设置属性，所以如果在访问属性时拼写错误，不会有警告信息，下面我们来修改对象的属性。

【例 7-2】修改对象的属性：

```
<?php
class Product{
    public $name = "lenvovo";         //定义 public 属性$name
    public $price = 2000;             //定义 public 属性$price
}
$p = new Product();                   //创建对象
$p->name = 'IBM';                     //更改属性
$p->price = 3000;                     //更改属性
echo "商品名称是 ".$p->name;     //输出对象$p 的属性 $name
echo "<br>";
echo '商品价格是 '.$p->price;    //输出 price 属性
?>
```

运行结果如图 7-2 所示。

图 7-2 修改对象的属性

private 修饰的属性在当前对象以外不能访问。设置私有属性是为了进行数据的隐藏，这样外部程序就不能直接访问这些属性了，可以保证该数据的安全。

看下面的程序，如果我们创建的对象直接访问私有 name 属性，就会发生错误。

【例 7-3】访问私有属性：

```
<?php
class Product {
    private $name = "lenvovo";

    public function getName() {
        return $this->name;
    }
}
$p = new Product();        //创建对象
echo '商品名称是 '.$p->name;
?>
```

运行结果如图 7-3 所示。

图 7-3　访问私有属性

运行结果中给出错误信息，提示没有权限访问私有属性，如果使用 getName()方法取得 name 属性，则是可以的。在 PHP 5 中，指向对象的变量是一个引用变量，在这个变量里面存储的是所指向对象的内存地址。引用变量传值时，传递的是这个对象的地址，而非复制这个对象：

```
$p = new Product();
$p1 = $p;
```

这里是引用传递，$p1 与$p 指向的是同一个内存地址，看下面的例子。

【例 7-4】引用传递示例：

```
<?php
class Product {
   public $name = "lenvovo";
}
$p = new Product(); // 创建对象
$p1 = $p;
$p1->name = 'IBM';     //改变$p1 的 name 值
echo '$p1 的属性 name = '.$p1->name;
echo '<br>';
echo '$p 的属性 name = '.$p->name;
?>
```

运行结果如图 7-4 所示。

图 7-4　引用传递

运行结果显示两个对象的 name 属性都为 IBM，说明$p、$p1 指的是同一个对象。在 PHP 5 的类中使用“$this->”调用一个未定义的属性时，PHP 5 会自动创建一个属性供其使用。这个被创建的属性默认的方法权限是 public。

7.2.3 类中的方法

属性可以让对象存储数据，类中的方法则可以让对象执行任务。方法即为类中声明的特殊函数，因此与函数声明相似。function 关键字在方法名之前，之后圆括号中的是可选参数列表：

```
public function myMethod($para1, $para2, ...) {
    //方法体
}
```

通过方法定义时的参数，可以向方法内部传递变量。如下面的示例中，定义方法时定义了方法参数$name，使用这个方法时，可以向方法内传递参数变量。方法内接受到的变量是局部变量，仅在方法内部有效。可以通过向属性传递变量值的方式，让这个变量应用于整个对象。

与访问属性一样，我们可以使用“->”连接对象和方法名来调用方法，值得注意的是，调用方法时必须带有圆括号(参数可选)。

【例 7-5】方法的定义与使用：

```
<?php
class Product {
    public $name = "lenvovo";

    public function setName($name) {
        $this->name = $name;
    }
    public function getName() {
        return $this->name;
    }
}
$p = new Product();     //创建对象
$p->setName('IBM');     //改变$p 的 name 值
echo $p->getName();
?>
```

运行结果如图 7-5 所示。

图 7-5　方法定义与使用

另外，如果声明类的方法时带有参数，而调用这个方法时没有传递参数，或者参数数量不足，系统将会报出错误，看下面的例子。

【例 7-6】带有参数的方法：

```
<?php
class Product {
    public $name = "lenvovo";

    public function setName($name) {
        $this->name = $name;
    }
    public function getName() {
        return $this->name;
    }
}
$p = new Product();  //创建对象
$p->setName();     //改变$p 的 name 值
echo $p->getName();
?>
```

运行结果如图 7-6 所示。

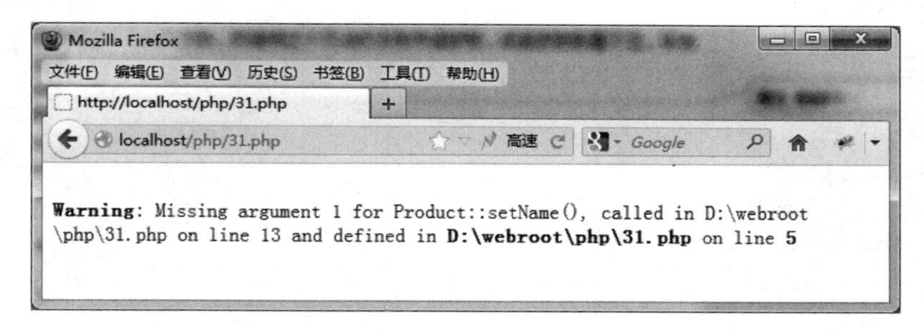

图 7-6　带有参数方法的使用

如果参数数量超过方法定义参数的数量，PHP 会忽略多余的参数，不会报错。

【例 7-7】多个实参的情况：

```
<?php
class Product {
    public $name = "levovo";

    public function setName($name) {
        $this->name = $name;
    }
    public function getName() {
        return $this->name;
    }
}
$p = new Product(); //创建对象
$p->setName('a', 'b');  //改变$p 的 name 值
echo $p->getName();
?>
```

运行结果如图 7-7 所示。

图 7-7　多个实参

PHP 中也允许在函数定义时为参数设定默认值。在调用该方法时，如果没有传递参数，将使用默认值填充这个参数变量。同时还允许向一个方法内部传递另外一个对象的引用。

【例 7-8】引用对象：

```
<?php
class A {
   public $value = 'yes';
}
class Product {
   public function getValue($a) {
       return $a->value;
   }
}
$a = new A();
$p = new Product();
echo $p->getValue($a);
?>
```

运行结果如图 7-8 所示。

图 7-8　引用对象

7.2.4　构造方法

构造方法是对象被创建时自动调用的方法，用来确保必要的属性被设置，并完成任何需要准备的初始化工作。构造方法与其他函数一样，可以传递参数，也可以设定参数默认值。构造方法可以访问类中的属性，可以调用类中的方法，同时可以被其他方法显式调用。在 PHP 4 中使用与类名同名的方法为构造函数。在 PHP 5 中规定构造方法使用__construct()。

【例 7-9】使用构造方法：

```
<?php
class Product {
```

```
    public function __construct($name) {
        echo '在类初始化时执行此代码<br>';
        echo  $name.'<br>';
    }
}
$p = new Product('lenvovo');
$p1 = new Product('IBM');
?>
```

运行结果如图 7-9 所示。

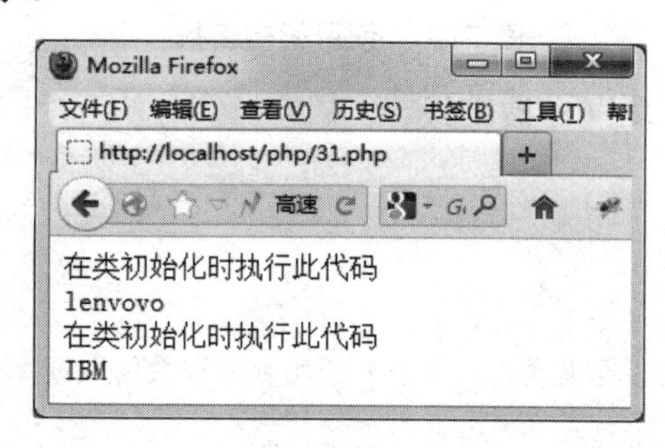

图 7-9　使用构造方法

7.2.5　析构函数与 PHP 的垃圾回收机制

析构方法是当某个对象成为垃圾或者当对象被显式销毁时执行的方法。在 PHP 中，没有任何变量引用这个对象时，该对象就成为垃圾，PHP 会自动将其在内存中销毁，这是 PHP 的垃圾处理机制，防止内存溢出。

当一个 PHP 线程结束时，当前占用的所有内存空间都会被销毁，当前程序中的所有对象同样被销毁。

在 PHP 5 中，析构方法规定使用__destruct()。析构函数也可以被显式调用，但不要这样去做。析构函数是由系统自动调用的，不要在程序中调用一个对象的析构函数，析构函数不能带有参数。

【例 7-10】使用析构函数：

```
<?php
class Product {
    public function __destruct() {
        echo '析构函数在这里执行，这里一般用来放置关闭数据库等收尾工作。';
    }
}

$p = new Product();
for($i=0; $i<4; $i++) {
    echo $i.'<br>';
}
?>
```

运行结果如图 7-10 所示。

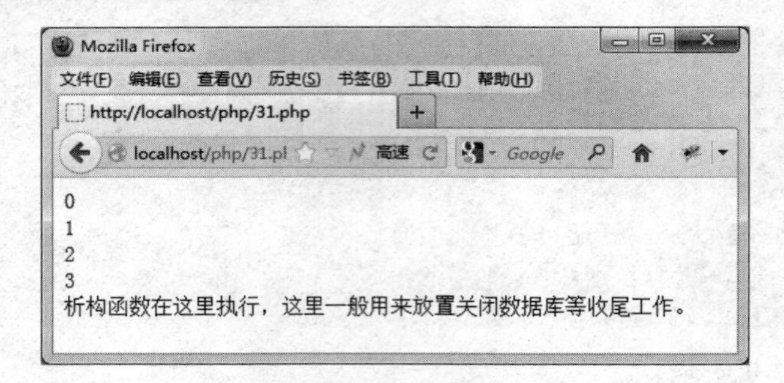

图 7-10　使用析构函数

当对象没有引用时，对象同样被销毁。

【例 7-11】销毁对象：

```
<?php
class Product {
    public function __destruct() {
        echo '析构方法在这里执行，这里一般用来放置关闭数据库等收尾工作。';
    }
}
$p = new Product();
$p = null;    //$p='abc'时，析构方法也会执行
echo '<br>我们看到这里，析构方法被执行了。';
for($i=0; $i<4; $i++) {
    echo $i.'<br>';
}
?>
```

运行结果如图 7-11 所示。

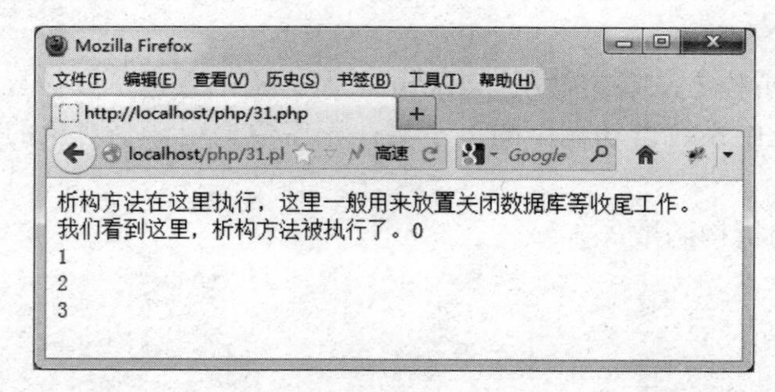

图 7-11　销毁对象

7.3　继　　承

继承是从一个基类得到一个或多个类的机制，是面向对象最重要的特点之一，可以实现对类的复用。

继承自另一个类的类被称为该类的子类，这种关系通常比作父亲和孩子。子类将继承父类的属性和方法，同时可以扩展父类，即增加父类之外的新功能。

以自行车中的折叠自行车为例。

(1) 自行车的特征(属性)：

- 两个轮子。
- 两个脚蹬
- 一个车座。

(2) 自行车的动作(方法)：

- 骑行。
- 刹车。

(3) 折叠自行车的特征(属性)？继承自行车：

- 两个轮子。
- 两个脚蹬。
- 一个车座。

(4) 折叠自行车的动作(方法)？继承自行车：

- 骑行。
- 刹车。
- 折叠(增加了新功能)。

7.3.1 怎样继承一个类

继承是面向对象最重要的特点之一，继承可以实现对类的复用。通过继承一个现有的类，可以使用已经定义的类中的方法和属性。继承而产生的类叫作子类，被继承的类叫作父类，也被称为超类。

PHP 是单继承的，一个类只可以继承一个父类，但一个父类却可以被多个子类所继承。从子类的角度看，它继承自父类；而从父类的角度看，它派生出子类。它们指的都是同一个动作，只是角度不同而已。子类不能继承父类的私有属性和私有方法。在 PHP 5 中，类的方法可以被继承，类的构造函数也能被继承。

下面的 man 类继承自 human 类，当我们实例化 human 类的子类 man 类时，父类的方法 setHeight()和 getHeight()被继承。我们可以直接调用父类的方法设置其属性$height，取得其属性$height 值。

【例 7-12】使用继承类：

```
<?php
//父类
class human {
   private  $height;
   public function getHeight()
   {
      return $this->height;
   }
   public function setHeight($h)
   {
      $this->height = $h;
   }
```

```
}
//子类
class man extends human
{
    /**
    * 子类新增方法
    */
    public function say()
    {
        echo "My Height is ".$this->height;
    }
}
$man = new man();
$man->setHeight(170);
echo $man->getHeight();
echo '<br>';
echo $man->say();
?>
```

运行结果如图 7-12 所示。

图 7-12　使用继承类

因为子类不能继承父类的私有属性，所以 say()方法不能取得父类的$height 值，如果将父类的属性$height 声明为 public 或 protected，则是可以的。

PHP 5 中的构造方法也是可以被继承的，而私有变量和方法则不被继承。另一种说法是，可以继承私有变量和方法，但不能被调用。

【例 7-13】继承构造方法：

```
<?php
//父类
class human {
   public function __construct() {
      echo '父类的构造方法被执行了。';
   }
}
//子类
class man extends human
{
}
$man = new man();
?>
```

运行结果如图 7-13 所示。

图 7-13　继承构造方法

【例 7-14】私有权限无法继承：

```
<?php
//父类
class human {
    private function getName() {
        echo 'name';
    }
}
//子类
class man extends human
{
}
$man = new man();
$man->getName();
?>
```

运行结果如图 7-14 所示

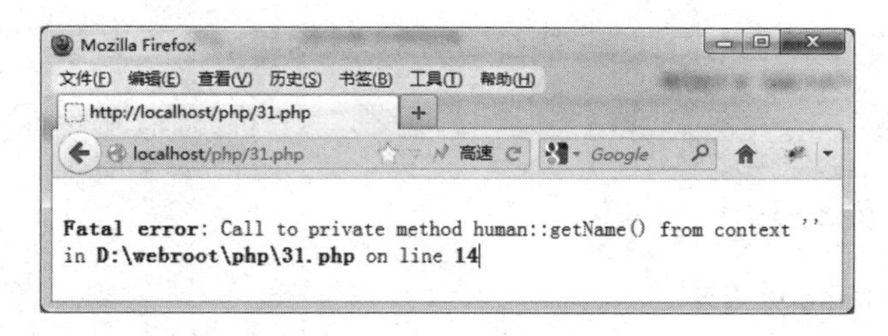

图 7-14　私有权限无法被继承

7.3.2　修饰符的使用

在 PHP 5 中，可以在类的属性和方法前面加上一个修饰符，来对类进行一些访问上的控制，表 7-1 显示了各修饰符的访问权限。

表 7-1　修饰符

修 饰 符	同一个类中	子 类 中	全　局
private	Y	N	N
protected	Y	Y	N
public	Y	Y	Y

private：不能直接被外部调用，只能在当前类的内部调用。

protected：修饰的属性和方法只能被当前类内部或子类调用，外界无法调用。

public：修饰的属性和方法，可以被无限制地调用。

7.3.3 重写

如果从父类继承的方法不能满足子类的需求，可以对其进行改写，这个过程叫方法的重写。当对父类的方法进行重写时，子类中的方法必须与父类中对应的方法具有相同的方法名称，在 PHP 5 中不限制输入参数类型、参数数量和返回值类型。子类中的覆盖方法不能使用比父类中被覆盖方法更严格的访问权限。声明方法时，如果不定义访问权限，默认权限为 public。

【例 7-15】使用重写：

```
<?php
//父类
class human {
   private $height = '175CM';
   private $weight = '70kg';
   public function getHeight()
   {
      return $this->height;
   }
   public function getWeight()
   {
      return $this->weight;
   }
}
//子类
class man extends human
{
   private $weight = '60kg';
   /**
   * 重写 getWeight 方法
   */
   public function getWeight()
   {
      return $this->weight;
   }
}
$human = new human();
echo $human->getHeight();
echo '<br>';
echo $human->getWeight();
echo '<br>';
$man = new man();
echo $man->getHeight();
echo '<br>';
echo $man->getWeight();
?>
```

运行结果如图 7-15 所示。

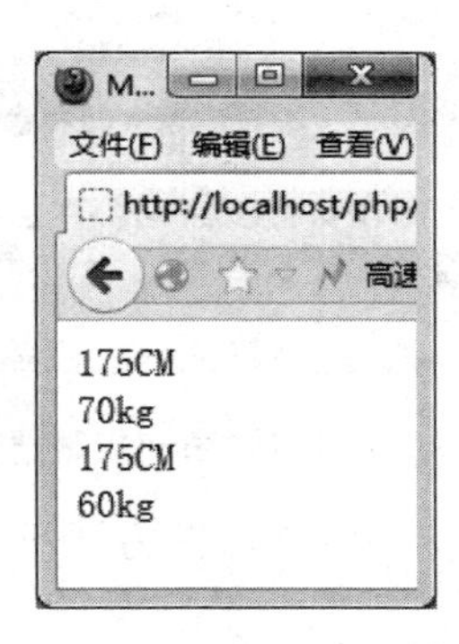

图 7-15　使用重写

子类中覆盖的方法不能使用比父类中被覆盖方法更严格的访问权限，下面代码运行时将会出现错误。

【例 7-16】子类方法访问权限严格出错：

```
<?php
//父类
class human {
    private $height = '175CM';
    private $weight = '70kg';
    public function getHeight()
    {
        return $this->height;
    }
    public function getWeight()
    {
        return $this->weight;
    }
}

//子类
class man extends human
{
    private $weight = '60kg';
    /**
    * 重写 getWeight 方法
    */
    protected function getWeight()
    {
        return $this->weight;
    }
}
?>
```

运行结果如图 7-16 所示。

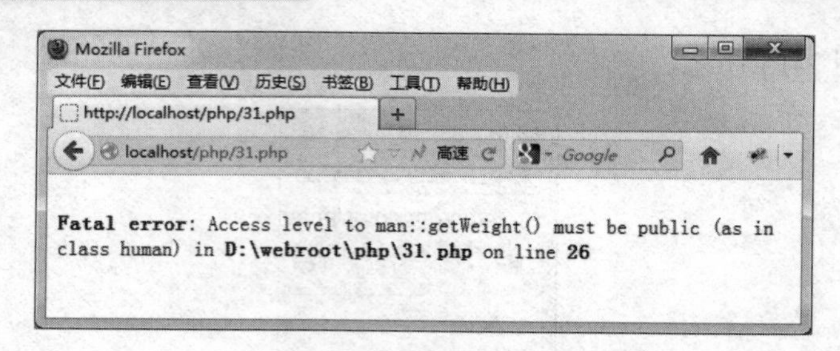

图 7-16　子类方法访问权限严格出错

子类中覆盖的方法可以拥有与父类中被覆盖方法不同的参数数量，看下面的例子。

【例 7-17】覆盖方法的参数：

```
<?php
//父类
class human {
    private $weight = '70kg';
    public function getWeight()
    {
        return $this->weight;
    }
}
//子类
class man extends human
{
    private $weight;
    /**
    * 重写 getWeight 方法
    */
    public function getWeight($w)
    {
        $this->weight = $w;
        return $this->weight;
    }
}
$man = new man();
echo $man->getWeight('60kg');
?>
```

运行结果如图 7-17 所示。

图 7-17　覆盖方法的参数

父类中的构造方法也是可以重写的。下面这个例子中，父类和子类都有自己的构造函数，当子类被实例化时，子类的构造函数被调用，而父类的构造函数没有被调用。

【例 7-18】构造方法重写：

```
<?php
//父类
class human {
    public function __construct()
    {
        echo 'human';
    }
}
//子类
class man extends human
{
    /**
    * 重写构造方法
    */
    public function __construct()
    {
        echo 'man';
    }
}
$man = new man();
?>
```

运行结果如图 7-18 所示。

图 7-18　构造方法重写

7.3.4　parent::关键字

PHP 5 中使用 parent::来引用父类的方法，同时也可用于调用父类中定义的成员方法。需要注意的是，子类里重写一个父类的私有属性时，系统却返回的是父类的属性。这是因为父类的属性为私有时，子类重写父类属性则在内存里会出现两个属性，而将私有权限替换成其他的，则在内存里只保存一个属性。

【例 7-19】parent::关键字的使用：

```
<?php
//父类
class human {
```

```
    private $weight = '70kg';
    public function getWeight()
    {
        return $this->weight;
    }
}
//子类
class man extends human
{
    private $weight;
    /**
    * 重载 getWeight 方法
    */
    public function getWeight($w)
    {
        echo parent::getWeight();
        echo '<br>';
        $this->weight = $w;
        echo $this->weight;
    }
}
$man = new man();
$man->getWeight('60kg');
?>
```

运行结果如图 7-19 所示。

图 7-19　使用 parent::关键字

7.3.5 重载

当类中的方法名相同时，称为方法的重载，重载是 Java 等面向对象语言中重要的一部分，但在 PHP 5 中不支持重载，不支持有多个相同名称的方法。

【例 7-20】使用重载：

```
<?php
class Math {
    //两个数值比较大小
    public function Max($a, $b) {
        return $a>$b? $a : $b;
    }
```

```
    //三个数值比较大小
    public function Max($a, $b, $c) {
        $a = $this->Max($a, $b);
        return $this->Max($a, $c);
    }
}

$math = new Math();
echo "最大值是 ".$math->Max(99, 100, 88);
?>
```

运行结果如图 7-20 所示。

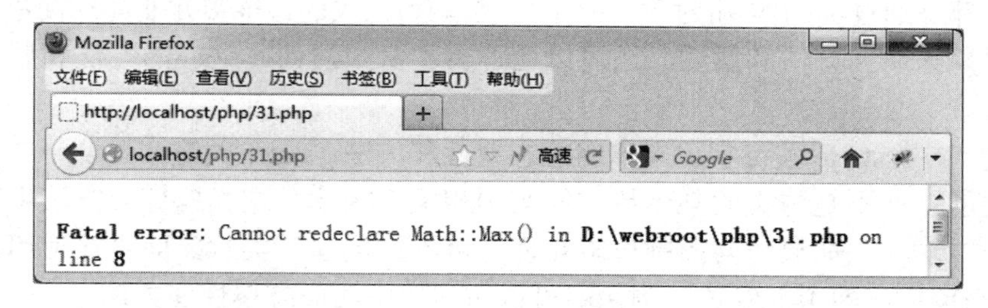

图 7-20　使用重载

另外，对于类中的方法，如果调用时给定的实参比声明时形参数量少会报错，而当参数太多的时候，PHP 5 会忽略掉后面的多余参数，程序正常运行。

【例 7-21】使用多个参数：

```
<?php
class Math {
    //两个数值比较大小
    public function Max($a, $b) {
        return $a>$b? $a : $b;
    }
}

$math = new Math();
echo "最大值是 ".$math->Max(99, 100, 100, 100);
?>
```

运行结果如图 7-21 所示。

图 7-21　使用多个参数

7.4 高级特性

本节将继续深入探讨 PHP 对面向对象开发的支持，主要是 PHP 5 中的特性、PHP 4 中运行可能会出现问题。

7.4.1 静态属性和方法

在上面的内容中，我们把类当作生成对象的模板，把对象作为活动组件，面向对象编程中的操作都是通过类的实例(对象，而不是类本身)完成的。事实并非如此简单，我们不仅可以通过对象来访问方法和属性，还可以通过类本身来访问，这样的方法和属性是“静态的”(static)。

在 PHP 5 中，static 关键字用来声明静态属性和方法。static 关键字声明一个属性或方法是与类相关的，而不是与类的某个特定的实例相关，因此，这类属性或方法也称为“类属性”或“类方法”。如果访问控制权限允许，可不必创建该类对象而直接使用类名加两个冒号“::”来调用，即不需经过实例化就可以访问类中的静态属性和方法。

静态属性和方法只能访问静态的属性和方法，不能访问类中非静态的属性和方法。因为静态属性和方法被创建时，可能还没有任何这个类的实例可以被调用。

static 的属性在内存中只有一份，为所有的实例共用，一个类的所有实例共用类中的静态属性，也就是说，在内存中即使有多个实例，静态的属性也只有一份。

下面的例子中设置了一个计数器$count 属性，使用 private 和 static 修饰，这样，外界并不能直接访问$count 属性。而从程序运行的结果我们也看到多个实例在使用同一个静态的$count 属性。

【例 7-22】静态属性的使用：

```
<?php
class Product {
    private static $count = 0; //记录商品的访问量.
    public function __construct() {
        self::$count = self::$count + 1;
    }
    public function getCount() {
        return self::$count;
    }
    public function __destruct() {
        self::$count = self::$count - 1;
    }
}
//创建三个类的实例
$p1 = new Product();
$p2 = new Product();
$p3 = new Product();

echo "count is ".$p1->getCount();
```

```
echo "<br>";
unset($p3);
echo "count is ".$p1->getCount();
?>
```

运行结果如图 7-22 所示。

图 7-22　静态属性的使用

根据定义，我们不能在对象中调用静态方法，因此静态方法和属性又被称为类方法和属性，因此不能在静态方法中使用$this。静态属性不需要实例化就可以直接使用，调用格式为“类名::静态属性名”。

【例 7-23】静态属性的访问：

```
<?php
class Product {
    public static $count = 3; //记录商品的访问量
}
echo Product::$count;
?>
```

运行结果如图 7-23 所示。

图 7-23　静态属性的访问

静态方法也不需要所在类被实例化就可以直接使用，调用格式为：

```
类名::静态方法名
```

下面的 Math 类，用来进行数学计算。我们设计一个方法用来算出最大值。既然是数学运算，也没有必要去实例化这个类，可以直接拿过来就用。

【例 7-24】静态方法调用：

```
<?php
class Math {
```

```
    public static function Max($num1,$num2) {
        return $num1>$num2? $num1 : $num2;
    }
}
$a = 10;
$b = 20;
echo "$ a 和 $ b 中的最大值是";
echo Math::Max($a, $b);
echo "<br>";
$a = 30;
$b = 20;
echo "$ a 和 $ b 中的最大值是";
echo Math::Max($a, $b);
?>
```

运行结果如图 7-24 所示。

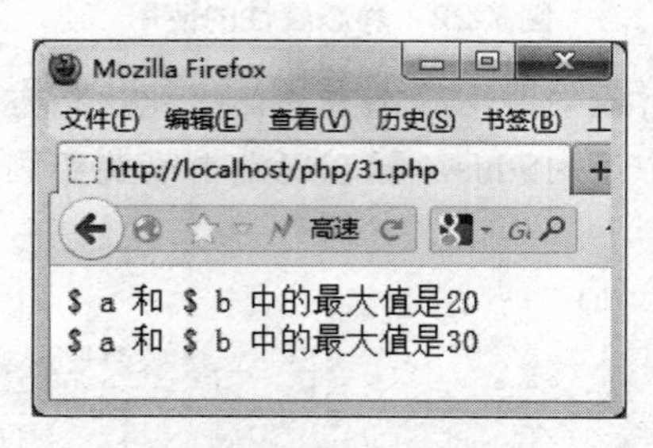

图 7-24　静态方法调用

【例 7-25】静态方法调用静态属性：

```
<?php
class Math {
    public static $pr = 3.14;
    public static function area($r) {
        return self::$pr * $r * $r;
    }
}
echo Math::area(3);
?>
```

运行结果如图 7-25 所示。

图 7-25　静态方法调用静态属性

【例 7-26】静态方法调用非静态属性：

```
<?php
```

```
class Math{
    public $pr = 3.14;
    public static function area($r){
        return self::$pr * $r * $r;
        //同样此处使用 return $this->$pr * $r * $r 也是不对的
    }
}
echo Math::area(3);
?>
```

运行结果如图 7-26 所示。

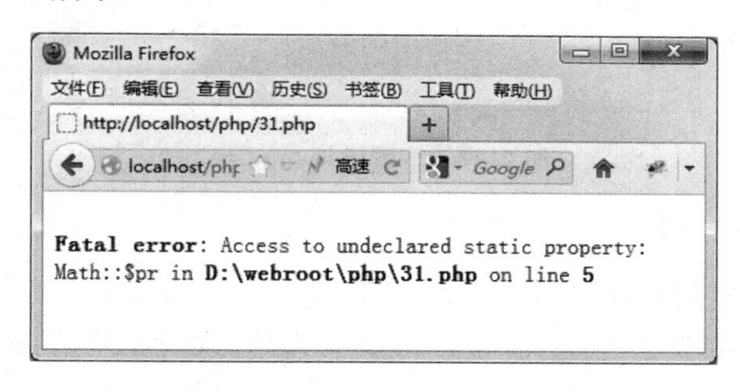

图 7-26 静态方法访问非静态属性

7.4.2 final 类和方法

继承为类层次内部带来了巨大的灵活性。通过覆写类或方法，调用同样的类方法可以得到完全不同的结果，但有时候，也可能需要类或方法保持不变的功能，这时就需要使用 final 关键字了。

1. final 类不能被继承

final 关键字可以终止类的继承，final 类不能有子类，final 方法不能被覆写。下面定义一个 final 类：

```
final  class  Student {
    //...
}
```

如果不希望一个类被继承，可以使用 final 关键字来修饰这个类。下面设定一个 Math 类，涉及了我们要做的数学计算方法，这些算法也没有必要修改，也没有必要被继承，我们把它设置成 final 类型的。

【例 7-27】final 类不能继承：

```
<?php
final class Math {
    public $pr = 3.14;
}
$math = new Math();
echo $math;
//声明 A 类，它继承自 Math 类，但执行时会出错，final 类不能被继承
```

```
class A extends Math {
}
?>
```

运行结果如图 7-27 所示。

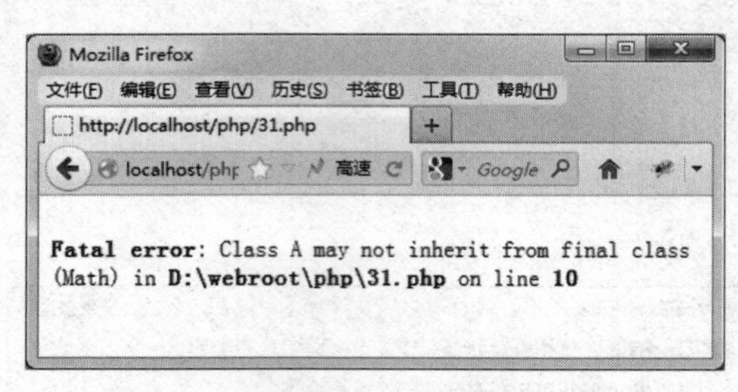

图 7-27　不能继承 final 类

2. final 方法不能被重写

final 方法不能被重写。如果不希望类中的某个方法被子类重写，我们可以设置这个方法为 final 方法，只需要在这个方法前加上 final 修饰符。如果这个方法被子类重写，将会出现错误。

【例 7-28】 final 方法不能被重写：

```
<?php
class Math {
   //两个数值比较大小.
   public final function Max($a, $b) {
      return $a>$b? $a : $b;
   }
}
class A extends Math {
   public function Max($a, $b) {
      echo 'test';
   }
}
$math = new A();
echo $math->Max(99, 100);
?>
```

运行结果如图 7-28 所示。

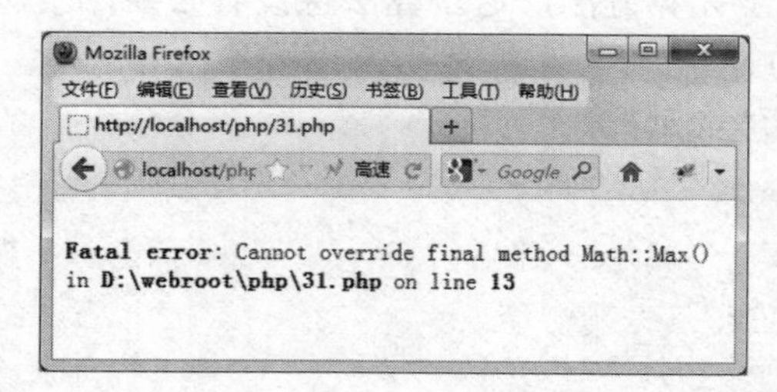

图 7-28　final 方法不能被重写

7.4.3　常量属性

有些属性不能改变，比如错误和状态标志，经常需要被硬编码进类中。虽然它们是公共的、可静态访问的，但客户端代码不能改变它们。

在 PHP 5 中，可以使用 const 关键字定义常量属性，与全局常量一样，定义的这个常量不能被改变。const 定义的常量与定义变量的方法不同，不需要加$修饰符，如 const PI = 3.14。使用 const 定义的常量名称一般都大写。

在类中的常量使用起来类似于静态变量，不同的是它的值不能被改变。调用这个常量时使用“类名::常量名”。

【例 7-29】常量属性的使用：

```
<?php
class Math {
    const PI = 3.14;
    public static function area($r) {
        return self::PI * $r * $r;
        //此处如果使用 return $this->$pr * $r * $r 是不对的
    }
}
echo Math::area(3);
?>
```

运行结果如图 7-29 所示。

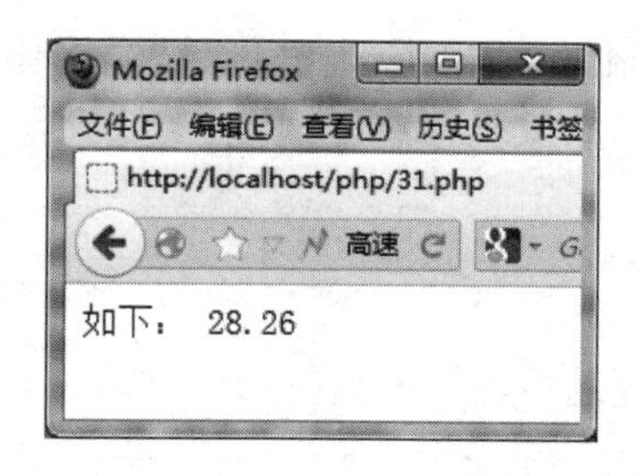

图 7-29　使用常量属性

常量属性只包含基本数据类型的值，不能将一个对象指派给常量。像静态属性一样，只能通过类本身而不是类的实例访问常量属性。当需要在类的所有实例中都能访问某个属性，并且属性值无需改变时，应该使用常量属性。

7.4.4　abstract 类和方法

使用 abstract 关键字来修饰一个类或者方法，称为抽象类或者抽象方法。引入抽象类(abstract class)是 PHP 5 的一个主要变化。这个新特性正是 PHP 朝面向对象设计发展的另一个标志。

抽象类不能被直接实例化。抽象类中只定义了子类需要的方法，方法只有方法声明，没有方法体。子类可以继承它并且通过实现其中的抽象方法，使抽象类具体化。

1. abstract 抽象类

用 abstract 修饰的类表示这个类是一个抽象类，这个类不能被直接实例化。大多数情况下，抽象类至少包含一个抽象方法，可以像普通类方法那样去声明，但必须以分号而不是方法体结束。下面是一个简单的抽象类，如果它被直接实例化，系统会报错。

【例 7-30】抽象类的实例化：

```
<?php
abstract class Product {
   abstract public function getName();
}
$p = new Product();
?>
```

运行结果如图 7-30 所示。

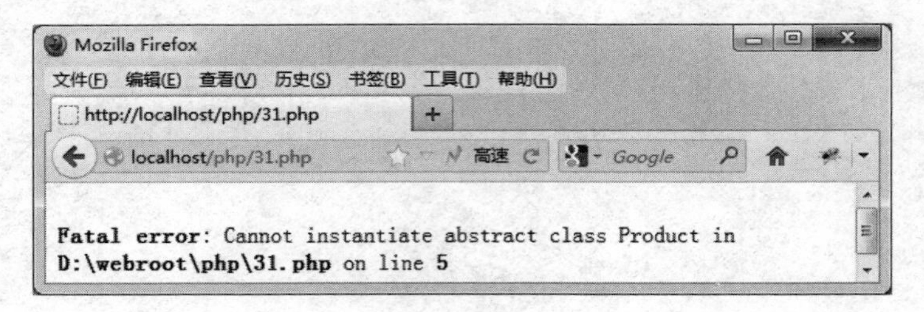

图 7-30　抽象类的实例化

下面例子的子类继承自 Product 抽象类，就可以被实例化了。单独设置一个抽象类是没有意义的，只有有了抽象方法，抽象类才有了血肉。

【例 7-31】继承抽象类：

```
<?php
abstract class Product {
   abstract public function getName();
}
class A extends Product {
   public function getName() {}
}
$p = new A();
?>
```

运行结果如图 7-31 所示。

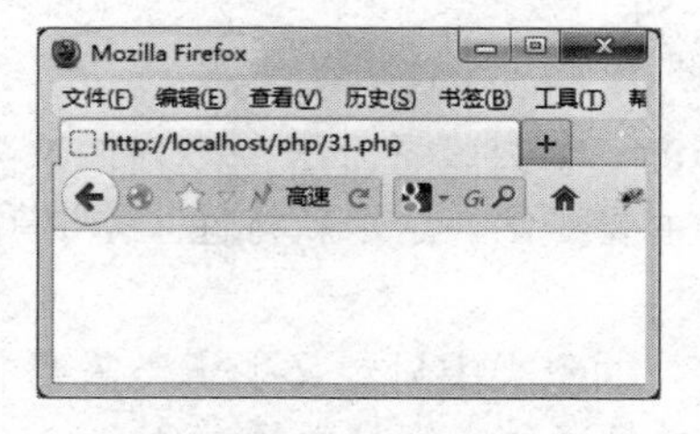

图 7-31　继承抽象类

2. abstract 抽象方法

用 abstract 修饰的类表示这个方法是一个抽象方法。抽象方法只有方法的声明部分，没有方法体。在一个类中，只要有一个抽象方法，这个类就必须被声明为抽象类。抽象方法在子类中必须被重写。在 PHP 5 中，抽象类在被解析时就被检测，所以更加安全。

【例 7-32】使用抽象方法：

```
<?php
abstract class human {
    //这两个方法必须在子类中继承
    abstract function getHeight();
    abstract function getWeight();
}
class man extends human {
    public function getHeight() {
    }
    public function getWeight() {
    }
}
$p = new man();
?>
```

运行结果如图 7-32 所示。

图 7-32　使用抽象方法

7.5　接　　口

父类可以派生出多个子类，但一个子类只能继承自一个父类，PHP 不支持多重继承，接口有效地解决了这一问题。接口是一种类似于类的结构，可用于声明实现类所必须声明的方法，它只包含方法原型，不包含方法体。这些方法原型必须被声明为 public，不可为以 private 或 protected。

声明接口需要使用 interface 关键字：

```
interface Ihuman {}
```

与继承使用 extends 关键字不同的是，实现接口使用的是 implements 关键字：

```
class man implements Ihuman {}
```

实现接口的类必须实现接口中声明的所有方法，除非这个类被声明为抽象类。

【例 7-33】接口的使用：

```
<?php
interface Ihuman {
   //这两个方法必须在子类中继承，修饰符必须为public
   public function getHeight();
   public function getWeight();
}
class man implements Ihuman {
   private $height = '170CM';
   private $weight = '70kg';
   //具体实现接口声明的方法
   public function getHeight() {
      return $this->height;
   }
   public function getWeight() {
      return $this->weight;
   }
   //这里还可以有自己的方法
   public function getOther() {
      return 'other ...';
   }
}
$man = new man();
echo $man->getHeight();
echo '<br>';
echo $man->getWeight();
echo '<br>';
echo $man->getOther();
?>
```

运行结果如图 7-33 所示。

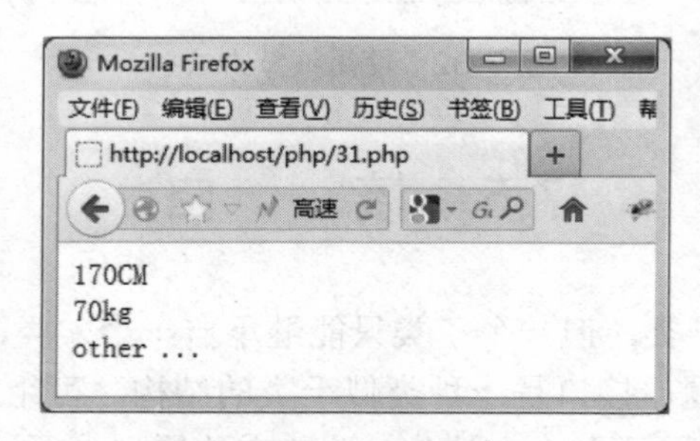

图 7-33　接口的使用

7.6　PHP 5 中的魔术方法

PHP 5 中以两个下划线“__”开头的方法都是 PHP 中保留的魔术方法，是系统预定义的方法，使用前需要在类内声明。它们的作用、方法名、使用的参数列表和返回值都是规定好的，如果需要使用这些方法，方法体的内容需要用户自己按需求编写。使用时无须调

用，而是在特定情况下自动被调用。

魔法并不总是一件好事情，也可能会出意外，或者改变规则，因而导致隐性的代价。

7.6.1　__set 方法

一般来说，为了安全，总是把类的属性定义为 private，这更符合现实的逻辑。但是对属性的读取和赋值操作是非常频繁的，因此 PHP 5 中定义了相应的魔术方法。

__set($property, $value)：当给一个未定义的属性赋值时，该函数会被调用，传递的参数就是被设置的属性名和值。当试图给一个没有访问权限的属性赋值时，也会调用__set 方法。

【例 7-34】使用__set()方法赋值：

```
<?php
error_reporting(7);
class A {
    public function __set($key, $value) {
        echo '__set 函数被调用了<br>';
        echo "\$key={$key},\$value={$value}<br>";
        $this->$key = $value;
    }
}
$a = new A();
$a->name = 'value2';
echo $a->name;
?>
```

运行结果如图 7-34 所示。

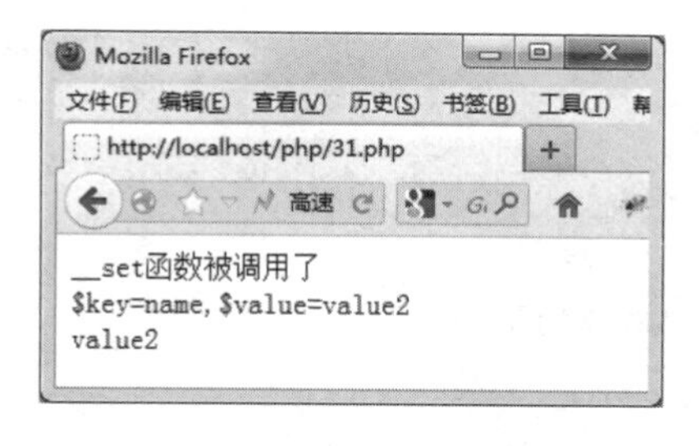

图 7-34　使用__set 方法赋值

【例 7-35】使用__set()方法给私有属性赋值：

```
<?php
error_reporting(7);
header("Content-type: text/html; charset=utf-8");
class A {
    //此处修饰符为private、protected时，都会调用__set 方法
    private $name = 'value1';
    public function __set($key, $value) {
        echo '__set 函数被调用了<br>';
        echo "\$key={$key},\$value={$value}";
        $this->$key = $value;
    }
```

```
}
$a = new A();
$a->name = 'value2';
echo $a->name;
?>
```

运行结果如图 7-35 所示。

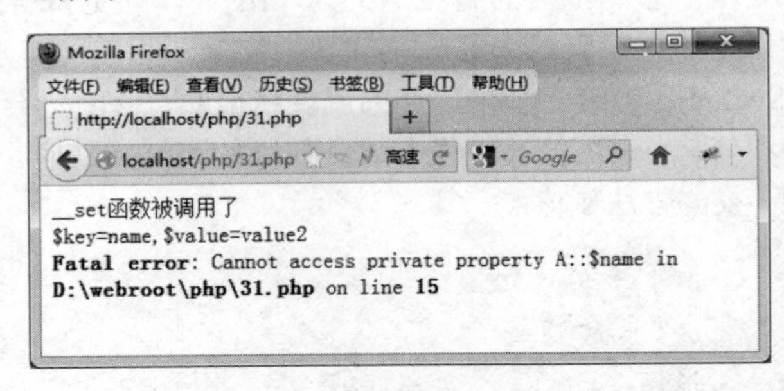

图 7-35　使用__set 方法给私有属性赋值

我们看到__set 函数被调用了，但因为$name 属性访问权限为 private，所以$a->name 访问时会出错，这里我们需要使用__get 方法。

7.6.2　__get 方法

__get($property)：该方法有一个参数，传入需获取的成员属性名，返回属性值。当访问一个私有属性时，此方法会被自动调用。

【例 7-36】_get 方法的使用：

```
<?php
error_reporting(7);
header("Content-type: text/html; charset=utf-8");
class A {
    public function __get($key) {
        echo '__get 方法被调用了';
    }
}
$a = new A();
$a->name;
?>
```

运行结果如图 7-36 所示。

图 3-36　使用__get 方法

当试图访问一个私有权限的属性时，也会调用__get 方法。

【例 7-37】__get()方法访问私有属性：

```
<?php
error_reporting(7);
header("Content-type: text/html; charset=utf-8");
class A {
    //此处修饰符为 private、protected 时，都会调用__get 方法
    private $name = 'value1';
    public function __get($key) {
        echo '__get 方法被调用了<Br>';
        return $this->$key;
    }
}
$a = new A();
echo $a->name;
?>
```

运行结果如图 3-37 所示。

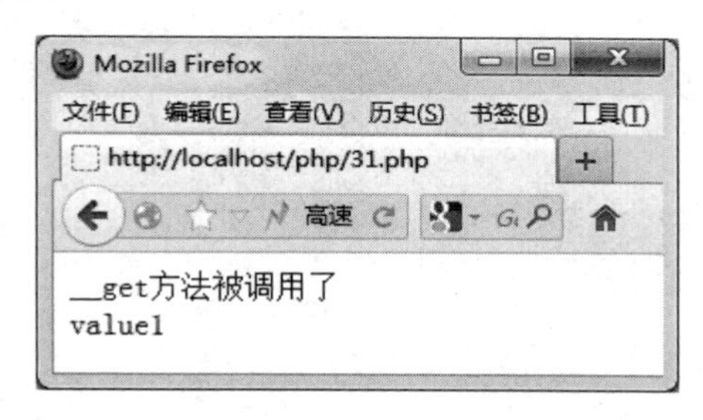

图 7-37　__get 方法访问私有方法

7.6.3　__call 方法

__call($method, $arg_array)：当调用一个未定义的方法时自动调用此方法，这里的未定义的方法不包括没有私有权限的方法。

【例 7-38】__call()方法的使用：

```
<?php
error_reporting(7);
header("Content-type: text/html; charset=utf-8");
class A {
    public function __call($method, $arg) {
        echo '__call 方法被调用了<Br>';
    }
}
$a = new A();
echo $a->getName();
?>
```

运行结果如图 3-38 所示。

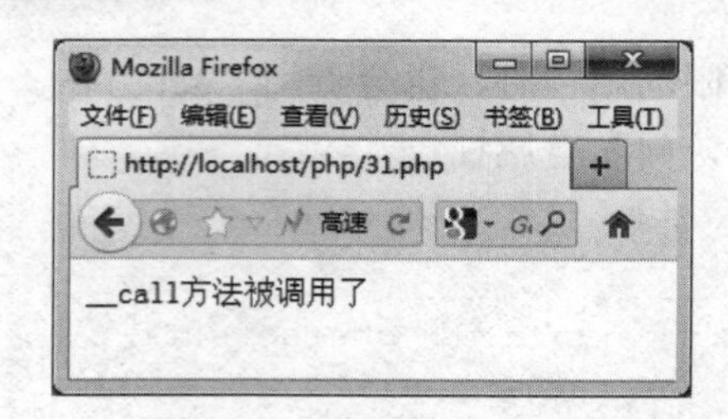

图 3-38　__call()方法的使用

7.6.4　__toString 方法

在 PHP 5.2 之前打印一个对象时，PHP 就会把对象解析成一个字符串来输出。但 PHP 5.2 之后这样做会提示错误，因此可以通过使用__toString()方法来控制字符串的输出格式。

__toString 方法：在将一个对象转化成字符串时自动调用，返回一个字符串值。比如使用 print 或 echo 打印对象时。

【例 7-39】__toString 方法的使用：

```
<?php
error_reporting(7);
header("Content-type: text/html; charset=utf-8");
class A {
   public function __toString() {
      echo '__toString 方法被调用了';
   }
}
$a = new A();
echo $a;
?>
```

运行结果如图 3-39 所示。

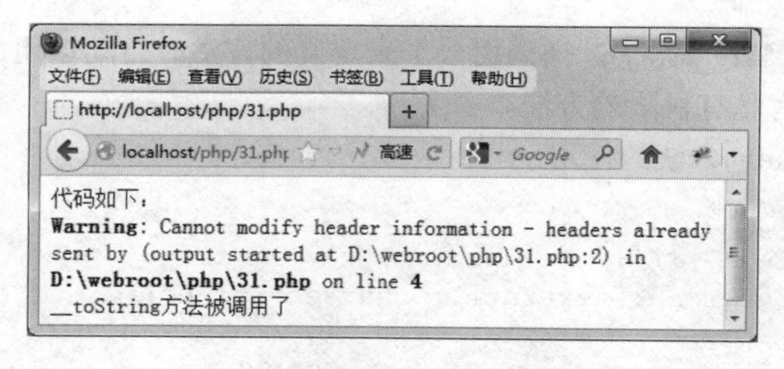

图 7-39　使用__toString 方法

7.7　上 机 练 习

(1)　创建一个商品类，属性为商品名称与商品价格，修饰符为 public，实例化该类，并输出名称与价格。运行成功后，继续实现下列操作。

①　更改类的属性值，并输出。

② 将商品名称与价格改为 private 属性，通过构造方法传入参数赋值，最后输出商品价格和名称。

(2) 创建一个 human 类，含有私有属性 height，公共方法 getHeight()和 setHeight()，man 类继承自 human 类，并尝试调用父类 height 属性的值。运行成功后，分别实现下列操作。

① 在 human 类中定义构造方法，man 类继承父类构造方法。

② 在 man 类中定义自己的构造方法。

③ 由于 human 类的 getWeight()方法不能满足要求，man 类需要重写 getWeight()方法。

④ 使用 parent 调用父类方法。

(3) 定义一个 Math 类，内部包括静态变量$pi、静态方法 getArea($r)，$r 为半径参数，返回圆的面积。

(4) 定义两个接口 Ihuman、Ibase，在 Ihuman 中声明两个方法 getHeight()和 getWeight()，在 Ibase 接口中声明一个方法 getArea()，然后用 man 类继承，具体实现上面两个接口中声明的方法。

第 8 章

错误和异常处理

学前提示

无论是初学者还是经验丰富的程序员，在程序开发中难免会因为某种原因而产生错误，这些错误会降低软件的稳定性，因此错误处理在任何编程语言中都是一个重要的组成部分，程序中缺少错误检测代码，就等于为安全风险敞开了大门。而异常则是在程序执行中出现的例外。

在 PHP 中，针对以上各种情况提供了相当完善的错误和异常处理机制。

知识要点

- 错误处理机制。
- 异常处理机制。

8.1 PHP 的错误处理机制

有些问题时常会发生，例如文件放错地方、数据库服务器未初始化、URL 有变动、XML 文件毁坏、权限设置得不对、超过了磁盘空间限制等。要对付这些可能出现的错误，我们可以通过修改 php.ini 文件来配置 PHP 解析器在用户端输出的错误信息。

在 php.ini 中，一个分号“;”表示注释。下面我们列出几种常用的错误类型：

```
; E_ALL - 所有的错误、警告和注意
; E_ERROR - 致命的运行时错误(它会阻止脚本的执行)
; E_RECOVERABLE_ERROR - 几乎致命的运行时错误
; E_WARNING - 运行时的警告(非致命错误)
; E_PARSE - 编译时解析错误
; E_NOTICE - 运行时的提示，这些提示常常是代码中的 bug 引起的
```

可以根据不同的错误报告级别提供对应的调试方法。在 php.ini 中：

- display_errors = on——开启输出错误报告功能。建议在项目开发阶段使用，以方便调试，网站投入使用后禁用，否则会泄露服务器信息，不安全。
- error_reporting = E_ALL & ~E_NOTICE & ~E_STRICT——控制输出到用户端的消息种类。可以把上面的类型自由组合，然后赋值给 error_reporting。例如：
    - error_reporting = E_ALL 表示输出所有的信息。
    - error_reporting = E_ALL & ~E_NOTICE 表示输出所有的错误，除了提示。

除了在 php.ini 文件中可以调整错误消息的显示级别外，在 PHP 代码中也可以自定义消息显示的级别。PHP 提供了一个方便的调整函数：

```
int error_reporting([int level])
```

使用这个函数可以定义当前 PHP 页面中错误消息的显示级别。参数 level 使用了二进制掩码组合的方式。错误类型列表如表 8-1 所示。

表 8-1 错误类型列表

错误类型	对 应 值	错误类型	对 应 值
E_ERROR	1	E_COMPILE_WARNING	128
E_WARNING	2	E_USER_ERROR	256
E_PARSE	4	E_USER_WARNING	512
E_NOTICE	8	E_USER_NOTICE	1024
E_CORE_ERROR	16	E_ALL	2047
E_CORE_WARNING	32	E_STRICT	2048
E_COMPILE_ERROR	64	E_RECOVERABLE_ERROR	4096

【例 8-1】显示所有错误：

```
<?php
//显示所有错误
```

```
error_reporting(E_ALL);
echo $a;
echo '<br>';
echo 'ok';
?>
```

结果提示$a 变量未定义，运行结果如图 8-1 所示。

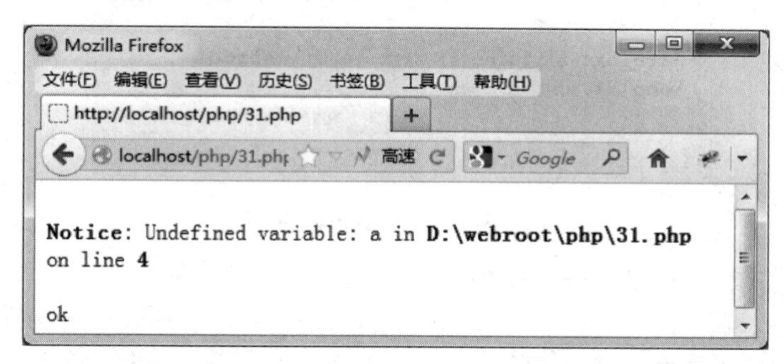

图 8-1　显示所有错误

【例 8-2】显示所有错误，除了提示：

```
<?php
//显示所有错误，除了提示
error_reporting(E_ALL^E_NOTICE);
echo $a;
echo '<br>';
echo 'ok';
?>
```

运行结果如图 8-2 所示。

图 8-2　显示非提示错误

【例 8-3】会出现警告：

```
<?php
//显示所有错误
error_reporting(E_ALL);
echo 2/0;
?>
```

运行结果如图 8-3 所示。

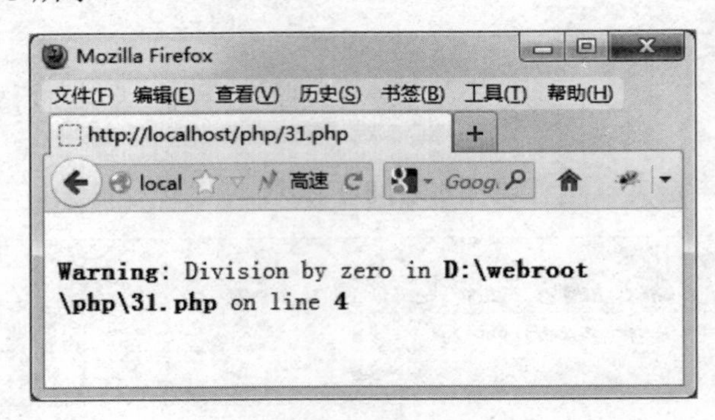

图 8-3 显示警告信息

【例 8-4】显示所有错误，除了警告：

```
<?php
//显示所有错误，除了警告
error_reporting(E_ALL^E_WARNING);
echo 2/0;
echo '<br>';
echo 'ok';
?>
```

运行结果如图 8-4 所示。

图 8-4 显示非警告错误

8.2 自定义错误处理

1. set_error_handler 函数

可以使用 set_error_handler 函数自定义错误处理函数，然后使用 trigger_error 函数来触发自定义函数。

【例 8-5】使用自定义错误处理函数：

```
<?php
//自定义错误处理函数
function customError($errno, $errstr, $errfile, $errline) {
    echo "<b>Custom error:</b> [$errno] $errstr<br />";
    echo " Error on line $errline in $errfile<br />";
```

```
    echo "Ending Script"; die();
}

//设置自定义错误处理函数
set_error_handler("customError");

$test = 0; //触发错误
if ($test==0) {
    trigger_error("A custom error has been triggered");
} else {
    echo intval(100/$test);
}
?>
```

运行结果如图 8-5 所示。

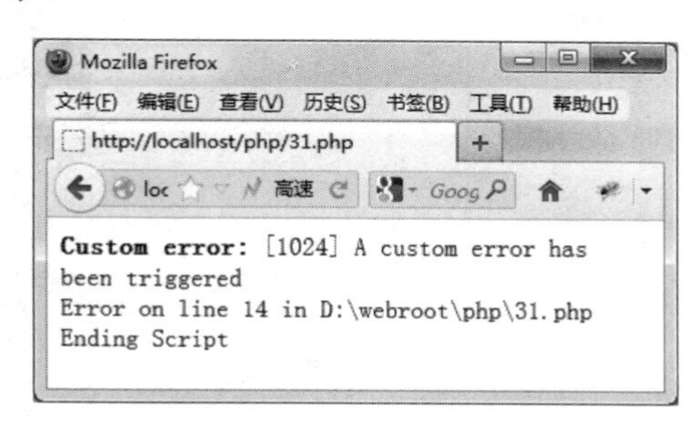

图 8-5　自定义错误

2. 错误日志

(1) 使用指定的文件记录错误报告

如果使用自己指定的文件保存错误报告，一定要确保此文件存放在 Web 根文档目录之外，减少安全隐患。修改 php.ini 文件配置的指令如下：

```
error_reporting = E_ALL              ;报告发生的每个错误
display_errors = off                 ;不在浏览器显示满足上述条件错误报告
log_errors = on                      ;开启日志记录
log_errors_max_len = 1024            ;设置每个日志项的最大值
error_log = d:\myWeb\error.log       ;指定日志文件位置
```

重启 Apache，此时可以在脚本中使用 error_log 函数发送用户自定义错误信息。

(2) 把错误信息记录到操作系统日志中

编辑 php.ini 文件配置指令如下：

```
error_reporting = E_ALL              ;报告发生的每个错误
display_errors = off                 ;不在浏览器显示满足上述条件的错误报告
log_errors = on                      ;开启日志记录
log_errors_max_len = 1024            ;设置每个日志项的最大值
error_log = syslog                   ;将日志存到系统日志里
```

此时可以使用一系列定制函数向系统发送定制错误信息，参考官方文档使用：

```
define_syslog_variables();        //初始化
```

```
openlog();                          //开启日志连接
syslog();                           //定制发送消息
closelog();                         //关闭日志连接
```

查看错误记录：右击“计算机”，从弹出的快捷菜单中选择“管理”命令。弹出“计算机管理”窗口。展开“系统工具”→“事件查看器”→“应用程序和服务日志”，就可以在右侧看到记录的警告信息，如图 8-6 所示。

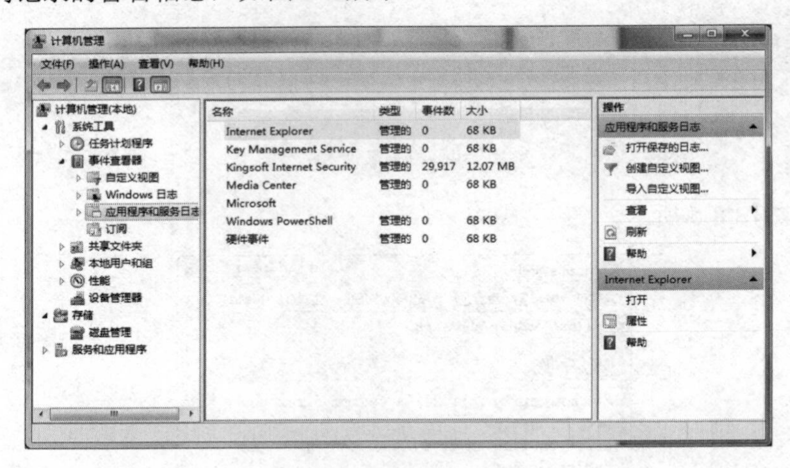

图 8-6　查看错误记录

8.3　PHP 异常处理

在 PHP 4 中，没有异常这个概念，只有错误。PHP 5 引入了异常(exception)，这是一种完全不同的处理错误的方式。异常是从 PHP 5 内置的 Exception 类(或其子类)实例化得到的特殊对象，用于存放和报告错误信息。

8.3.1　异常的抛出与捕获

异常处理是 PHP 5 中新增的更高级的错误处理机制，它会在指定的错误发生时改变脚本的正常流程，使 PHP 5 提供了一种新的面向对象的错误处理方法。PHP 5 中，异常的处理与编写程序的流程控制语句类似，使用 try-catch 语句捕获并处理异常：

- 可能出现异常的代码应该位于 try 代码块内。如果没有触发异常，则代码将照常继续执行。但是如果异常被触发，会抛出一个异常。
- throw 规定如何触发异常。每一个 throw 必须对应至少一个 catch，catch 代码块会捕获异常，并创建一个包含异常信息的对象。

语法如下：

```
try {
    //可能引发异常的语句
} catch(异常类型 异常实例) {
    //异常处理语句
}
```

当异常被抛出时，其后的代码不会继续执行，PHP 会尝试查找匹配的 catch 代码块。

如果异常没有被捕获，而且又没用使用 set_exception_handler()做相应的处理的话，那么将发生一个严重的错误(致命错误)，并输出 Uncaught Exception(未捕获异常)的错误消息。

【例 8-6】使用异常：

```
<?php
//创建可抛出一个异常的函数
function checkNum($number)
{
    if($number > 1)
    {
        throw new Exception("参数必须<=1");
    }
    return true;
}

try                                          //在 try 代码块中触发异常
{
    checkNum(2);
}
catch(Exception $e)                          //捕获异常
{
    echo 'Message: '.$e->getMessage();
}
?>
```

结果输出：

```
Message: 参数必须<=1
```

运行结果如图 8-7 所示。

图 8-7　使用异常

8.3.2　基本异常(Exception)类介绍

PHP 的基本异常类是 PHP 5 的一个基本内置类，该类用于脚本发生异常时，创建异常对象，该对象用于存储异常信息及抛出和捕获。

Exception 类的构造方法需要接受两个参数，错误信息与错误代码，具体如下：

```
class Exception
{
    protected $message = 'Unknown exception';   //异常信息
```

```
    protected $code = 0;                          //用户自定义异常代码
    protected $file;                              //发生异常的文件名
    protected $line;                              //发生异常的代码行号

    function __construct($message = null, $code = 0);

    final function getMessage();                  //返回异常信息
    final function getCode();                     //返回异常代码
    final function getFile();                     //返回发生异常的文件名
    final function getLine();                     //返回发生异常的代码行号
    final function getTrace();                    //backtrace()数组
    final function getTraceAsString();         //已格式化成字符串的getTrace()信息

    /* 可重载的方法 */
    function __toString();                        // 可输出的字符串
}
```

8.3.3 自定义异常

PHP 5 中允许用户自定义异常，但自定义的异常必须继承自 Exception 类或者它的子类。

【例 8-7】使用自定义异常：

```
<?php
class emailException extends Exception {

    public function errorMessage() {

        //异常信息
        $errorMsg = 'Error on line '.$this->getLine().' in '.$this->getFile()
          .': <br>'.$this->getMessage().'不是合法的Email';

        return $errorMsg;
    }
}

$email = "usrname@shopnc...com";

try {
    if(filter_var($email, FILTER_VALIDATE_EMAIL) === FALSE) {
        //邮件不合法，抛出异常
        throw new emailException($email);
    }
} catch (emailException $e) {
    //显示自定义的错误信息
    echo $e->errorMessage();
}
?>
```

运行结果如图 8-8 所示。

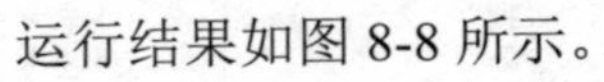

图 8-8 使用自定义异常

8.3.4 捕获多个异常

PHP 5 中可以使用多个 catch 来捕获多个异常。

【例 8-8】捕获多个异常：

```
<?php
class emailException extends Exception {
    public function errorMessage() {
        //异常信息
        $errorMsg = 'Error on line '.$this->getLine().' in '.$this->getFile()
          .': <br>'.$this->getMessage().'不是合法的 Email';
        return $errorMsg;
    }
}

$email = "shopnc@example..com";

try
{
    if(filter_var($email, FILTER_VALIDATE_EMAIL) === FALSE)
    {
        //抛出异常
        throw new emailException($email);
    }
    //检测是否是示例邮件
    if(strpos($email, "example") !== FALSE)
    {
        throw new Exception("邮件是一个示例邮件");
    }
}
catch (emailException $e)
{
    echo $e->errorMessage();
}

catch(Exception $e)
{
    echo $e->getMessage();
}
?>
```

运行结果如图 8-9 所示。

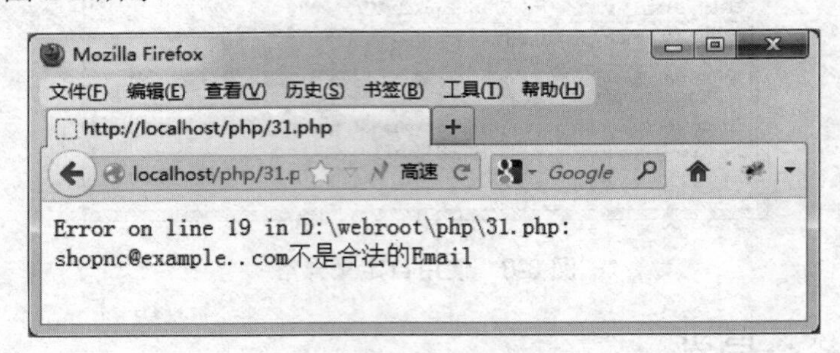

图 8-9 捕获多个异常

如果将邮件换成：

```
$email = "shopnc@example..com";
```

结果又会输出：

```
邮件是一个示例邮件
```

8.4 上机练习

(1) 验证 PHP 中 error_reporting 函数的作用。
(2) 自定义错误处理函数 customError，当除数为 0 时，提示“^_^ 除数不能为 0”。

第 9 章

PHP 文件处理

学前提示

在 PHP 中，可以对文件和目录进行多种操作，比如创建文件、删除文件、复制文件、写入文件、创建与删除目录等操作。在任何计算机设备中，文件都是必需的对象，而在 Web 编程中，文件的操作一直是 Web 程序员头疼的地方，程序编写繁琐，很容易造成代码冗余。而文件的操作在 CMS 系统中则是必需的、非常有用的，我们经常遇到生成文件目录、文件(夹)编辑等操作，现在对 PHP 中的这些函数做一详细总结，并结合例子示范如何使用。

知识要点

- PHP 文件和目录的查看。
- PHP 对文件和目录的操作。
- PHP 对文件的读写。

9.1　查看文件和目录

使用 PHP 与文件交互时，离不开 PHP 对文件与目录的操作。

9.1.1　查看文件名称

查看文件名称可以使用 basename()函数来实现，该函数返回文件路径中去掉路径后的文件名称，使用语法如下：

```
basename($path, $suffix)
```

具体函数参数的说明如表 9-1 所示。

表 9-1　basename 函数参数的说明

参　数	作　用
$path 必需	规定要检查的路径
$suffix 可选	规定文件扩展名。如果文件有$suffix，则不会输出这个扩展名

【**例 9-1**】使用 basename 函数查看文件名：

```
<?php
$path = '/var/www/web/default.php';
echo basename($path);
echo '<br>';
echo basename($path,'.php');
?>
```

结果输出：

```
default.php
default
```

9.1.2　显示目录名称

显示目录名称可以使用 dirname()函数，语法如下：

```
dirname($path)
```

其中$path 为需要检查的文件全路径。

【**例 9-2**】使用 dirname 函数查看目录名称：

```
<?php
$path = '/var/www/web/default.php';
echo dirname($path);
?>
```

结果输出：

```
/var/www/web
```

9.1.3　查看文件真实目录

opendir 函数用来打开所游览的具体目录，函数参数为目录名，注意，如果 PHP 执行文件与浏览的主目录处在同一级，则传递的参数可以仅仅只是目录名，如果不在同一级或读取多级目录时，需带上具体的目录路径或文件路径。

在通过 opendir 函数读取了主目录后，通过 while 循环来进一步读取主目录下的多级目录及文件，此处使用的 PHP 目录函数为 readdir，此函数从目录中读取目录或文件名，当没有可读取的目录或文件时，返回 False，注意，读取的目录包含.和..，在这里由于是一级级往下读取目录，所以当读取的目录信息为.和..时将跳出本次循环，继续读取下一级目录。

在读取完主目录的所有子目录及文件后，通过 PHP 目录函数 closedir 来关闭目录句柄，类似于用 fclose 函数关闭文件。

利用 realpath()函数可以查看文件真实目录，该函数返回文件真实路径，它会删除所有符号连接(如 '/./'、'/../' 以及多余的 '/')，返回绝对路径名。使用语法如下：

```
readpath($path)
```

其中$path 为需要检查的路径名。

【例 9-3】使用 dirname 函数查看目录名称：

```
<?php
$path = 'default.php';
echo realpath($path);
?>
```

结果输出：

```
D:\root\default.php
```

9.2　查看文件信息

PHP 中可以通过函数来查看文件的一些基本信息，PHP 获取文件属性可以用到多种函数，来实现我们对文件各种不同信息的获取需求。

9.2.1　显示文件类型

filetype()函数用于取得文件类型，成功将返回文件的类型，可能的值有 fifo、char、dir、block、link、file 和 unknown。错误则返回 FALSE。

显示文件类可以使用 filetype()函数，语法如下：

```
filetype($filename)
```

其中$filename 为需要查看的文件的路径。

【例 9-4】使用 filetype 函数查看目录名称：

```
<?php
$path = 'default.php';
echo filetype('default.php');
echo '<br>';
echo filetype('D:\root');
?>
```

结果返回：

```
file
dir
```

9.2.2 显示文件访问与修改时间

在 PHP 中，取得文件最后的访问时间可以使用 fileatime()函数，fileatime()返回指定文件的上次访问时间。如果出错则返回 false。时间以 Unix 时间戳的方式返回。

使用格式如下：

```
fileatime($filename)
```

其中$filename 为需要检查的文件名。

【例 9-5】使用 fileatime()函数取得文件最后访问时间：

```
<?php
echo fileatime('default.php');
echo '<Br>';
echo date('Y-m-d H:i:s', fileatime('default.php'));
?>
```

结果输出：

```
1301328000
2013-03-28 16:00:00
```

在 PHP 中，取得文件上次被修改的时间应使用 filemtime()函数，格式如下：

```
filemtime($filename)
```

其中$filename 为需要检查的文件名。

【例 9-6】使用 filemtime()函数取得文件最后的修改时间，代码如下：

```
<?php
echo filemtime('default.php');
echo '<br>';
echo date('Y-m-d H:i:s',filemtime('default.php'));
?>
```

结果输出如下：

```
1301405310
2011-03-29 18:28:30
```

9.2.3　获取文件权限

在 PHP 中，要获取文件或目录的权限，可使用 fileperms 函数，fileperms()函数返回文件或目录的权限。若成功，则返回文件的访问权限。若失败，则返回 false。

使用语法如下：

```
fileperms($filename)
```

其中$filename 为需要检查的文件名。

【例 9-7】使用 fileperms()函数取得文件权限：

```
<?php
echo fileperms('default.php');
echo '<br>';
//以八进制值返回权限
echo substr(sprintf("%o", fileperms("default.php")), -4);
?>
```

结果输出：

```
33206
0666
```

9.3　操 作 目 录

这里介绍的是从目录读取文件用到的函数，opendir()(打开文件)、readdir()(读取文件)、closedir()(关闭文件)，使用的时候是先打开文件句柄，而后迭代列出：

```
<?php
$base_dir = "filelist/";
$fso = opendir($base_dir);
echo $base_dir;
while($flist=readdir($fso)) {
    echo $flist;
}
closedir($fso)
?>
```

9.3.1　创建目录

mkdir()函数用于创建目录，若成功返回 true，否则返回 false，使用语法如下：

```
mkdir($path, $model, $recursive, $context)
```

各参数的作用如下。

- $path：规定了要创建的目录名称。
- $model：规定了目录权限，默认是 0777，在 Windows 下会被忽略。

- $recursive：规定是否要使用递归模式。
- $context：指定文件句柄的环境。

$recursive 与$context 这两个参数是从 PHP 5.0.0 才开始支持的。

【例 9-8】使用 mkdir()函数创建目录：

```
<?php
mkdir('ShopNC');
//创建多级目录，这里需要使用$recursive 参数
mkdir('a/b/c/d','0777',true);
?>
```

9.3.2 打开目录

opendir()可以打开目录，若打开成功，返回一个目录流，否则返回 false 和 error 信息，可以在命令前面加上@隐藏错误输出。使用语法如下：

```
opendir($path, $context)
```

$path 为需要打开的路径，$context 为目录句柄的环境。

opendir()命令一般结合 readdir()、closedir()命令使用。

【例 9-9】使用 opendir 打开目录并列出内容：

```
<?php
$dir = opendir('dir');
while(($file = readdir($dir)) !== false) {
   echo $file.'<br>';
}
closedir($dir);
?>
```

如果使用 PHP 5，可以通过 SP1 提供的标准库实现目录内容的遍历，用 DirectoryIterator 获取指定目录的文件或者目录。代码如下：

```
<?php
$oDir = new DirectoryIterator('a');
foreach($oDir as $file)
{
   $tmpFile['link'] = $file->getPath();
   $tmpFile['name'] = $file->getFileName();
   $tmpFile['type'] = 'file';
   $tmpFile['size'] = $file->getSize();
   $tmpFile['mtime'] = $file->getMTime();
   $arrFile[] = $tmpFile;
}
print_r($arrFile);
?>
```

还可以使用 RecursiveDirectoryIterator 获取目录下所有的文件，包括子目录：

```
<?php
```

```
$objects = new RecursiveIteratorIterator(
  new RecursiveDirectoryIterator('dir'));
foreach($objects as $object)
{
    $tmpFile['link'] = $object->getPath();
    $tmpFile['name'] = $object->getFileName();
    $tmpFile['type'] = $object->isFile()? 'file' : 'dir';
    $tmpFile['size'] = $object->getSize();
    $tmpFile['mtime'] = $object->getMTime();
    $arrFile[] = $tmpFile;
}
print_r($arrFile);
?>
```

也可以使用 glob 函数匹配列出文件名：

```
<?php
foreach(glob('dir/*.*') as $filename)
{
    echo $filename.'<br>';
}
?>
```

9.3.3　关闭目录

关闭目录使用 closedir()命令，语法如下：

```
closedir($dir_stream)
```

$dir_stream 为需要关闭的目录句柄。

【例 9-10】使用 closedir 关闭目录：

```
<?php
$file = opendir('dir');
closedir($file);
?>
```

9.3.4　读取目录

读取文件目录可使用 readdir()命令。该命令可参考例 9-8，这里不再介绍。

9.3.5　删除目录

删除目录可以使用 rmdir()命令，该目录必须是空目录，并且有相应的权限。该命令执行成功会返回 true，失败会返回 false。使用语法如下：

```
rmdir($dirname)
```

【例 9-11】使用 rmdir 删除目录：

```
<?php
rmdir('dir');
?>
```

9.4 操 作 文 件

前面介绍了关于目录的操作，在开发过程中对于文件的操作更为频繁。访问一个文件基本上需要三个步骤：打开文件、读写文件和关闭文件。

9.4.1 打开文件/关闭文件

1. 打开文件

对文件操作首先需要打开文件，这是进行数据操作的前提。打开文件使用 fopen()函数。语法形式如下：

```
resource fopen(string filename, string mode[, bool use_include_path[,
  resource context]])
```

参数 filename 是要打开的包含路径的文件名，路径部分可以是相对路径，也可以是绝对路径。如果 filename 是“scheme://...”的格式，则被当成一个 URL，PHP 将搜索协议处理器来处理此模式。如果该协议尚未注册封装协议，PHP 将发出一条消息来帮助检查脚本中潜在的问题并将 filename 当成一个普通的文件名继续执行下去。PHP 在尝试打开文件时，需要注意，该文件必须是 PHP 能够访问的，也就是需要确认文件的访问权限。

参数 mode 是打开文件的方式，mode 的取值如表 9-2 所示。

表 9-2 fopen()函数中参数 mode 的取值

mode	说 明
r	只读方式打开，将文件指针指向文件头
r+	读写方式打开，将文件指针指向文件头
w	写入方式打开，将文件指针指向文件头并将文件大小截为零。如果文件不存在则尝试创建
w+	读写方式打开，将文件指针指向文件头并将文件大小截为零。如果文件不存在则尝试创建
a	写入方式打开，将文件指针指向文件末尾。如果文件不存在则尝试创建
a+	读写方式打开，将文件指针指向文件末尾。如果文件不存在则尝试创建
x	创建并以写入方式打开，将文件指针指向文件头。如果文件已存在，则 fopen()调用失败并返回 FALSE，并生成一条 E_WARNING 级别的错误信息。如果文件不存在则尝试创建
x+	创建并以读写方式打开，将文件指针指向文件头。如果文件已存在，则 fopen()调用失败并返回 FALSE，并生成一条 E_WARNING 级别的错误信息。如果文件不存在则尝试创建
b	以二进制模式打开文件，如果文件系统能够区分二进制文件和文本文件，可能会使用它。Windows 可以区分，Unix 则不区分，推荐使用这个选项，便于获得最大程度的执行权限

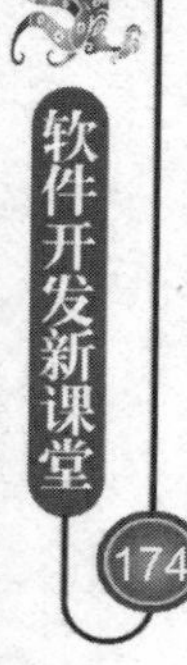

续表

mode	说　明
t	文本转换标记，Unix 的系统使用“\n”作为行结束字符，基于 Windows 的系统使用“\r\n”作为行结束字符，该模式可以可以透明地将“\n”转换为“\r\n”，该模式只是 Windows 下的一个选项

可选参数 use_include_path 作用是，如果需要在 include_path 中指定的路径下搜索文件，可将该参数设置为 1 或者 true。

可选参数 context 是 PHP 5.0.0 新添加的部分，规定文件句柄的环境，context 是可以修改流的行为的一套选项。

文件打开成功返回打开文件的资源对象，失败则返回 FALSE。

2. 关闭文件

对文件操作结束后，需要将打开的文件资源释放，即关闭文件。关闭文件使用 fclose() 函数。语法形式如下：

```
bool fclose(resource handle)
```

其中参数 handle 为已打开文件的资源对象，资源对象必须有效，否则返回 FALSE。

【例 9-12】打开和关闭文件：

```
<?php
$file = "demo.txt";
if(($fp = fopen($file , "wb")) === false) {
    die("使用写入方式打开".$file."文件失败<br/>");
} else {
    echo "使用写入方式打开".$file."文件成功<br/>";
}
if(fclose($fp)) {
    echo "文件".$file."关闭成功<br/>";
} else {
    echo "文件".$file."关闭失败<br/>";
}
$file = "http://www.shopnc.net/ ";
if(($fp = fopen($file , "r")) === false) {
    die("使用只读方式打开远程文件".$file."失败<br/>");
} else {
    echo "使用只读方式打开远程文件".$file."文件成功<br/>";
}
if(fclose($fp)) {
    echo "远程文件".$file."关闭成功<br/>";
} else {
    echo "远程文件".$file."关闭失败<br/>";
}
?>
```

9.4.2　读取文件

从文件中读取数据，可以读取一个字符、一行字符或者任意长度的字符串，也可以是

整个文件。

1. 读取文件的一个字符

从打开的文件中读取一个字符，可以使用 fgetc()函数。语法形式如下：

```
string fgetc(resource handle)
```

返回一个包含有一个字符的字符串，该字符从 handle 指向的文件中得到。遇到 EOF 则返回 FALSE。

【例 9-13】打开文件读取一个字符：

```
<?php
$file = "demo.txt";
if(($fp = fopen($file , "rb")) === false) {
   die("使用只读方式打开".$file."文件失败<br/>");
} else {
   echo "使用只读方式打开".$file."文件成功<br/>";
}
if(($char = fgetc($fp)) === false) {
   echo "读取文件".$file."失败<br/>";
} else {
   echo "读取文件".$file."成功，读取内容为：".$char."<br/>";
}
if(fclose($fp)) {
   echo "文件".$file."关闭成功<br/>";
} else {
   echo "文件".$file."关闭失败<br/>";
}
?>
```

2. 读取文件的一行字符

如果文本内容很多时，一般采用逐行读取文件的方式。从打开的文件中读取一行字符，可以使用 fgets()函数。语法形式如下：

```
string fgets(int handle[, int length])
```

函数功能为从 handle 指向的文件中读取一行并返回长度最多为 length-1 字节的字符串。遇到换行符、EOF 或者已经读取了 length-1 字节后停止。如果没有指定参数 length，则默认为 1KB，或者说 1024 字节。出错时返回 FALSE。

【例 9-14】打开文件读取一行字符：

```
<?php
$file = "demo.txt";
if(($fp = fopen($file , "r")) === false) {
   die("使用只读方式打开".$file."文件失败<br/>");
} else {
   echo "使用只读方式打开".$file."文件成功<br/>";
}
echo $file."文件内容如下：<br/>";
```

```
while(!feof($fp)) {          // feof()用来测试文件指针是否到了文件结束的位置
    $str = fgets($fp, 100);
    echo $str."<br/>";
}
fclose($fp);
?>
```

3. 读取任意长度的字符串

使用 fread()函数可以读取文件中的任意长度字符串。语法形式如下：

```
string fread(int handle, int length)
```

从文件指针 handle 读取最多 length 个字节。该函数在读取完 length 个字节数，或到达 EOF 的时候就会停止读取文件。

4. 读取整个文件的内容

读取整个文件可以使用 readfile()、file()或 file_get_content()中的任意一个函数。

readfile()的语法形式如下：

```
int readfile(string filename[, bool use_include_path[, resource context]])
```

读取整个文件内容，不需要打开/关闭文件，不需要 echo/print 等输出语句，直接写出文件路径即可。如果出错则返回 FALSE，并且除非是以@readfile()形式调用，否则会显示错误信息。

file()的语法形式如下：

```
array file(string filename[, int use_include_path[, resource context]])
```

读取整个文件内容，不需要打开/关闭文件，file()函数将文件作为一个数组返回。数组中的每个单元都是文件中相应的一行，包括换行符在内。如果失败 file()返回 FALSE。

file_get_contents()的语法形式如下：

```
string file_get_contents(string filename[, bool use_include_path[,
 resource context[, int offset[, int maxlen]]]])
```

读取整个文件内容，不需要打开/关闭文件，file_get_contents()函数将文件作为一个字符串返回。如果失败 file()返回 FALSE。

【例 9-15】读取整个文件：

```
<?php
$file = "demo.txt";
//使用 readfile()函数读取文件内容
readfile($file);
echo "<hr/>";
//使用 read()函数读取文件内容
$farr = file($file);
foreach($farr as $v) {
    echo $v."<br/>";
}
echo "<hr/>";
```

```
//使用 file_get_content()函数读取文件内容
echo file_get_contents($file);
?>
```

运行结果如图 9-1 所示。

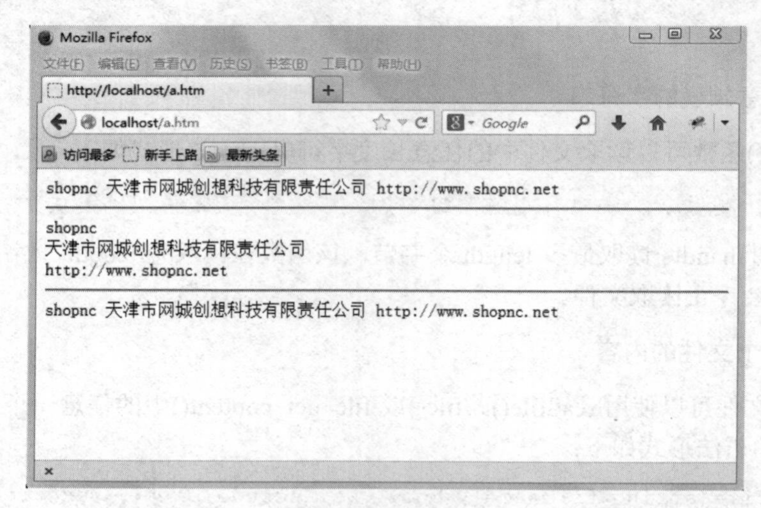

图 9-1 读取整个文件

9.4.3 写入文件

打开文件后，如果需要写入数据，可以使用 fwrite()或 file_put_contents()函数。

fwrite()的语法形式如下：

```
int fwrite(resource handle, string string[, int length])
```

该函数把 string 的内容写入文件指针 handle 处。如果指定了 length，当写入了 length 个字节或者写完了 string 以后，写入就会停止。fwrite()返回写入的字符数，出现错误时则返回 FALSE。

file_put_contents()的语法形式如下：

```
int file_put_contents(string filename, string data[, int flags[,
 resource context]])
```

该函数是 PHP 5 新增的函数，参数 data 是要写入的数据，类型可以是 string、array 或者是 stream 资源。flags 可以是 FILE_USE_INCLUDE_PATH、FILE_APPEND 和/或 LOCK_EX(获得一个独占锁)。

【例 9-16】写入文件：

```
<?php
$file = "demo.txt";
$str = "创意有限责任公司";
//使用 fwrite()函数写入文件
$fp = fopen($file, "wb") or die("打开文件错误！");
fwrite($fp, $str);
fclose($fp);
```

```
readfile($file);
echo "<hr/>";

$str = "http://www.shopnc.net";
//使用 file_put_contens()函数往文件追加内容
file_put_contents($file, $str, FILE_APPEND);
readfile($file);
?>
```

运行结果输出如图 9-2 所示。

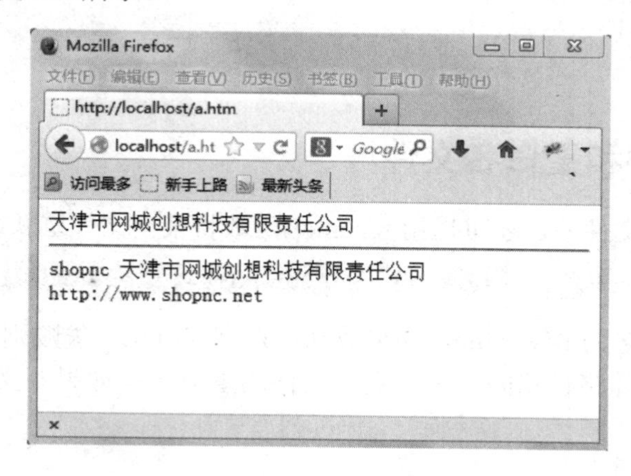

图 9-2　写入文件

9.4.4　删除文件

在开发过程中，如果需要删除文件，可以使用 unlink()函数。语法形式如下：

```
bool unlink(string filename)
```

删除 filename。如果成功则返回 TRUE，失败则返回 FALSE。

【例 9-17】删除文件：

```
<?php
$file = "demo.txt";
if(unlink($file)) {
    echo "文件".$file."删除成功！";
} else {
    echo "文件".$file."删除失败！";
}
?>
```

9.4.5　复制文件

在开发过程中，如果需要复制文件，可以使用 copy()函数。语法形式如下：

```
bool copy(string source, string dest)
```

将文件从 source 拷贝到 dest。如果成功则返回 TRUE，失败则返回 FALSE。

【例 9-18】复制文件：

```
<?php
$file = "demo.txt";
$newfile = 'demo.txt.bak';

if (copy($file, $newfile)) {
    echo "文件成功复制为".$newfile;
} else {
    echo "文件复制失败！";
}
?>
```

9.4.6 移动文件和重命名文件

除了删除和复制文件外，还可以用 rename()函数将某一文件重新命名。语法形式如下：

```
bool rename(string oldname, string newname[, resource context])
```

把 oldname 重命名为 newname。如果成功则返回 TRUE，失败则返回 FALSE。注意，如果源文件和目标文件路径相同，可以实现文件的重命名；如果源文件和目标路径不同，可以实现文件的移动。

【例 9-19】文件重命名：

```
<?php
$file = "demo.txt";
$newfile = 'example.txt';
// 文件的重命名
if (rename($file, $newfile)) {
    echo "文件重命名成功!";
} else {
    echo "文件重命名失败！";
}
// 文件的移动
$movefile = "../demo.txt";
if (rename($newfile, $movefile)) {
    echo "文件移动成功!";
} else {
    echo "文件移动失败！";
}?>
```

9.5 小　　结

本章重点介绍了文件和目录的操作，还介绍了如何获取与文件相关的信息。文件操作在实际开发中应用非常普遍，而且也常与文件上传联系在一起，在掌握本章文件操作的基础上，下一章将介绍 PHP 中的文件上传操作。

9.6 综合练习

PHP 取得文件信息相关函数的使用。

需求说明：

(1) 使用 PHP 函数，在根目录下新建一个文件 demo.txt，并输入内容“hello”。

(2) 为 demo.txt 追加一行，内容为“ShopNC”。

(3) 取出并逐行输出 demo.txt 文件的内容。

(4) 使用 PHP 函数输出文件所在的完整路径及文件的扩展名。

(5) 输出文件最后被修改的时间及文件的大小。

实现关键代码：

```
$file = dirname(__file__).'\demo.txt';

/*写入内容*/
echo (filesize($file));
//fwrite 实现写文件
$fp = fopen($file,'a+');
fwrite($fp, "hello\nShopNC");
fclose();

//file_put_contents 函数方式实现
file_put_contents($file, "hello\nShopNC", FILE_APPEND);

/*输出文件内容*/

//使用 readfile 函数
readfile($file);

//使用 file_get_contents 函数
echo file_get_contents($file);

//循环读取每一行，并输出，适用于读取超大文本的情况
$fp = fopen($file, 'r');
while(!feof(fp)) {
    echo fgets($fp);
    echo '<br>';
}
//取得文件路径相关的信息
$info = pathinfo($file);
print_r($info);
//取得文件最后被修改的时间
echo date('Y-m-d H:i:s', filemtime($file));
```

第 10 章

PHP 文件上传

学前提示

PHP 中，可以对文件进行上传操作。本章主要讲解对文件上传相关的函数。如$_FILES['myfile']['name']是指被上传文件的名称，$_FILES['myfile']['type']是指被上传文件的类型，$_FILES['myfile']['size']是指被上传文件的大小，单位为字节(B)，$_FILES['myfile']['tmp_name']是指被上传文件在服务器中的临时副本文件名称，文件被移动到指定目录后，临文件将被自动销毁，$_FILES['myfile']['error']是指文件上传中有可能出现的错误的状态码。

知识要点

- PHP 文件上传的基本知识。
- 单文件上传。
- 多文件上传。

10.1　文件上传的基本知识

文件上传是 Web 应用的一个常用功能，其目的是客户可以通过浏览器将文件上传到服务器上的指定目录。比如网上商城中商家发布的商品图片、顾客上传自己的标志头像等。掌握文件的上传可以帮助我们开发各种 Web 应用。

10.1.1　文件上传种类

PHP 可以上传多种类型的文件，如 Word 文件、文本文件、Excel 文件、PPT 文件、二进制文件、PDF 文件、视频及音频文件等。各种文件的数据格式如表 10-1 所示。

表 10-1　文件 MIME 类型列表

文件类型	MIME 类型
图片文件	image/gif、image/jpg、image/jpeg、image/png、image/x-png
纯文本和 HTML 文件	text/txt、text/plain、text/html
二进制或数据流文件	application/octet-stream
音频格式	audio/basic
视频格式	video/mpeg

10.1.2　表单特性

PHP 最有用的特性之一是它能够自动将表单中的变量值赋予 PHP 变量。这使得表单处理变得非常快捷。

先看一看下面的表单：

```
<html>
<body>

<form action="upload_file.php" method="post"
 enctype="multipart/form-data">
   <label for="file">Filename:</label>
   <input type="file" name="file" id="file" />
   <br />
   <input type="submit" name="submit" value="Submit" />
</form>

</body>
</html>
```

表单上传时，method 属性必须为 post，这样才会上传成功。

enctype 属性必须为 multipart/form-data，它表示上传二进制数据，只有使用了 multipart/form-data，才能完整地上传文件数据，完成上传操作。

input 标签的 type 属性为 file，这样服务器才会将 input 作为上传文件来处理。

10.2　全局变量$_FILES

$_FILES 全局变量是一个二维数组，它用于接收上传文件的信息，它会保存表单中 type 值为 file 的提交信息，有 5 个主要列，具体如下。

- $_FILES[]['name']：存放客户端文件系统的文件的名称。
- $_FILES[]['type']：存放客户端传递的文件的类型。
- $_FILES[]['size']：存放文件的字节的大小。
- $_FILES[]['tmp_name']：存放文件被上传后在服务器存储的临时全路径。
- $_FILES[]['error']：存放文件上传的错误代码。

在$_FILES[]['tmp_name']中，/tmp 目录是默认的上传临时文件的存放地点，如果需要更改这个目录，可以编辑 php.ini 中 upload_tmp_dir 的配置。

文件上传结束后，默认地被存储在临时目录中，这时我们必须将它从临时目录中删除或移动到其他地方，如果没有，则会被删除。也就是不管上传是否成功，脚本执行完后临时目录里的文件肯定会被删除。所以在删除之前，要用 PHP 的 copy()函数将它复制到其他位置，此时，才算完成了上传文件过程。

(1) 在$_FILES[]['error']中返回的错误代码是在 PHP 4.2.0 版本中引入的，具体如下。

- 0：表示没有发生任何错误。
- 1：表示上传文件的大小超出了约定值。文件大小的最大值是在 PHP 配置文件中指定的，该指令是 upload_max_filesize。
- 2：表示上传文件大小超出了 HTML 表单隐藏域属性的 MAX__FILE__SIZE 元素所指定的最大值。
- 3：表示文件只被部分上传。
- 4：表示没有上传任何文件。

(2) 这些错误值对应的常量分别如下。

- UPLOAD_ERR_OK：对应值 0。
- UPLOAD_ERR_INI_SIZE：对应值 1。
- UPLOAD_ERR_FORM_SIZE：对应值 2。
- UPLOAD_ERR_PARTIAL：对应值 3。
- UPLOAD_ERR_NO_FILE：对应值 4。

10.3　单文件上传

文件上传时，需要用到 move_uploaded_file()函数，该函数将存放在临时目录下的上传文件拷贝出来，存放到指定目录的指定文件名，如果目标存在，将会被覆盖。

函数的使用如下：

```
move_uploaded_file(需要移动的文件，文件的新位置)
```

【例 10-1】上传一个文件，文件格式必须为.gif 或.jpeg 文件，文件大小不能超过 80KB。完整代码如下：

```
<html>
<meta http-equiv="Content-Type" content="text/html; charset=utf-8" />
<body>
<?php
if(empty($_FILES["file"]["tmp_name"])) {
    echo '文件还未上传';
} elseif (!(($_FILES["file"]["type"] == "image/gif")
 || ($_FILES["file"]["type"] == "image/jpeg")
 || ($_FILES["file"]["type"] == "image/pjpeg"))) {
    echo '文件类型不合法';
} elseif($_FILES["file"]["size"] > 80000) {
    echo '文件大小超过了 80K';
} else {
    if ($_FILES["file"]["error"] > 0)
    {
        echo "返回错误代码：".$_FILES["file"]["error"]."<br />";
    }
    else
    {
        echo "文件名称：".$_FILES["file"]["name"]."<br />";
        echo "文件类型：".$_FILES["file"]["type"]."<br />";
        echo "文件大小：".($_FILES["file"]["size"]/1024)." Kb<br />";
        echo "临时文件路径：".$_FILES["file"]["tmp_name"]."<br />";

        if (file_exists("upload/".$_FILES["file"]["name"]))
        {
            echo $_FILES["file"]["name"]." already exists. ";
        }
        else
        {
            move_uploaded_file($_FILES["file"]["tmp_name"],
              "upload/".$_FILES["file"]["name"]);
            echo "保存路径:"."upload/".$_FILES["file"]["name"];
        }
    }
}
?>

<form action="upload.php" method="post"
  enctype="multipart/form-data">
<input type="file" name="file"/>
<input type="submit" name="submit" value="上传" />
</form>
</body>
</html>
```

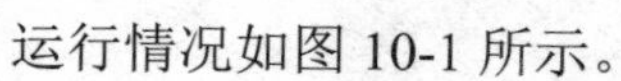

运行情况如图 10-1 所示。

图 10-1　上传文件

当上传大小超过 80KB 的图片时，系统会提示文件大小超限；上传非 JPG 类型的文件时，系统会显示文件类型不合法；上传合法的文件时，显示的结果如图 10-2 所示。

图 10-2　文件上传成功则显示文件信息

这里需要注意：对于 IE，识别 JPG 文件的类型必须是 image/jpeg，识别 PNG 文件的类型必须是 image/x-png。对于火狐，识别 JPG 文件的类型必须是 image/jpeg，识别 PNG 文件的类型必须是 image/png。

注意几个特征属性。

(1)　POST 方法：表单最常用的功能，向目标页面传递变量，我们在上传文件的时候，会在表单中设置相应的属性，来完成文件的传递。

(2)　enctype="multipart/form-data"：这样服务器就会知道将要上载的文件带有常规的表单信息。

(3)　<input type="file" name="file" />：设置浏览器文件输入浏览按钮。

(4)　$_GET 变量：$_GET 变量是一个数组，内容是由 HTTP GET 方法发送的变量名称和值。$_GET 变量用于收集来自 method="get"的表单中的值。从带有 GET 方法的表单发送的信息对任何人都是可见的(会显示在浏览器的地址栏)，并且对发送的信息量也有限制(最多 100 个字符)。

10.4 多文件上传

PHP 支持同时上传多个文件，并将它们的信息自动以数组的形式组织。要完成这项功能，需要在表单中对文件上传域使用与多选框和复选框相同的数组式提交语法。

可以将上例中的 file 标签的 name 属性设置为数组形式，即可实现多文件上传。

【例 10-2】多文件上传：

```
<form action="upload.php" method="post"
 enctype="multipart/form-data">
   <input type="file" name="file[]"/>
   <input type="file" name="file[]"/>
   <input type="file" name="file[]"/>
   <input type="submit" name="submit" value="上传" />
</form>
```

运行情况如图 10-3 所示。

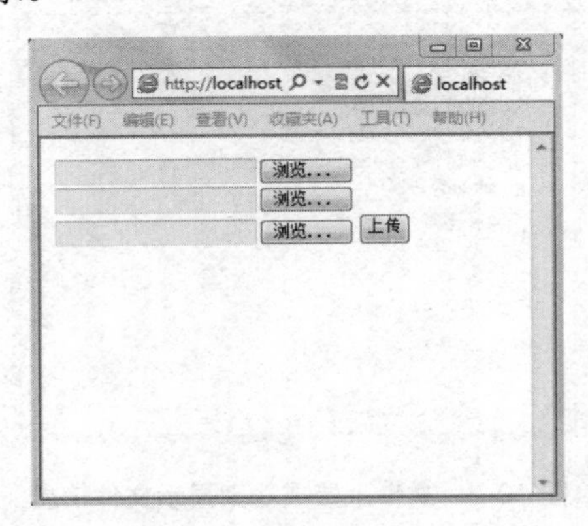

图 10-3　多文件上传

接收的$_FILES[“file”]内容如下：

```
Array
(
    [name] => Array
        (
            [0] => pic.jpg
            [1] => pic.jpg
            [2] => pic.jpg
        )
    [type] => Array
        (
            [0] => image/pjpeg
            [1] => image/pjpeg
            [2] => image/pjpeg
        )
    [tmp_name] => Array
```

```
        (
            [0] => C:\WINDOWS\Temp\php46.tmp
            [1] => C:\WINDOWS\Temp\php47.tmp
            [2] => C:\WINDOWS\Temp\php48.tmp
        )
    [error] => Array
        (
            [0] => 0
            [1] => 0
            [2] => 0
        )
    [size] => Array
        (
            [0] => 26303
            [1] => 26303
            [2] => 26303
        )
)
```

PHP 程序处理时，将$_FILES[“file”]的每个元素循环拆分即可，这里不再详述。

10.5　综 合 练 习

1. 实现单文件上传

(1)　训练要点：PHP 单文件上传。

(2)　需求说明：上传一个文件，文件格式必须为.gif 或.jpeg，文件大小不能超过 80KB。

(3)　实现关键代码：

```
<html>
<meta http-equiv="Content-Type" content="text/html; charset=utf-8" />
<body>
<?php
if(empty($_FILES["file"]["tmp_name"])) {
    echo '文件还未上传';
} elseif (!(($_FILES["file"]["type"] == "image/gif")
  || ($_FILES["file"]["type"] == "image/jpeg")
  || ($_FILES["file"]["type"] == "image/pjpeg"))) {
    echo '文件类型不合法';
} elseif($_FILES["file"]["size"] > 80000) {
    echo '文件大小超过了 80K';
} else {
    if ($_FILES["file"]["error"] > 0)
    {
        echo "返回错误代码：".$_FILES["file"]["error"]."<br />";
    }
    else
    {
        echo "文件名称：".$_FILES["file"]["name"]."<br />";
```

```
        echo "文件类型：".$_FILES["file"]["type"]."<br />";
        echo "文件大小：".($_FILES["file"]["size"]/1024)." Kb<br />";
        echo "临时文件路径：".$_FILES["file"]["tmp_name"]."<br />";

        if (file_exists("upload/".$_FILES["file"]["name"]))
        {
            echo $_FILES["file"]["name"]." already exists. ";
        }
        else
        {
            move_uploaded_file($_FILES["file"]["tmp_name"],
              "upload/".$_FILES["file"]["name"]);
            echo "保存路径:"."upload/".$_FILES["file"]["name"];
        }
    }
}
?>
<form action="upload.php" method="post"
  enctype="multipart/form-data">
    <input type="file" name="file"/>
    <input type="submit" name="submit" value="上传" />
</form>
</body>
</html>
```

2. 通过面向对象的方式实现单文件上传

(1) 训练要点：面向对象的编程；PHP 上传单文件。

(2) 需求说明：基于 PHP 5 的写法编写一个文件上传类，实现单文件上传，要求文件大小不得超过 500KB，文件格式必须为 PNG、GIF、JPG 其中的一种。类的名称为 upload，必须在类内部实现三个方法：checkExt()、checkSize()、uploadFile()，分别用于检测文件扩展名是否合法、文件大小是否合法以及实现文件上传。

(3) 实现关键代码：

```
<?php
class upload {
    //定义变量，存放上传文件信息
    private $upfile;
    //只能上传 PNG 图片
    private $uptype = 'image/x-png';
    //上传大小不超过 500KB
    private $upsize = 512000;

    /*
    * 构造函数，在实例化 pload 对象时被执行，参数$file 为上传控制名称
    * 实例化对象时，构造函数会取得上传文件信息并赋给 upfile 类成员变量
    */
    public function __construct($file) {
        $this->upfile = $_FILES[$file];
    }
```

```
    //检查文件类型
    private function checkType() {
        if($this->upfile['type'] != $this->uptype) return false;
        return true;
    }

    //检查文件大小
    private function checkSize() {
        if($this->upfile['size'] > $this->upsize) return false;
        return true;
    }

    //上传文件函数
    public function uploadFile() {
        //查检文件是类型是否正确
        if(!$this->checkType()) {
            echo '文件格式不正确'; return false;
        }

        //检查文件大小
        if(!$this->checkSize()) {
            echo '文件大小不符合规定'; return false;
        }
        //将上传的文件移到新位置
        if (move_uploaded_file($this->upfile['tmp_name'],
          $this->upfile['name'])) {
            echo '上传成功';
        } else {
            echo '上传失败';
        }
    }
}

if(!empty($_POST['submit'])) {
    $upload = new upload('file');
    $upload->uploadFile();
}
?>
<form action="file.php" method="post"
  enctype="multipart/form-data">
    <input type="file" name="file"/>
    <input type="submit" name="submit" value="上传" />
</form>
```

3. 实现多文件上传

(1) 训练要点：PHP 多文件上传。

(2) 需求说明：用 PHP 实现多文件上传。

(3) 实现关键代码：

```
<form action="upload.php" method="post"
  enctype="multipart/form-data">
    <input type="file" name="file[]"/>
    <input type="file" name="file[]"/>
    <input type="file" name="file[]"/>
    <input type="submit" name="submit" value="上传"/>
</form>
```

4. 编写一个上传文件类，实现多文件上传

(1) 训练要点：PHP 多文件上传。

(2) 需求说明：上传类型只能为 GIF、JPG、PNG 格式的图片，上传大小不得超过 600KB，上传到根目录的 upload 文件夹内，最多可同时上传 5 个附件。

(3) 提示：上传类的编写可参考前面介绍过的上传类。多文件上传时，注意将上传控件的名称写成数组的形式，如<input type="file" name="file[]"/>，然后在 PHP 后端拆分 $_FILES["file"]数组成多个单文件信息，实现文件上传。

10.6 小　　结

本章介绍了 PHP 中对文件上传的操作，包括客户端 HTML 元素提交和后台 PHP 程序处理，对单文件与多文件上传都做了讲解。

第 11 章

PHP 的会话机制

学前提示

PHP 会话即 Session，是指处理用户从进入网站到关闭网站这段时间内活动的一种机制，它提供了所有网页都共同使用的公共变量存贮机制。会话机制在 PHP 中用于保存并发送用户访问的一些数据，该数据保存在服务器端。PHP 的会话机制(Session)可以帮助创建更为人性化的程序，增加站点的友好性和吸引力。本章我们将学习 PHP 会话机制的相关内容。

知识要点

- 通过 Session 和 Cookie 实现会话处理。
- 什么是 Session。
- 使用 Cookie。

11.1 通过 Session 和 Cookie 实现会话处理

我们知道，HTTP 协议是无状态的，服务器无法区分哪些请求来自哪些客户端，或者客户端是处于链接状态还是断开状态，正是因为 HTTP 协议的这个特点，给我们在访问网页时带来了一系列的问题，比如，我们登录自己的网银账号，里面有各自不同的转账、余额等业务信息，如果服务器不能区分不同的用户身份，用户的重要信息就会混乱，一个用户可能会看到其他用户的账户余额等信息，这显然是非常危险的。再比如，我们在网上购物时，如果服务器不能记录每个用户购物车里的商品，就会造成用户根本无法购物。

那么如何解决上面提到的问题呢，还好，PHP 从 4.0 版本以后引入了会话机制，这一举措使 PHP 在处理 Web 应用方面变得更加容易，PHP 是通过什么手段来完成会话保持的呢？在 PHP 中，通常有两种解决方案：Session 和 Cookie。

Session 中文翻译为会话，在用户访问网页与服务器断开连接的一个时间段内，Session 可以跟踪用户的状态，能够存储整个会话过程中的一些基本信息。

Cookie 是一个文本文件，它位于客户端，这个文件里面存储了会话信息。

11.2 使用 Session

本节我们主要讲解 Session 的创建与销毁，以及如何配置等操作。Session 变量用于存储有关用户会话的信息，或更改用户会话的设置。Session 变量保存的信息是单一用户的，并且可供应用程序中的所有页面使用。

11.2.1 什么是 Session

前面我们提到，Session 是一种会话，它记录会话信息，使得客户端与服务器端的会话得以保持。

在 PHP 中，Session 由一种能够存储用户发出请求信息的方法组成，当用户每次访问网站时，Session 都会为访问创建一个唯一的会话标识，来区分用户的身份，这个标识称为会话 ID，这个会话 ID 就是 Session 的文件名，它具有唯一性和随机性，以确保存储信息的安全，Session 在客户端的信息是以 Cookie 文件形式存储的(关于 Cookie，我们会在后面予以介绍)，若客户端禁用了 Cookie，客户端存储是不起作用的，为了能让会话得以保持，可以使用 URL 的形式来传递会话 ID。

11.2.2 Session 的常用函数

Session 是存储在服务器端的会话，相对安全，并且不像 Cookie 那样有存储长度限制，我们可以使用 session_set_save_handler 函数来自定义 Session 的调用方式。下面简单介绍 Session 的使用。

1. Session 的创建与销毁

(1)　Session 的创建

在 PHP 中，使用 session_start()函数来创建一个会话状态，同时也意味着会话的开始，该函数使用的语法如下：

```
bool session_start(void)
```

如果已经有一个当前的会话 ID，则 session_start()函数会继续使用当前的会话，否则会创建一个新的会话，为用户创建一个新的会话 ID。

示例如下：

```
<?php
session_start();                    //开启一个新会话
$_SESSION['demo'] = 'ShopNC';     //在 Session 中存储数据
echo $_SESSION['demo'];            //输出 Session 中存储中的数据
?>
```

结果会输出：

```
ShopNC
```

(2)　Session 的销毁

尽管与服务器断开或时间过期可自动销毁 Session 会话，但有时产生 Session 会话文件并不会自动销毁，这样就需要手工来销毁这些会话，可以使用 session_unset()或 session_destroy()函数。

session_unset()函数的语法格式如下：

```
void session_unset(void)
```

它没有返回值。

session_destroy()函数的语法格式如下：

```
bool session_destroy(void)
```

session_unset()函数会释放内存中指定的 Session 变量，不会完全删除会话，比如它不会清除 Session 文件。用法如下：

```
<?php
session_unset();
?>
```

session_destroy()函数会完全删除当前会话。用法如下：

```
<?php
session_destroy();
?>
```

2. Session 的配置与应用

使用会话时，会话的大部分属性设置是由 PHP 的配置文件来完成的，PHP 5 中提供了

20 多个会话配置指令，由于指令较多，我们不再一一描述，这里只介绍一下比较常用的指令，读者如果有兴趣可参考相关的文件。

(1) session.save_handler

session.save_handler 指令定义了存储和获取与会话相关的数据的处理器名称，它的参数可能有以下值。

- files：文件，默认为 files。
- sqlite：SQLite 数据库。
- user：用户自定义函数。

上面我们介绍了 3 个值，当然 save_handler 的值不只局限于这三个，如果我们想将 Session 的数据存储到 memcache 时，又可以将 save_handler 的值设置为 memcache。这里不再一一介绍，有兴趣的读者可以参考相关的资料。

(2) session.save_path

session.save_path 指令定义了会话存储器的参数，如果会话存储器名称为 files，则该参数为会话文件的存放路径，session.save_path 的默认值为“/tmp”。

在 php.ini 中，session.save_path 指令还可以使用以下形式：

```
session.save_path = "N;/path"
```

可选参数 N 表示会话文件分布的目录深度，它是一个整数，需要提出的一点是，如果要使用 N 参数，必须先创建好这些目录，创建会话时是不会自动创建目录的。

这里对会话文件目录深度的设置在大访问量时是非常有用的，如果将会话产生的临时文件存放在一个目录中，当访问量较大时，就会产生大量的 I/O 操作，这样势必会造成性能下降，并且容易受到攻击。如果采用多级目录存放，就能够很好地缓解读写瓶颈的问题。

如果我们把 N 设置成 2，如下所示：

```
session.save_path = "2;/tmp"
```

表示将 session 文件分成两级存放，每一级目录分别由 0～9 和 a～z 共 30 个字母数字组合而成，那么存放 Session 文件的目录将达到 36×36 个，根据实际情况可将 N 设置成 3 级，甚至更多，以满足系统对目录的需求。

(3) session.name

session.name 用于设置存储在客户端的会话的 Cookie 名称，默认值为 PHPSESSID。

(4) session.auto_start

用于设置是否在请求开始是自动开启一个会话，它的值有两种状态：1 或 0，1 表示自动启动一个会话，0 表示不自动启动一个会话，需要使用 session_start()函数显示启动，默认为 0。

(5) session.cookie_lifetime

session.cookie_lifetime 用于设置会话 cookie 的生命周期，单位为秒，默认值为 0，当值是 0 时，表示会话 Cookie 的生命周期在浏览器被关闭时就停止。

(6) session.cookie_path

session.cookie_path 用于设置会话 cookie 在哪个路径下有效，默认为“/”，当值为“/”时，表示 Cookie 在当前网站下的所有路径都是有效的，若是其他值，如当值为“/user”，则表示会话 Cookie 只有在网站下的 user 路径下才是有效的。

(7)　session.cookie_domain

session.cookie_domain 用于设置会话 Cookie 的有效作用域，启用该设置可以防止其他的非法域获取自己的会话信息，增强了会话的安全性，该设置默认为空。

11.2.3　Session 的生命周期

如果客户端没有禁用 Cookie，则 Cookie 在启动 Session 会话的时候扮演的是存储 Session ID 和 Session 生存期的角色。我们来手动设置 Session 的生存期：

```
<?php
session_start();
// 保存一天
$lifeTime = 24 * 3600;
setcookie(session_name(), session_id(), time() + $lifeTime, "/");
?>
```

其实 PHP 5 Session 还提供了一个函数 session_set_cookie_params()来设置 PHP 5 Session 的生存期，该函数必须在 session_start()函数调用之前调用：

```
<?php
// 保存一天
$lifeTime = 24 * 3600;
session_set_cookie_params($lifeTime);
session_start();
?>
```

11.2.4　使用 Session 控制 PHP 页面缓存

页面缓存可以减少 Web 应用服务器的流量。但是，相对于动态或敏感内容而言，页面缓存是不安全的。此时可以通过 HTTP 头(通过 header()函数从 PHP 发送)控制页面缓存。其中 Cache-Control 和 Expires 头是专用头文件，但是它们的使用和功能都有些难以理解。

PHP 提供了一个函数，可以控制页面缓存。该函数是 session_cache_limiter()，在没有参数的情况下调用它，会指出当前使用的缓存方案；在有参数的情况下，它会将当前输出页面的缓存方案设置为参数对应的值。函数声明如下：

```
session_cache_limiter();
```

此函数的常用值如表 11-1 所示。

表 11-1　函数 session_cache_limiter 的常用值

常用的值	说　明
public	表示任何人都可以缓存这个页面及其相关内容，它适合静态内容。如级联样式单文件、相关联的 JavaScript 文件或图像文件
private	表示客户机浏览器可以缓存这个页面中的数据，包括相关联的内容，但其他设备(如代理服务器和网络设备)不应该缓存它，它适合敏感的静态内容

续表

常用的值	说　明
nocache	表示其中的任何设备都不应该缓存页面内容(但可能存储相关联的内容，如脚本、样式单和图像)。它适合敏感或动态的内容，并且可以缓存图像和样式单文件
no-store	表示所有设备和计算机不缓存页面内容或任何相关联的文件

下面是 session_cache_limiter()函数的应用示例。其中使用“private”作为参数，表示客户机浏览器可以缓存这个页面中的数据，它适合敏感的静态内容，输出的值是“private”，代码如下：

```
<?php
session_start();
session_cache_limiter('private');
$shili = session_cache_limiter();
echo "默认值是：$shili<br/>n";
?>
```

session_cache_limiter()函数还能够控制页面在不同的缓存中存储时间的长短(对于允许存储的缓存方案)。这称为缓存过期(Cache Expiration)，通过该函数在会话中控制。该函数返回缓存过期时间的当前值，单位为 min。如果传递参数，可将新的过期时间设置为这个值。默认为 180min。

使用比较短的缓存时间，能够在一定程度上获得缓存的好处，同时还不破坏应用程序的动态性质。

上述这些选项中，session.cache_limiter 和 session.cache_expire 可以在 php.ini 中设置完成，不必在每个页面的顶部都设置。

11.2.5　Session 的安全问题

会话模块不能保证存放在会话中的信息只能被创建该会话的用户看到。根据其存放的数据，还需要采取更多措施来主动保护会话的完整性。

评估会话中携带的数据并实施附加保护措施——这通常要付出代价，降低用户的方便程度。例如，如果要保护用户免于受简单的社交策略侵害，如在 URL 中显示的会话 ID 会被别人在电脑屏幕上看到，或被别的网站通过 HTTP Referer 得到等，则应该启用 session.use_only_cookies。此情形下，客户端必须无条件启用 Cookie，否则会话就不工作。

有几种途径会将现有的会话 ID 泄露给第三方。泄露出的会话 ID 使第三方能够访问所有与指定 ID 相关联的资源。第一，URL 携带会话 ID。如果连接到外部站点，包含有会话 ID 的 URL 可能会被存放在外部站点的 Referer 日志中。第二，较主动的攻击者可能会侦听网段的数据包。如果未加密，会话 ID 会以明文方式在网络中流过。

因此，我们主要解决的思路是通过效验 Session ID 来避免会话 ID 的泄漏：

```
<?php
if(!isset($_SESSION['user_session'])) {
    $_SESSION['user_session'] =
      $_SERVER['REMOTE_ADDR'].$_SERVER['HTTP_USER_AGENT'];
```

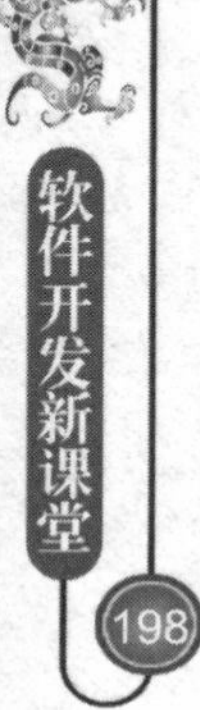

```
}
elseif($_SESSION['user_session']
  != $_SERVER['REMOTE_ADDR'].$_SERVER['HTTP_USER_AGENT']) {
    session_regenerate_id();
}
?>
```

11.3　使用 Cookie

在前面的 Session 讲解中，我们多次提到了 Cookie，到底什么是 Cookie 呢，我们将在本节中为读者讲解。

11.3.1　什么是 Cookie

Cookie 是网站为区分不同访问者的身份而存储在客户端上的数据，它是一个文本文件，里面可以包含用户的信息，如身份证号码、密码、购物车内的商品信息等。Cookie 是具备有效期的，有效期的长短可以根据实际需要灵活设定。

Cookie 是 HTTP Header 的一部分，它会通过 HTTP Header 从服务器返回到浏览器上，服务器端在响应中利用 Set-Cookie Header 来创建一个 Cookie。

因为 Cookie 是存储在客户端机器上的，所以不可避免地带来了一定的安全问题，而且许多浏览器都提供了灵活的控制功能，甚至可能屏蔽 Cookie，如图 11-1 所示为 IE8 对 Cookie 的控制。

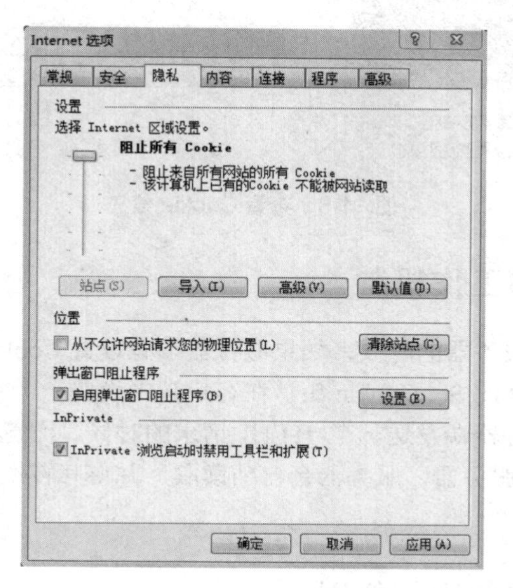

图 11-1　设置安全级别

火狐浏览器中，如果安装了 web-developer 组件，也可以方便地禁止和启动及查看 Cookie，甚至可以新增和修改 Cookie 的值，如图 11-2 所示。

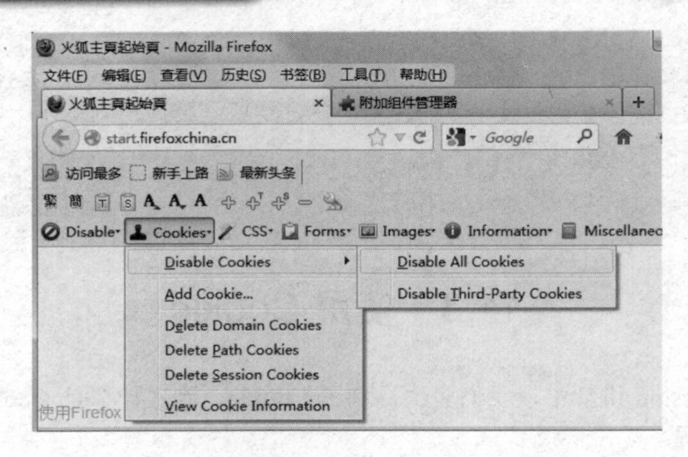

图 11-2 使用 web-developer 禁用 Cookie

可以查看当前的 Cookie 信息，如图 11-3 所示。

Cookie 信息 - http://www.shopnc.net/

⊟ 全部收拢 ⊞ 全部展开

http://www.shopnc.net/

⊟ 1 cookie

名称	PHPSESSID
值	og9n9mpsr99o5gs28vldvguuh7
主机	www.shopnc.net
路径	/
加密	否
到期	会话期间完即失效

编辑cookie

删除Cookie

图 11-3 查看 Cookie 信息

11.3.2 Cookie 的工作机制

当客户端初次请求服务器的时候，如果服务器端有设置 Cookie 的语句，则服务器通过随着响应发送一个 HTTP 的 Set-Cookie 头，在客户端中设置一个 Cookie 文件。

当客户端再次向服务器端发送一个 HTTP 请求的时候，浏览器会把本地保存该请求地址的 Cookie 信息发送到服务器，服务器会自动读取，并将其转换成$_COOKIE 全局变量，方便调用。

11.3.3 Cookie 的创建与销毁

PHP 中创建 Cookie 的语法如下：

```
setcookie(name, value, expire, path, domain, secure)
```

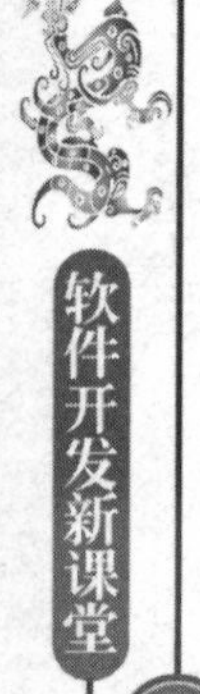

其中各参数的解释如表 11-2 所示。

表 11-2　setcookie 函数的参数

参　数	描　述
name	必需。规定 Cookie 的名称
value	必需。规定 Cookie 的值
expire	可选。规定 Cookie 的有效期
path	可选。规定 Cookie 的服务器路径
domain	可选。规定 Cookie 的域名
secure	可选。规定是否通过安全的 HTTPS 连接来传输 Cookie

该函数向客户端发送一个 HTTP Cookie。

Cookie 是由服务器发送到浏览器的变量。Cookie 通常是服务器嵌入到用户计算机中的小文本文件。每当计算机通过浏览器请求一个页面时，就会发送这个 Cookie。

下面的例子设置并发送 Cookie：

```
<?php
//发送一个简单的 Cookie
setcookie("TestCookie", "ShopNC");
?>
<html>
<body>
...
//发送一个 24 小时以后过期的 Cookie
setcookie("TestCookie", $value, time()+3600*24);
//通过把失效日期设置为过去的日期/时间，删除一个 Cookie
setcookie("TestCookie", "", time()-3600);
```

setcookie 函数与 header()函数一样，也是作为响应头 header 的一部分发送的，所以在调用该函数之前，不能有任何输出，如果脚本中包含空行或空白字符(不属于 PHP 代码块)，我们会看到类似如下的警告信息：

```
Warning: Cannot modify header information - headers already sent by ...
```

要解决上面的问题，可以将 php.ini 中的配置项 output_buffering 设置为 on，或者我们可以用 ob_start()函数先将内容输出到缓冲区里，然后再用 ob_end_flush 或 flush 输出缓冲区的内容。

我们在本地创建一个 session.php 测试文件，放在网站的根目录下，代码如下：

```
<?php
//cookie 演示示例
setcookie('company', 'ShopNC');
?>
```

然后访问 http://localhost/cookie.php，它会向服务器发送如下标头信息：

```
GET /cookie.php HTTP/1.1
Accept: */*
```

```
Accept-Language: zh-cn
Accept-Encoding: gzip, deflate
User-Agent: Mozilla/4.0 (compatible; MSIE 8.0; Windows NT 5.1; Trident/4.0;
InfoPath.2; .NET
CLR 2.0.50727; .NET CLR 3.0.04506.648; .NET CLR 3.5.21022)
Host: localhost
Connection: Keep-Alive
```

服务器会将如下标头信息返回给客户端浏览器：

```
HTTP/1.1 200 OK
Date: Fri, 11 Mar 2011 06:03:58 GMT
Server: Apache/2.2.6 (Win32) PHP/5.2.5
X-Powered-By: PHP/5.2.5
Set-Cookie: company=ShopNC
Content-Length: 0
Keep-Alive: timeout=5, max=100
Connection: Keep-Alive
Content-Type: text/html
```

返回状态值为 200，表示响应成功。我们看到有一行 Set-Cookie: company=ShopNC，它表示服务器端 PHP 执行时创建了 Cookie 值并作为响应头的一部分一起发送给客户端。

然后，当我们再次从客户端访问 http://localhost/cookie.php 时，它会向服务器发送如下标头信息：

```
GET /cookie.php HTTP/1.1
Accept: */*
Accept-Language: zh-cn
Accept-Encoding: gzip, deflate
User-Agent: Mozilla/4.0 (compatible; MSIE 8.0; Windows NT 5.1; Trident/4.0;
InfoPath.2; .NET CLR 2.0.50727; .NET CLR 3.0.04506.648; .NET CLR 3.5.21022)
Host: localhost
Connection: Keep-Alive
Cookie: company=ShopNC
```

这里我们可以发现，与第一次访问时相比，多了一行数据 Cookie: company=ShopNC，这说明当我们访问服务器端时，相对应的存放在客户端的有效 Cookie 会随标头信息一起发送给服务器：

```
HTTP/1.1 200 OK
Date: Fri, 11 Mar 2011 06:04:10 GMT
Server: Apache/2.2.6 (Win32) PHP/5.2.5
X-Powered-By: PHP/5.2.5
Set-Cookie: company=ShopNC
Content-Length: 0
Keep-Alive: timeout=5, max=100
Connection: Keep-Alive
Content-Type: text/html
```

因为 Cookie 是随标头一起发送的，所以当我们设置 Cookie 后，它在本页是不会生效的，我们需要在另一个页面来访问其值，比如可以使用 print_r($_COOKIE)来查看 Cookie 值。

关于 Cookie 的删除，如果为 Cookie 指定了过期时间，Cookie 会在过期时间以后自动销毁，但有时用户希望能手动删除 Cookie，删除 Cookie 非常简单，只需要创建一个同名的 Cookie，将其他设置为空即可。

如下面的代码：

```
<?php
setcookie("TestCookie", "");
?>
```

当然我们可以为 Cookie 设置一个新值，它的过期日期是在过去，这样客户机意识到这个 Cookie 已经过期，会让程序把它清理掉，代码如下：

```
setcookie("TestCookie", "", time()-3600)
```

11.3.4　PHP 中怎样获取 Cookie

在 PHP 服务器端，利用$_COOKIE 数组可以获取浏览器 Cookie 数据。

下面这段代码讲述了 PHP 中 Cookie 的使用：

```
//设定 cookie
setcookie("cookie['three']", "cookiethree", time()+3600);
setcookie("cookie['two']", "cookietwo", time()+3600);
setcookie("cookie['one']", "cookieone", time()+3600);
//读取 Cookie
if(isset($_COOKIE['cookie']))
{
    echo $_COOKIE['cookie']['\"two\"']."<br />";
    foreach($_COOKIE['cookie'] as $name=>$value)
    {
        echo "$name : $value <br />\n";
    }
}
```

注意，定义 Cookie 变量的时候，中括号中的变量名是不加引号的。

运行结果如下：

```
'three': cookiethree
'two': cookietwo
'one': cookieone
```

11.4　使用 Session 和 Cookie 时应注意的问题

Cookie 是保存在客户端计算机中的，对于未设置过期时间的 Cookie，Cookie 值会保存在计算机的内存中，只要关闭浏览器，则 Cookie 会自动消失。如果设置了 Cookie 的过期时间，那么浏览器会把 Cookie 以文本文件的形式保存到硬盘中，当再次打开浏览器时，Cookie 值依然有效。

Session 是把用户需要存储的信息保存在服务器端。每个用户的 Session 信息就像是键值对一样存储在服务器端，其中的键就是 sessionid，而值就是用户需要存储的信息。服务器就是通过 sessionid 来区分存储的 Session 信息是哪个用户的。

两者最大的区别就是 Session 存储在服务器端，而 Cookie 存储在客户端。Session 安全性更高，而 Cookie 安全性弱。

使用 Cookie 时，一定要注意浏览器是否支持 Cookie，浏览器的安全级别不宜过高，否则会屏蔽 Cookie。

使用 Cookie 时，在没有打开缓冲区的情况下，调用 setcookie 函数之前不能有任何输出，哪怕是空行也不可以，否则会出现类似“Warning: Cannot modify header information - headers already sent by ...”的警告信息。

虽然会话能够用来帮助用户在 Web 应用程序的各个部分之间导航，但其中常常包括一些敏感的信息，如银行账号、积分、余额、操作记录等重要信息，所以会话很容易成为攻击的目标，所以我们使用会话时，一定要注意以下两点：

- 一定要开启 session.use_only_cookies，如果开启，PHP 会拒绝基本 URL 的会话 ID。
- 在会话数据中放置一个标识变量，来区分是合法的还是伪造的。

我们可以调用 session_regenerate_id 函数，分配一个新的会话 ID，示例如下：

```
<?php
session_start();
if(!isset($_SESSION['is_create'])) {
    session_regenerate_id();
    $_SESSION['is_create'] = TRUE;
}
?>
```

11.5 综合练习

PHP 中 Session 和 Cookie 的使用

(1) 训练要点：PHP 会话中 Session 和 Cookie 的使用。

(2) 需求说明：

- 创建一个 Session，名称为 demo，并对$_SESSION[‘demo’]赋值，然后输出 Session 的值，最后清空 Session。
- 创建一个 Cookie，并赋值，24 小时以后过期。

(3) 实现代码。

① 关键代码 1：

```
<?php
session_start();                        //开启一个新会话
$_SESSION['demo'] = 'ShopNC';    //在 Session 中存储数据
echo $_SESSION['demo'];           //输出 Session 中存储中的数据
session_unset();                        //清除 Session
session_destroy();
```

```
echo '<br />';
print_r($_SESSION);
?>
```

② 关键代码 2：

```
<?php
setcookie("TestCookie", 'ShopNC', time()+3600*24);
?>
```

11.6 小　　结

本章主要介绍了 Session 和 Cookie 的不同用法和差异对比。会话可以在用户与 Web 应用程序之间进行更强的信息管理，通过使用 Cookie 传输会话。Session 存储于服务器端，可以用来跟踪用户的状态，Cookie 存储于客户端，Session 会话的客户信息通过 Cookie 存储。

第12章

PHP操作MySQL数据库

学前提示

在开发过程中，大量的数据都需要存储在数据库中，因此任何一种编程语言都需要对数据库进行操作。PHP 支持对多种数据库的操作，且提供了相关的数据库连接函数和操作函数。特别是对 MySQL 数据库提供了强大的数据库操作函数，可以非常方便地实现数据的访问、读取等操作。

知识要点

- PHP 访问 MySQL 数据库。
- PHP 操作 MySQL 数据库。

12.1 数据库的访问

PHP 能够成为今后网络编程主流语言的另一个原因就是其访问数据库的强大功能。PHP 本身能支持几乎所有的数据库类型，其中 MySQL 被称为 PHP 的“黄金搭档”。

12.1.1 连接 MySQL 服务器

数据访问的前提是首先要连接到数据库所在的服务器，要建立与 MySQL 服务器的连接，可以使用函数 mysql_connect()。语法形式如下：

```
resource mysql_connect([string server[, string username[,
 string password[, bool new_link[, int client_flags]]]]])
```

该函数建立一个到 MySQL 服务器的连接。当没有提供可选参数时使用以下默认值：server = ‘localhost:3306’，username = 服务器进程所有者的用户名，password = 空密码。如果成功，将返回一个 MySQL 连接标识，失败则返回 FALSE。

【例 12-1】连接 MySQL 数据库服务器：

```
<?php
//连接本地 MySQL 服务器，用户名和密码均为 root
$link = mysql_connect("localhost", "root", "root");
?>
```

如果数据库服务器不可用，或连接数据库的用户名或密码错误，则可能会引发一条 PHP 警告信息，如下所示：

```
Warning: mysql_connect() [function.mysql-connect]: Access denied for user
'root'@'localhost' (using password: YES) in D:\phpdemo\demo.php on line 2
```

在警告信息中，提示使用 root 账号无法连接到数据库服务器，并且该警告并不能停止脚本的继续执行。这样的提示信息会暴露数据库连接的敏感信息，不利于数据库的安全性。因此在数据库连接时，一般在连接语句前使用@屏蔽错误信息的输出，并且加上由 die()函数进行屏蔽的错误处理机制。

【例 12-2】安全地连接 MySQL 数据库服务器：

```
<?php
$link = @mysql_connect("localhost", "root", "root")
  or die("Could not connect: ".mysql_error());
print("Connected successfully");
mysql_close($link);
?>
```

12.1.2 关闭 MySQL 连接

在连接到 MySQL 数据库服务器并完成所有操作后，需要断开与 MySQL 数据库服务器的连接。可以使用函数 mysql_close()。语法形式如下：

```
bool mysql_close([resource link_identifier])
```

如果成功，则返回 TRUE，失败则返回 FALSE。mysql_close()关闭指定的连接标识所关联到的 MySQL 服务器的连接。如果没有指定 link_identifier，则关闭上一个打开的连接。

在上面的例 12-2 中已经使用了函数 mysql_close()，在这里不再举例。

12.1.3　选择 MySQL 数据库

当连接到 MySQL 服务器后，需要在 PHP 脚本中选择需要进行操作的 MySQL 数据库。可以使用函数 mysql_select_db()。语法形式如下：

```
bool mysql_select_db(string database_name[, resource link_identifier])
```

如果成功则返回 TRUE，失败则返回 FALSE。

【例 12-3】连接 MySQL 数据库服务器后选择要访问的数据库：

```
<?php
$link = @mysql_connect("localhost", "root", "root")
  or die("Could not connect: ".mysql_error());
@mysql_select_db("db_demo")
  or die("Could not use db_demo: ".mysql_error());
mysql_close($link);
?>
```

12.1.4　执行 SQL 语句

要执行数据库操作，需要在 PHP 脚本中发送一条 SQL 指令。可以使用 mysql_query()函数。语法形式如下：

```
resource mysql_query(string query[, resource link_identifier])
```

其中参数 query 是要执行的 SQL 语句，如果没有指定 link_identifier，则使用上一个打开的连接。

注意，这里的 SQL 语句结尾不再添加分号“;”。

如果 SQL 语句是 SELECT、SHOW、EXPLAIN 或 DESCRIBE，则返回一个资源标识符，如果查询执行不正确，则返回 FALSE。对于其他类型的 SQL 语句，mysql_query()在执行成功时，返回 TRUE，出错时返回 FALSE。

【例 12-4】执行 SQL 语句：

```
<?php
$link = @mysql_connect("localhost", "root", "root")
  or die("Could not connect: ".mysql_error());
@mysql_select_db("db_demo") or die("Could not use demo: ".mysql_error());

// 执行 Insert 操作
$sql = "insert into tb_user(name, gender, email)
  values('jack', 'M', 'jack@126.com')";
$result = mysql_query($sql, $link);     //$result 为 boolean 类型
```

```
if($result) {
    echo "Inserted ok!<br/>";
} else {
    echo "Inserted fail!<br/>";
}
// 执行 Update 操作
$sql = "update tb_user set name='rose' where name='jack'";
$result = mysql_query($sql, $link);
if($result) {
    echo "Updated ok!<br/>";
} else {
    echo "Updated fail!<br/>";
}
// 执行 Select 查询操作
$sql = "select * from tb_user";
$result = mysql_query($sql, $link);
  //如果查询成功，$result 为资源类型，保存查询结果集

mysql_close($link);
?>
```

12.1.5 处理查询结果集

在成功执行 SELECT、SHOW、EXPLAIN 或 DESCRIBE 语句后，mysql_query()函数总会返回一个结果集。

1. 获取查询结果集的行数——mysql_num_rows()函数

语法形式如下：

```
int mysql_num_rows(resource result)
```

返回结果集中行的数目。此命令仅对 Select 语句有效。

【例 12-5】执行查询，获取结果集行数：

```
<?php
$link = @mysql_connect("localhost", "root", "root")
 or die("Could not connect: ".mysql_error());
@mysql_select_db("db_demo")
 or die("Could not use db_demo: ".mysql_error());
$sql = "select * from tb_user";
$result = mysql_query($sql);
echo "返回".mysql_num_rows($result)."条记录<br/>";
  //获取 Select 查询所获取的行数
$sql = "delete from tb_user where name='rose'";
$result = mysql_query($sql);
//获取由 Insert、update、delete 操作所影响的行数，使用 mysql_affected_rows()函数
echo "删除了".mysql_affected_rows($link)."条记录";
mysql_close($link);
?>
```

2. 获取结果集的一条记录作为枚举数组——mysql_fetch_row()函数

执行 Select 查询成功后，会返回一个查询结果集，要从查询结果集中取出数据，可以使用 mysql_fetch_row()函数结合循环逐行取出每条记录。

语法形式如下：

```
array mysql_fetch_row(resource result)
```

从结果集中取得一行数据并作为数组返回。依次调用 mysql_fetch_row()将返回结果集中到下一行，如果没有更多行，则返回 FALSE。

【例 12-6】执行查询并逐行获取结果集记录：

```
<?php
$link = @mysql_connect("localhost", "root", "root")
  or die("Could not connect: ".mysql_error());
@mysql_select_db("db_demo")
  or die("Could not use db_demo: ".mysql_error());
mysql_query("set names utf8");      //设置 MySQL 的字符集，以屏蔽乱码
$sql = "select * from tb_user";
$result = mysql_query($sql);
?>
<table width="370" border="1" cellspacing="0" cellpadding="0">
   <tr><th>id</th><th>姓名</th><th>性别</th><th>邮箱</th></tr>
<?php
while($row = mysql_fetch_row($result)) {//逐行获取结果集中的记录并显示在表格中
?>
   <tr>
       <td><?php echo $row[0] ?></td>            <!-- 显示第一列 -->
       <td><?php echo $row[1] ?></td>            <!-- 显示第二列 -->
       <td><?php echo $row[2] ?></td>            <!-- 显示第三列 -->
       <td><?php echo $row[3] ?></td>            <!-- 显示第四列 -->
   </tr>
<?php
}
mysql_close($link);
?>
</table>
```

运行结果的输出如图 12-1 所示。

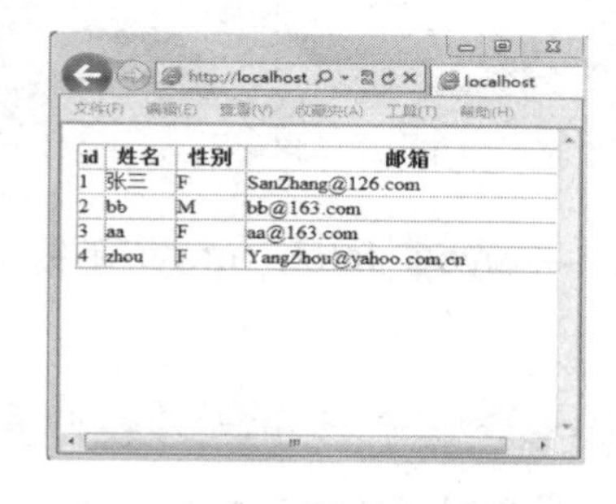

图 12-1　显示查询结果

3. 获取结果集的一条记录作为关联数——mysql_fetch_assoc()函数

语法形式如下：

```
array mysql_fetch_assoc(resource result)
```

本函数与 mysql_fetch_row()的不同之处就是返回的每一条记录都是关联数组。注意，该函数返回的字段名是区分大小写的。

【例 12-7】逐行显示查询结果记录(1)：

```
<?php
while($row = mysql_fetch_assoc($result)) {  //逐行获取结果集中的记录
?>
    <tr>
    <td><?php echo $row["id"] ?></td>      <!-- 获取当前行的 id 字段值 -->
    <td><?php echo $row["name"] ?></td>    <!-- 获取当前行的 name 字段值 -->
    <td><?php echo $row["gender"] ?></td> <!-- 获取当前行的 gender 字段值 -->
    <td><?php echo $row["email"] ?></td>  <!-- 获取当前行的 email 字段值 -->
    </tr>
<?php
}
?>
```

4. 获取结果集的一条记录作为对象——mysql_fetch_object()函数

语法形式如下：

```
object mysql_fetch_object(resource result)
```

返回根据所取得的行生成的对象，如果没有更多行，则返回 FALSE。

【例 12-8】逐行显示查询结果记录(2)：

```
<?php
while($row = mysql_fetch_object($result)) {     //逐行获取结果集中的记录
?>
    <tr>
    <td><?php echo $row->id ?></td> <!--字段名是对象的属性，通过属性获取字段值-->
    <td><?php echo $row->name ?></td>
    <td><?php echo $row->gender ?></td>
    <td><?php echo $row->email ?></td>
    </tr>
<?php
}
?>
```

5. 获取结果集的一条记录——mysql_fetch_array()函数

语法形式如下：

```
array mysql_fetch_array(resource result[, int result_type])
```

从结果集中取得一行作为关联数组，或数字数组，或二者兼有，如果没有更多行，则返回 FALSE。可选的第 2 个参数 result_type 是一个常量，可以接受以下值：MYSQL_ASSOC(关联数组)，MYSQL_NUM(数字数组)和 MYSQL_BOTH(二者兼有)，本参数的默认值是 MYSQL_BOTH。

【例 12-9】逐行显示查询结果记录(3)：

```
<?php
while($row = mysql_fetch_array($result)) {        //逐行获取结果集中的记录
?>
    <tr>
    <td><?php echo $row["id"] ?></td>             //使用字段名做索引显示字段值
    <td><?php echo $row[1] ?></td>                //使用数字做索引显示字段值
    <td><?php echo $row["gender"] ?></td>
    <td><?php echo $row[3] ?></td>
    </tr>
<?php
}
?>
```

12.1.6　SQL 语句的基本使用

本节主要介绍 MySQL 语句的使用。

1. 单个表查询

(1) 训练要点：在 MySQL 中创建数据库、创建表、插入表内容、删除表内容。

(2) 需求说明：

- 使用 SQL 命令创建数据库 shop，编码为 utf-8。
- 在 shop 数据库中使用 SQL 命令创建数据表 shopnc_product。
- 向表 product 以 SQL 命令方式插入 5 条测试数据。
- 使用复制表命令复制 shopnc_product 表的结构和内容。
- 使用 SQL 命令删除表 shopnc_product。

(3) 表 shopnc_product 结构如下：

```
mysql> DESCRIBE shopnc_product;
+---------------+--------------+------+-----+---------+----------------+
| Field         | Type         | Null | Key | Default | Extra          |
+---------------+--------------+------+-----+---------+----------------+
| id            | int(11)      | NO   | PRI | NULL    | auto_increment |
| product_name  | varchar(30)  | YES  |     | NULL    |                |
| product_num   | int(11)      | YES  |     | NULL    |                |
| product_price | decimal(8,2) | YES  |     | NULL    |                |
| product_pic   | varchar(50)  | YES  |     | NULL    |                |
+---------------+--------------+------+-----+---------+----------------+
5 rows in set (0.02 sec)
```

(4) 实现关键命令：

```
mysql> CREATE DATABASE shop;
```

```
    Query OK, 1 row affected (0.05 sec)
mysql> USE shop;
    Database changed
mysql> CREATE TABLE `shopnc_product` (
    `id` int(11) NOT NULL auto_increment,
    `product_name` varchar(30) default NULL,
    `product_num` int(11) default NULL,
    `product_price` decimal(8,2) default NULL,
    `product_pic` varchar(50) default NULL,
    PRIMARY KEY  (`id`)
    ) ENGINE=MyISAM DEFAULT CHARSET=utf8 CHECKSUM=1 DELAY_KEY_WRITE=1
    ROW_FOR
    MAT=DYNAMIC COMMENT='product';
    Query OK, 0 rows affected (0.08 sec)
```

(5) 查看刚刚创建的商品表：

```
mysql> SHOW TABLES;
+-----------------+
| Tables_in_shop |
+-----------------+
| shopnc_product |
+-----------------+
1 row in set (0.00 sec)
```

如果想进一步查看表结构，可使用 DESCRIBE 命令：

```
mysql> DESCRIBE shopnc_product;
+---------------+--------------+------+-----+---------+----------------+
| Field         | Type         | Null | Key | Default | Extra          |
+---------------+--------------+------+-----+---------+----------------+
| id            | int(11)      | NO   | PRI | NULL    | auto_increment |
| product_name  | varchar(30)  | YES  |     | NULL    |                |
| product_num   | int(11)      | YES  |     | NULL    |                |
| product_price | decimal(8,2) | YES  |     | NULL    |                |
| product_pic   | varchar(50)  | YES  |     | NULL    |                |
+---------------+--------------+------+-----+---------+----------------+
5 rows in set (0.02 sec)
```

(6) 向 shopnc_product 商品表中插入数据：

```
mysql> INSERT INTO shopnc_product(product_name,product_num,
    product_price) VALUES('thinkpad T410',100,7000.00);
    Query OK, 1 row affected (0.09 sec)
```

(7) 查看是否插入成功：

```
mysql> SELECT * FROM `shopnc_product`;
+----+---------------+-------------+---------------+-------------+
| id | product_name  | product_num | product_price | product_pic |
+----+---------------+-------------+---------------+-------------+
|  1 | thinkpad T410 |         100 |       7000.00 | NULL        |
+----+---------------+-------------+---------------+-------------+
1 row in set (0.00 sec)
```

(8) 复制表结构与内容：

```
mysql> CREATE TABLE new_table1 SELECT * FROM `shopnc_product`;
   Query OK, 0 rows affected (0.06 sec)
   Records: 1  Duplicates: 0  Warnings: 0
```

查看新复制的表结构：

```
mysql> DESCRIBE new_table1;
+--------------+-------------+------+-----+---------+-------+
| Field        | Type        | Null | Key | Default | Extra |
+--------------+-------------+------+-----+---------+-------+
| id           | int(11)     | NO   |     | 0       |       |
| product_name | varchar(30) | YES  |     | NULL    |       |
| product_num  | int(11)     | YES  |     | NULL    |       |
| product_price| decimal(8,2)| YES  |     | NULL    |       |
| product_pic  | varchar(50) | YES  |     | NULL    |       |
+--------------+-------------+------+-----+---------+-------+
5 rows in set (0.00 sec)
```

可以看出复制成功了。

这里需要注意的是，使用 Select 方式复制是不能复制键(Key)的。

(9) 删除表：

```
mysql> DROP TABLE shopnc_product;
   Query OK, 1 rows affected (0.02 sec)
```

2. 多表查询

(1) 训练要点：内连接、外连接、交叉连接的练习以及子查询的使用。

(2) 任务需求：

- 使用内连接查询商品名称和会员名称。
- 使用左连接查询商品名称和会员名称。
- 使用右连接查询商品名称和会员名称。
- 使用交叉连接查询商品名称和会员名称。
- 使用子查询查找会员表中已存在会员发布的商品名称。

(3) 商品表和会员表通过 user_id 字段实现关联，两个表的结构和内容如下：

```
mysql> SHOW FIELDS FROM shopnc_product;
+---------------+---------------+------+-----+---------+----------------+
| Field         | Type          | Null | Key | Default | Extra          |
+---------------+---------------+------+-----+---------+----------------+
| id            | int(11)       | NO   | PRI | NULL    | auto_increment |
| product_name  | varchar(30)   | YES  |     | NULL    |                |
| product_num   | mediumint(11) | YES  |     | NULL    |                |
| product_price | decimal(8,2)  | YES  |     | NULL    |                |
| product_pic   | varchar(50)   | YES  |     | NULL    |                |
| user_id       | int(11)       | YES  |     | NULL    |                |
+---------------+---------------+------+-----+---------+----------------+
6 rows in set (0.00 sec)
```

```
mysql> SHOW FIELDS FROM shopnc_user;
+-----------+-------------+------+-----+---------+----------------+
| Field     | Type        | Null | Key | Default | Extra          |
+-----------+-------------+------+-----+---------+----------------+
| user_id   | int(11)     | NO   | PRI | NULL    | auto_increment |
| user_name | varchar(30) | YES  |     | NULL    |                |
+-----------+-------------+------+-----+---------+----------------+
2 rows in set (0.02 sec)
mysql> SELECT * FROM shopnc_product;
+----+---------------+-------------+---------------+-------------+------+
| id | product_name  | product_num | product_price | product_pic |user_id|
+----+---------------+-------------+---------------+-------------+------+
|  1 | thinkpad T410 |         100 |       7000.00 | NULL        |     1 |
|  2 | thinkpad T400 |          50 |       6500.00 | NULL        |     3 |
+----+---------------+-------------+---------------+-------------+------+
2 rows in set (0.00 sec)

mysql> select * from shopnc_user;
+---------+-----------+
| user_id | user_name |
+---------+-----------+
|       1 | user1     |
|       2 | user2     |
+---------+-----------+
2 rows in set (0.00 sec)
```

(4) 实现关键命令 1，使用内连接查询商品名称和会员名称：

```
mysql> SELECT product_name,user_name FROM shopnc_product
   INNER JOIN shopnc_user ON
   shopnc_product.user_id=shopnc_user.user_id;
+---------------+-----------+
| product_name  | user_name |
+---------------+-----------+
| thinkpad T410 | user1     |
+---------------+-----------+
1 row in set (0.03 sec)
```

(5) 实现关键命令 2，使用左连接查询商品名称和会员名称：

```
mysql> SELECT product_name,user_name FROM shopnc_product
   LEFT JOIN shopnc_user ON
   shopnc_product.user_id = shopnc_user.user_id;
+---------------+-----------+
| product_name  | user_name |
+---------------+-----------+
| thinkpad T410 | user1     |
| thinkpad T400 | NULL      |
+---------------+-----------+
2 rows in set (0.00 sec)
```

(6)　实现关键命令 3，使用右连接查询商品名称和会员名称：

```
mysql> SELECT product_name,user_name FROM shopnc_product
   RIGHT JOIN shopnc_user ON
   shopnc_product.user_id = shopnc_user.user_id;
+---------------+-----------+
| product_name  | user_name |
+---------------+-----------+
| thinkpad T410 | user1     |
| NULL          | user2     |
+---------------+-----------+
2 rows in set (0.00 sec)
```

(7)　实现关键命令 4，使用交叉连接查询商品名称和会员名称：

```
mysql> SELECT product_name,user_name FROM shopnc_product,shopnc_user;
+---------------+-----------+
| product_name  | user_name |
+---------------+-----------+
| thinkpad T410 | user1     |
| thinkpad T400 | user1     |
| thinkpad T410 | user2     |
| thinkpad T400 | user2     |
+---------------+-----------+
4 rows in set (0.00 sec)
```

(8)　实现关键命令 5，使用子查询查找会员表中已存在会员发布的商品名称：

```
mysql> SELECT product_name FROM shopnc_product where user_id IN(
   SELECT user_id FROM shopnc_user);
+---------------+
| product_name  |
+---------------+
| thinkpad T410 |
+---------------+
1 row in set (0.03 sec)
```

12.1.7　MySQL 用户的创建与授权

我们使用 MySQL 数据库时，只有具备管理员的权限才能操作数据库，那么如何授权呢？下面通过两个小例子来演示一下具体步骤。

1. 使用 phpMyAdmin 对 MySQL 的用户进行管理及对用户权限进行分配

(1)　需求说明：使用 phpMyAdmin 创建一个用户 jack，密码为 111111，jack 只对 phpdemo 这个数据库拥有查询权限(Select)，jack 用户可以从任意主机登录。

(2)　实现过程及主要截图：下面的演示过程均以 phpMyAdmin 2.9.1.1 版本为例(以拥有权限分配操作的用户身份登录数据库，本例中以 root 身份登录)。

①　添加新用户，输入相关信息，如图 12-2 所示。

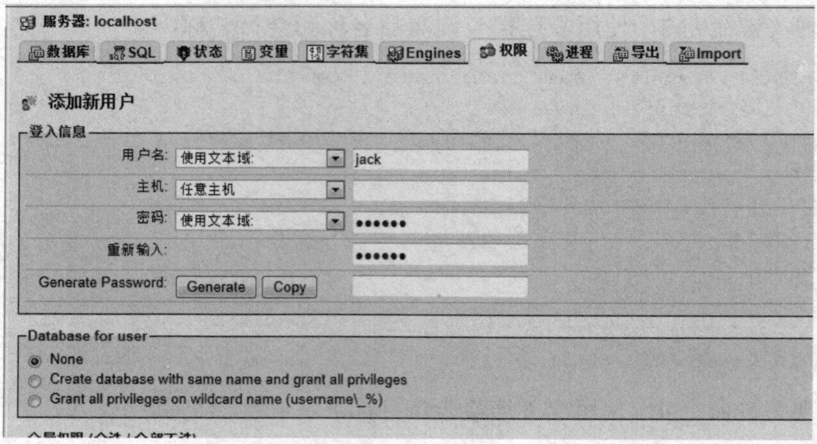

服务器: localhost

数据库 | SQL | 状态 | 变量 | 字符集 | Engines | 权限 | 进程 | 导出 | Import

添加新用户

登入信息

用户名: 使用文本域: jack

主机: 任意主机

密码: 使用文本域: ••••••

重新输入: ••••••

Generate Password: Generate Copy

Database for user

None

Create database with same name and grant all privileges

Grant all privileges on wildcard name (username_%)

图 12-2　增加用户

任意主机为空表示可以从任意地址的主机登录数据库。

② Database for user 选择 None，下面的权限部分不做任何选择，然后执行即可。系统会自动生成 SQL 语句：

```
CREATE USER 'jack'@ '%' IDENTIFIED BY '******';
GRANT USAGE ON * . * TO 'jack'@ '%' IDENTIFIED BY '******' WITH
MAX_QUERIES_PER_HOUR 0 MAX_CONNECTIONS_PER_HOUR 0 MAX_UPDATES_PER_HOUR 0
MAX_USER_CONNECTIONS 0;
```

③ 查看用户列表，新建用户已成功。

2. 更改 jack 用户的权限

更改后的 jack 用户对系统内置的 test 数据拥有 Create、Drop、Select、Delete、Update、Insert 权限，如图 12-3 所示。

图 12-3　用户列表

(1) 编辑 jack 用户的权限，在指定数据库权限位置选择 phpdemo 数据库，然后执行，如图 12-4 所示。

(2) 选中 SELECT 权限，然后执行，如图 12-5 所示。

(3) 上面是针对 phpdemo 数据库中的所有表设置 SELECT 权限。如果对某个表设置权限，可以在“按表指定权限”区域进行设置，如图 12-6 所示。

(4) 退出 root 身份，以 jack 用户身份登录 phpMyAdmin，登录后数据库列表如图 12-7 所示。

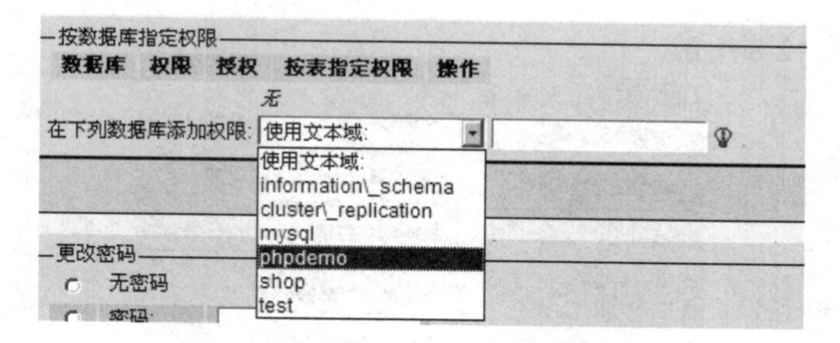

图 12-4　按数据库指定权限

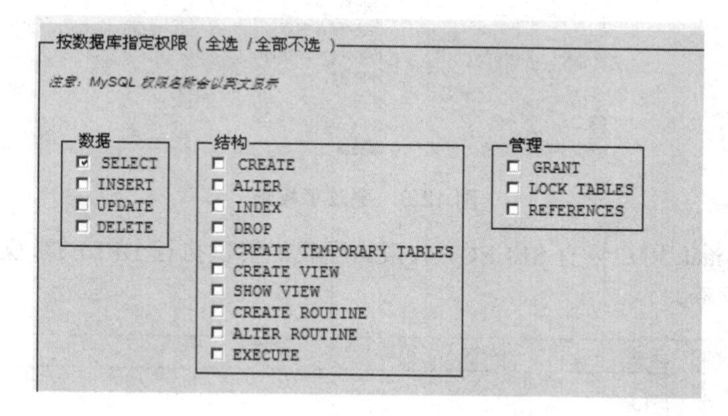

图 12-5　选择 SELECT 权限

图 12-6　按表指定权限

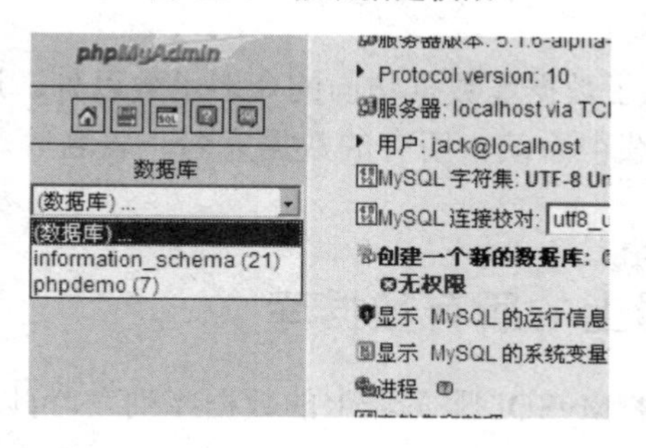

图 12-7　登录后的数据库列表

其中 information_schema 是系统自带的数据库，如果需要隐藏该数据库，将配置文件中的：

```
$cfg['Servers'][$i]['hide_db'] = '';
```

修改成下面的内容即可：

```
$cfg['Servers'][$i]['hide_db'] = 'information_schema';
```

最后结果如图 12-8 所示。

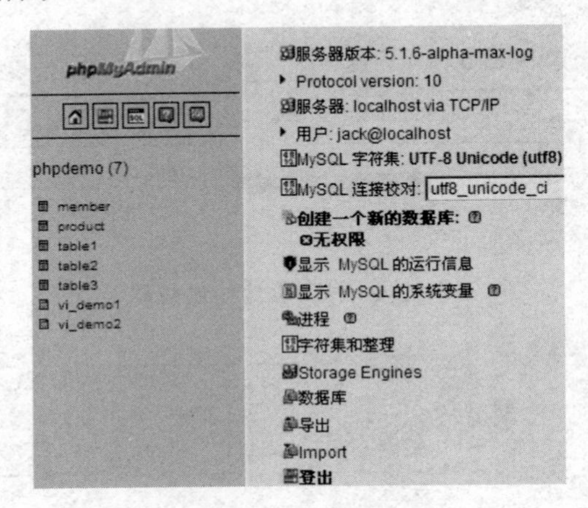

图 12-8　更改了权限

注意：由于 jack 用户只有 SELECT 权限。当我们尝试执行 DELETE 操作时，会发生错误，如图 12-9 所示。

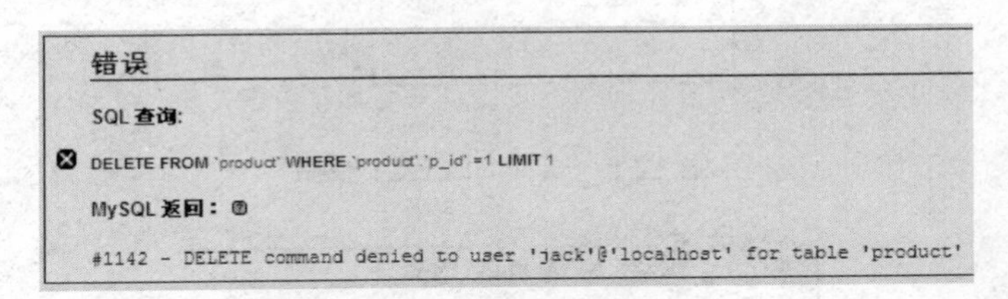

图 12-9　错误信息

12.2　数据库的操作

在 PHP 中，除了提供了数据库数据访问的众多函数以外，还提供了获得 MySQL 数据库信息的一些函数，比如获得系统中所有的数据库名、表名等。下面将具体介绍这些函数的使用方法。

12.2.1　获取服务器上的所有数据库

如果需要获取所连接的 MySQL 服务器上的数据库列表，可以使用 mysql_list_dbs()函数。语法形式如下：

```
resource mysql_list_dbs([resource link_identifier])
```

本函数将返回一个结果指针，包含了当前 MySQL 进程中所有可用的数据库。

【例 12-10】获取当前 MySQL 服务器上的所有数据库：

```
<?php
$link = @mysql_connect("localhost", "root", "root")
  or die("Could not connect: ".mysql_error());
```

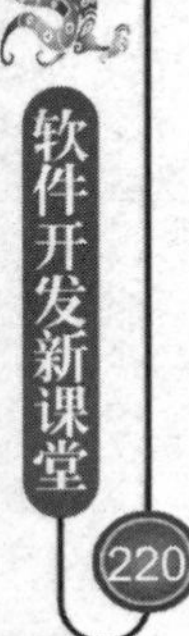

```
$db_list = mysql_list_dbs($link);       // 获取已连接服务器上所有数据库

while ($row = mysql_fetch_object($db_list)) {
   echo $row->Database."<br/>";         // 显示数据库的名字
}
?>
```

使用该函数获取的结果集，与在 MySQL 命令行使用“show databases;”命令的结果是一样的。

12.2.2　获取数据库内的表

如果需要获取某个数据库中的所有表，可以使用 mysql_list_tables()函数。

语法形式如下：

```
resource mysql_list_tables(string database[, resource link_identifier])
```

本函数接收一个数据库名，然后返回一个结果指针，包含了指定数据库下所有可用的数据表。

【例 12-11】获取 db_demo 数据库内的所有表：

```
<?php
$link = @mysql_connect("localhost", "root", "root")
 or die("Could not connect: ".mysql_error());
$table_list = mysql_list_tables("db_demo");//获取数据库 db_demo 内的所有数据表

while ($row = mysql_fetch_array($table_list)) {
   echo $row[0]."<br/>";                       // 显示表的名字
}
?>
```

该函数获取的结果集与在 MySQL 命令行使用“show tables;”命令的结果是一样的。

12.2.3　获取数据表的字段信息

在开发过程中，如果需要获取数据表的列的信息，如列的个数、名称、长度、类型等，可以分别使用 mysql_num_fields()函数、mysql_field_name()函数、mysql_field_len()函数、mysql_field_type()函数等。语法形式如下：

```
int mysql_num_fields(resource result)            // 获取结果集中字段的数目
string mysql_field_name(resource result, int field_index)
 //获取结果中指定字段的字段名
int mysql_field_len(resource result, int field_offset) //获取指定字段的长度
string mysql_field_type(resource result, int field_offset)
 //获取结果集中指定字段的类型
```

【例 12-12】获取数据表 tb_user 列的相关信息：

```
<?php
$link = @mysql_connect("localhost", "root", "")
 or die("Could not connect: ".mysql_error());
```

```
@mysql_select_db("db_demo")
  or die("Could not use db_demo: ".mysql_error());
mysql_query("set names utf8");
$sql = "select * from tb_user";
$result = @mysql_query($sql) or die("Execued fail: ".mysql_error());
$fcount = mysql_num_fields($result) ;       // 获取列的个数
?>
<table width="370" border="1" cellspacing="0" cellpadding="0">
    <tr><th>列名</th><th>类型</th><th>长度</th>
<?php
for($i=0; $i<$fcount; $i++) {
?>
    <tr>
        <td><?php echo mysql_field_name($result, $i)  ?></td>
        <td><?php echo mysql_field_type($result, $i)  ?></td>
        <td><?php echo mysql_field_len($result, $i)  ?></td>
    </tr>
<?php
}
mysql_close($link);
?>
</table>
```

运行结果的输出如图 12-10 所示。

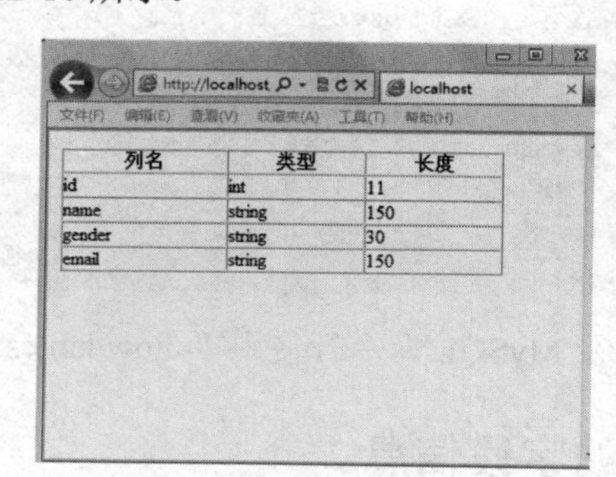

图 12-10　取得表结构信息

12.2.4　获取错误信息

如果要获取上一个 MySQL 操作产生的文本错误信息，可以使用 mysql_error()函数。语法形式如下：

```
string mysql_error([resource link_identifier])
```

返回上一个 MySQL 函数的错误文本，如果没有出错，则返回''(空字符串)。注意本函数仅返回最近一次 MySQL 函数的执行错误信息。

12.2.5　两个小应用

上面介绍了 PHP 中提供的关于 MySQL 的几个函数，接下来通过两个具体应用让读者

切身感受一下 PHP 和 MySQL 这对“黄金组合”的强大之处。

1. 使用 PHP 的 MySQL 扩展操作 MySQL 数据库

(1) 训练要点：PHP 中 MySQL 扩展的使用和数组的使用。

(2) 需求说明：取得 MySQL 数据库中某个表的信息，这里以取得 phpdemo 数据库中 product 表的内容为例。

(3) 实现关键代码如下：

```
<html>
<meta http-equiv="Content-Type" content="text/html; charset=utf-8" />
<body>
<?php
//连接 MySQL 服务器
mysql_connect('localhost', 'root', 'root') or exit(mysql_error());

//选择数据库
@mysql_select_db('phpdemo') or exit(mysql_error());

//设置校对编码
mysql_query('set names utf8');

//发送查询命令
$rs = mysql_query('select * from product');

//将查询结果循环输出
while($row = mysql_fetch_array($rs)) {
    echo ' p_id: ',$row['p_id'],', ';
    echo ' p_name: ',$row['p_name'],', ';
    echo ' p_price: ',$row['p_price'],', ';
    echo ' p_num: ',$row['p_num'],', ';
    echo ' member_id: ',$row['member_id'],', ';
    echo '<hr/>';
}
?>
</body>
</html>
```

2. 实现 PHP 动态网页与 MySQL 数据库的简单交互

(1) 训练要点：PHP 中 MySQL 扩展的使用。

(2) 需求说明：制作一个简单的留言功能，可以发送留言，也可以对发布的留言进行删除。

(3) 实现关键代码。

首先创建留言表，表结构如下：

```
mysql> desc guestbook;
+---------+------------+------+-----+---------+----------------+
| Field   | Type       | Null | Key | Default | Extra          |
+---------+------------+------+-----+---------+----------------+
```

```
| id      | int(11)     | NO   | PRI | NULL    | auto_increment |
| title   | varchar(50) | YES  |     | NULL    |                |
| content | text        | YES  |     | NULL    |                |
+---------+-------------+------+-----+---------+----------------+
3 rows in set (0.06 sec)
```

网页代码如下：

```
<html>
<meta http-equiv="Content-Type" content="text/html; charset=utf-8" />
<body style="font-size:12px">
<?php

//设置错误提示级别
error_reporting(E_ALL & ~E_NOTICE);

//连接数据库
mysql_connect('localhost', 'root', 'root') or exit(mysql_error());
@mysql_select_db('phpdemo') or exit(mysql_error());
mysql_query('set names utf8');

//保存留言
if (!empty($_POST['submit'])) {
    mysql_query("insert into guestbook set title='{$_POST['title']}',
      content='{$_POST['content']}'");
}

//删除留言
if(isset($_GET['action']) && isset($_GET['id'])) {
    mysql_query("delete from guestbook where id={$_GET['id']}");
}

//查询留言
$rs = mysql_query('select * from guestbook');

//将查询结果循环输出
while($row = mysql_fetch_array($rs)) {
?>
    标题：<?php echo $row['title'];?>
    <br/>
    内容：<?php echo $row['content'];?>
    <br/>
    <a href="file.php?action=delete&id=<?php echo $row['id'];?>">删除</a>
    <hr/>
<?php
}
?>
<form method="POST" action="file.php">
发表留言：
<br/>
标题：<input type="text" value="" name="title">
```

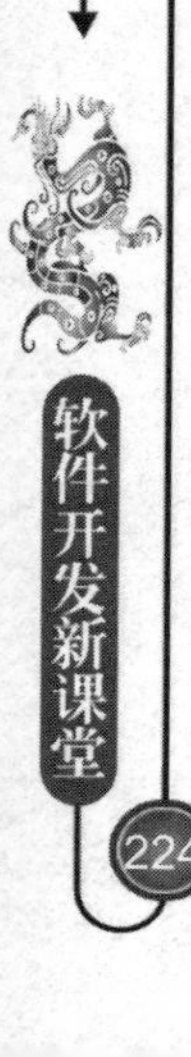

```
<br/>
内容：<textarea cols="20" rows="4" name="content"></textarea>
<br/>
<input value="提交" name="submit" type="submit">
</form>
</body>
</html>
```

12.3　PHP 操作 MySQL 数据库

在 Web 开发过程中，PHP 操作 MySQL 数据库是核心部分。在操作过程中，一般由用户在浏览器上通过表单对数据库中的数据进行操作，如添加数据、更新数据、显示数据等。在本节中通过 PHP 和 MySQL 数据库实现一个留言板的简单管理，主要实现留言的发表、修改、删除和显示。

12.3.1　添加留言信息

首先，设计留言信息表 tb_message，如表 12-1 所示。该表中只包括基本信息，用户可根据需求加以删减。

表 12-1　留言信息表 tb_message

字段名称	字段含义	备　注
id	留言序号	自增长，主键
title	留言标题	
content	留言内容	
user	留言人	
time	留言时间	
pass	修改，删除留言时密码	

确定表结构后，可以利用 phpMyAdmin 工具在 db_demo 数据库中创建表 tb_message，如图 12-11 所示。

图 12-11　用 phpMyAdmin 创建表

创建完数据表，创建一个发表留言页面 writemessage.php，该页面主体内容为一个表单，让用户可以输入相关的留言信息，还有一个提交按钮、一个充值按钮。设置表单 action 的值为 writemessage_action.php。

【例 12-13】用户发表留言表单页面 writemessage.php 的表单部分代码如下：

```
<div id="writeContent">
<form action="wirtemessage_action.php" method="post" name="writeform">
<table width="550" border="0" align="center" cellpadding="10"
  cellspacing="0">
<tr class="firstTr">
<td colspan="2"><strong>发布留言</strong> : </td>
</tr>
<tr>
<td align="right">留言人: </td>
<td>
<input name="user" type="text" id="user" />
</td>
</tr>
<tr>
<td align="right">标题 : </td>
<td>
<input name="title" type="text" id="title" size="50" />
</td>
</tr>
<tr>
<td align="right">内容 : </td>
<td>
<textarea name="content" cols="50" rows="5" id="content"></textarea>
</td>
</tr>
<tr>
<td align="right">密码: </td>
<td>
<input type="text" name="pass" id="pass" />(当编辑或删除留言时需要此密码)
</td>
</tr>
<tr>
<td> </td>
<td>
<input class="bStyleCommon loginB" type="submit" name="submitb"
id="submitb" value="提交" />
<input class="bStyleCommon loginB" type="reset" name="button2" id="button2"
value="取消" />
</td>
</tr>
</table>
</form>
</div>
```

运行结果如图 12-12 所示。

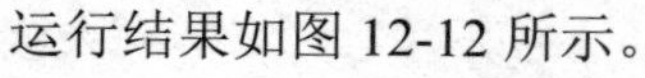

图 12-12　发表留言页面

表单提交页面 writemessage_action.php 通过 POST 方法获取表单传递过来的信息，然后连接 MySQL 数据库服务器，连接数据库，通过 Insert 语句将表单信息添加到数据表，添加成功将弹出提示信息，页面定位到 index.php。

【例 12-14】用户发表留言表单提交页面 writemessage_action.php，代码如下：

```
<?php
header("Content-type:text/html; charset=utf-8"); //指定编码
if(isset($_POST['submitb'])) {                   //判断是否有表单提交
    // 连接数据库部分
    $link = @mysql_connect("localhost", "root", "")
      or die("Could not connect: ".mysql_error());
    @mysql_select_db("db_demo")
      or die("Could not use db_demo: ".mysql_error());
    mysql_query("set names utf8");
    //获取表单数据
    $username = $_POST['user'];
    $title = $_POST['title'];
    $content = $_POST['content'];
    $password = $_POST['pass'];
    $sql = "insert into tb_message values(null, '$title', '$content',
      '$username', '$password', default)";
    $result = mysql_query($sql);
    mysql_close($link);
    echo '<script type="text/javascript">alert("留言发表成功!");</script>';
}

//页面跳转回首页
echo '<script type="text/javascript">window.location.href="../index.php"
      </script>';
?>
```

如果留言发表成功，将会弹出如图 12-13 所示的对话框。

图 12-13　留言发表成功的提示

12.3.2　分页显示留言信息

在实现了添加留言信息后，便可以对留言信息执行查询操作了。当留言内容很多时，需要使用分页显示。

【例 12-15】分页显示留言 index.php，代码如下：

```
<body id="cssSignature">
<div id="container">
    <div id="header"><img src="image/logo.jpg" class="floatLeft" /></div>
    <?php
    // 连接数据库部分
    $link = @mysql_connect("localhost", "root", "")
      or die("Could not connect: ".mysql_error());
    @mysql_select_db("db_demo")
      or die("Could not use db_demo: ".mysql_error());
    mysql_query("set names utf8");
    // 查询记录总数
    $sql = "select count(*) from tb_message";
    $result = mysql_query($sql);
    $row = mysql_fetch_row($result);
   ?>
   <div id="count">
    <div class="count1">共有<b><?php echo $rowcount=$row[0]; ?></b>条留言
    </div>
   <div class="count2"><a href="writemessage.php">发表留言</a></div>
   </div>
   <div class="clear"></div>
   <div id="content">
     <table width="100%" border="0" cellspacing="0" cellpadding="0">
       <tr  class="firstLine">
         <td width="4%"> </td>
         <td width="16%"><strong>留言人</strong></td>
         <td width="44%"><strong>标题</strong></td>
         <td width="18%"><strong>时间</strong></td>
      </tr>
        <?php
        $page = 1;     // 当前页
        if(isset($_GET[page]) && is_numeric($_GET[page])){//获取要显示的页码
            $page = $_GET[page];
```

```
        }
        $pagesize = 5; // 每页长度
        $offset = ($page - 1) * $pagesize; // 计算得到跳过行数
        $pagecount = ceil($rowcount / $pagesize); // 计算总页数
        $sql =
        "select * from tb_message order by time desc limit $offset, $pagesize";
        $result = mysql_query($sql);
        $num = 0;  // 计数器
        while($row = mysql_fetch_array($result)) {
         ?>
        <tr class="contentLine">
        <td align="center"><?php echo ++$num; ?></td>
        <td><?php echo $row['username']; ?></td>
        <!-- 当单击标题时跳转到 show.php，通过?传递当前留言的 id,
         以便 show.php 显示该条留言的详细内容 -->
        <td><a href="show.php?mid=<?php echo $row['id'] ?>">
            <?php echo $row['title']; ?></a></td>>
        <td><?php echo $row['time']; ?></td>
      </tr>
     <?php  }   ?>
  <!-- 实现分页功能部分 -->
    <tr><td colspan="4" align="center">
      <?php echo $page ." / ". $pagecount; ?>  
      <?php if($page == 1) { ?>
      <font color="grey">首页</font>
      <?php } else { ?>
      <a href="index.php?page=1">首页</a>
      <?php } ?>
       
      <?php if($page == 1) { ?>
      <font color="grey">上一页</font>
      <?php } else { ?>
      <a href="index.php?page=<?php echo $page-1 ?>">上一页</a>
      <?php } ?>
       
      <?php if($page == $pagecount) { ?>
      <font color="grey">下一页</font>
      <?php } else { ?>
      <a href="index.php?page=<?php echo $page+1 ?>">下一页</a>
      <?php } ?>
      <?php if($page == $pagecount) { ?>
      <font color="grey">尾页</font>
      <?php } else { ?>
      <a href="index.php?page=<?php echo $pagecount ?>">尾页</a>
      <?php } ?>
     </td></tr>
    </table>
   </div>
  <?php
  mysql_free_result($result);
  mysql_close($link);
```

```
?>
</body>
```

运行结果如图 12-14 所示。

图 12-14　显示所有留言

12.3.3　查询单条留言的详细信息

在 index.php 页面以列表形式分页显示所有留言，但并未显示留言内容，因此将“标题”部分设置为超链接，通过单击标题可以跳转到 show.php 页面查看留言的详细内容。为了在 show.php 页面获知到底要查看哪一条留言的详细内容，需要在 index.php 页面将留言的 id 信息传递到 show.php 页面，这里采用“?”传参方式。

【例 12-16】show.php 显示留言详细内容的部分代码如下：

```
<table  width="100%" border="0" cellspacing="0" cellpadding="0">
<?php
if(isset($_GET['mid']) && is_numeric($_GET['mid'])) {
    $showid = $_GET['mid']; // 获取要显示留言信息的 id
} else {
    echo '<script type="text/javascript">
           window.location.href="../index.php"</script>';
}
$sql = "select * from tb_message where id=$showid";
$result = mysql_query($sql);
$row = mysql_fetch_array($result);
?>
<tr>
    <td width="15%" rowspan="2" align="center">
    <img src="userphoto/xixi.jpg" width="100" height="100" /><br />
    <?php echo $row['username']; ?><br />
    </td>
    <td width="75%">发表于 :<?php echo $row['time']; ?></td>
    <td width="10%" align="center">
    [<a href="editmessage.php?mid=<?php echo $showid ?>">编辑</a>]
    [<a href="action/delmessage_action.php?mid=<?php echo $showid ?>">
```

```
    删除</a>]
    </td>
</tr>
<tr>
    <td><strong><?php echo $row['title']; ?></strong>
    <div style="text-indent:2em;"><?php echo $row['content']; ?></div></td>
    <td> </td>
</tr>
</table>
```

运行结果如图 12-15 所示。

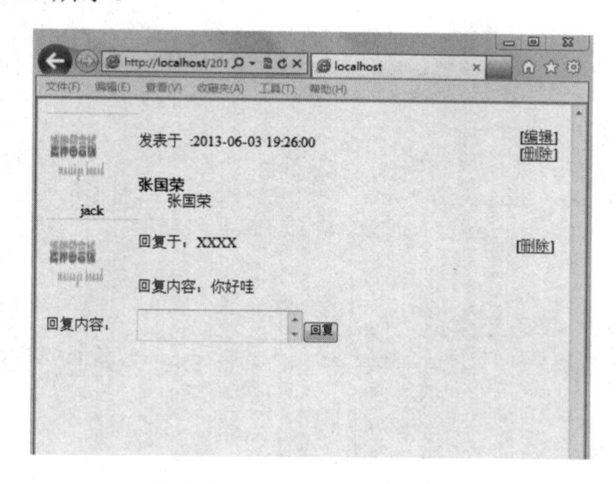

图 12-15　回复留言

12.3.4　编辑留言信息

留言信息发表后，也可能由于错字等原因要修改留言内容，这就需要用到编辑功能。在显示留言详细信息 show.php 页面，有“编辑”和“删除”的超级链接，用于完成更新功能，但是需要用户输入发表留言时的密码进行验证。

【例 12-17】editmessage.php 编辑留言内容部分代码如下：

```
<div id="writeContent">
<?php
//获取要编辑信息的 id
if(isset($_GET['mid']) && is_numeric($_GET['mid'])) {
    $showid = $_GET['mid'];
} else {
    echo '<script type="text/javascript">
          window.location.href="../index.php"</script>';
}
$sql = "select * from tb_message where id=$showid"; //查出本条信息的详细信息
$result = mysql_query($sql);
$row = mysql_fetch_array($result);
?>
<form action="action/editmessage_action.php?mid=<?php echo $showid?>"
 method="post" name="writeForm">
```

```
<table width="550" border="0" align="center" cellpadding="10"
  cellspacing="0">
<tr class="firstTr">
<td colspan="2"><strong>编辑留言</strong> : </td>
</tr>
<tr>
<td align="right">留言人: </td>
<td><?php echo $row['username']?></td>
</tr>
<tr>
<td align="right">标题 : </td>
<td><input name="title" type="text" id="title" size="50"
  value="<?php echo $row['title'];?>"/></td>
</tr>
<tr>
<td align="right">内容 : </td>
<td><textarea name="content" cols="50" rows="5" id="content">
  <?php echo $row['content'];?></textarea></td>
</tr>
<tr>
<td align="right">密码: </td>
<td><input type="password" name="pass" id="pass" />(请输入发表留言时密码)</td>
</tr>
<tr>
<td> </td>
<td><input class="bStyleCommon loginB" type="submit" name="submitb"
  id="submitb" value="提交" />
<input class="bStyleCommon loginB" type="reset" name="button2" id="button2"
  value="取消" /></td>
</tr>
</table>
</form>
</div>
```

运行结果如图 12-16 所示。

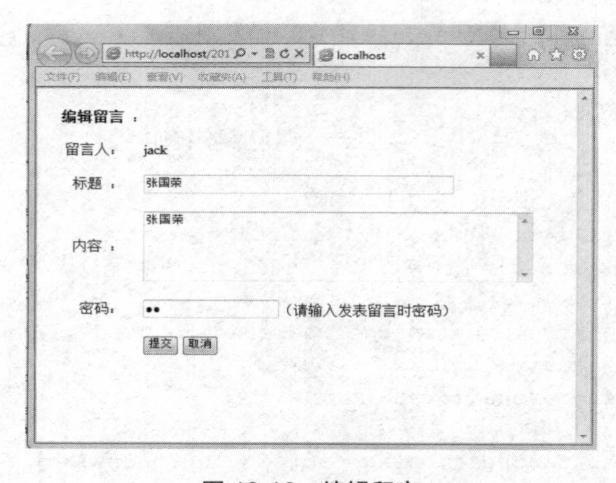

图 12-16　编辑留言

修改信息完成后，表单提交到 editmessage_edit.php 页面进行密码验证，密码验证通过，则使用 Update 修改数据库内部的数据，从而完成信息的更新。

【例 12-18】更新留言信息表单提交页面 editmessage_action.php，代码如下：

```
<?php
header("Content-type:text/html; charset=utf-8"); // 指定编码
if(isset($_POST['submitb'])) {                    // 判断是否有表单提交
    // 连接数据库部分
    $link = @mysql_connect("localhost", "root", "")
      or die("Could not connect: ".mysql_error());
    @mysql_select_db("db_demo")
      or die("Could not use db_demo: ".mysql_error());
    mysql_query("set names utf8");
    // 获取表单数据
    $username = $_POST['user'];
    $title = $_POST['title'];
    $content = $_POST['content'];
    $password = $_POST['pass'];
    // 获取要更新的留言 id
    $mid = $_GET['mid'];
    // 验证密码是否正确
    $sql = "select count(*) from tb_message where password='$password'
            and id=$mid";
    $result = mysql_query($sql);
    $row = mysql_fetch_row($result);
    if($row[0] > 0) {          // 密码正确，执行 Update 更新操作
        $sql = "update tb_message set title='$title', content='$content'
                where id=$mid";
        $result = mysql_query($sql);
        echo '<script type="text/javascript">alert("更新成功");
              location.href="../show.php?mid='.$mid.'";</script>';
    } else {                   // 密码错误，不更新
        echo '<script type="text/javascript">
          alert("密码错误，不能更新！！");history.back();</script>';
    }
    mysql_close($link);
}
?>
```

如果留言更新成功，将会提示更新成功。

12.3.5　删除留言信息

关于删除部分，一般要根据需求来选择，除了身份验证以外，可能还要确认是否要真地将留言删除，读者可以根据自己的需求来确定。这里给出删除部分的程序代码。

【例 12-19】删除留言信息页面 delmessage_action.php 的删除部分，代码如下：

```
<?php
header("Content-type:text/html; charset=utf-8");         // 指定编码
// 判断是否获取了要删除的留言 id
```

```
if(isset($_GET['mid']) && is_null($_GET['mid'])) {
    // 连接数据库部分
    $link = @mysql_connect("localhost", "root", "")
      or die("Could not connect: ".mysql_error());
    @mysql_select_db("db_demo")
      or die("Could not use db_demo: ".mysql_error());
    $mid = $_GET['mid'];
    $sql = "delete from tb_message where id=$mid";
    $result = mysql_query($sql);
    echo '<script type="text/javascript">alert("删除成功！");</script>';
    mysql_close($link);
}
echo '<script type="text/javascript">location.href="../index.php";
      </script>';
?>
```

12.4 小　　结

本章主要介绍在 PHP 中如何连接并使用 MySQL 数据库，学习如何使用 PHP 管理数据库中的数据，并进行增、删、改、查等操作。然后结合实例进一步学习了分页显示技术。通过本章的学习，可以熟练地掌握如何用 PHP 和 MySQL 来实现常见的 Web 应用。

12.5 上 机 练 习

phpMyAdmin 的基本使用

(1) 训练要点：phpMyAdmin 基本配置与操作。

(2) 需求说明：

- phpMyAdmin 的基本配置。
- 使用 phpMyAdmin 创建数据库 shop，编码为 utf-8。
- 使用 phpMyAdmin 创建数据表 product。
- 使用 phpMyAdmin 向表 product 中录入 5 条数据信息。
- 导出表 product 的结构及内容为.sql 文件的形式。

(3) 表 product 的结构如下：

```
mysql> desc product;
+---------------+--------------+------+-----+---------+----------------+
| Field         | Type         | Null | Key | Default | Extra          |
+---------------+--------------+------+-----+---------+----------------+
| id            | int(11)      | NO   | PRI | NULL    | auto_increment |
| product_name  | varchar(30)  | YES  |     | NULL    |                |
| product_num   | int(11)      | YES  |     | NULL    |                |
| product_price| decimal(8,2)  | YES  |     | NULL    |                |
| product_pic   | varchar(50)  | YES  |     | NULL    |                |
+---------------+--------------+------+-----+---------+----------------+
```

```
5 rows in set (0.00 sec)
```

(4) 使用 SELECT INTO OUTFILE file 命令将商品表中的数导出到 data.txt 文件中，导出后的数据各列以 Tab 分隔、各行以换行符分隔。

(5) 使用 phpMyAdmin 为 shopnc_product 表中的 user_id 字段添加变通索引，并使用 EXPLAIN 命令分析添加索引前后的变化。

第 13 章

PHP MVC 程序设计

学前提示

PHP MVC 是一个开放源代码的 Web 应用框架，实现了模型-视图-控制器(MVC)设计模式，支持基于 Model2 架构的应用程序设计。这种开发模式允许网页或其他显示内容从内部应用程序代码中分离出来，让网页设计者和程序员更容易关注他们各自的专业领域。

这个框架提供了一个单独入口点的控制器。该控制器接受 HTTP 请求，并根据配置文件分配给相应的动作处理。模型则包含了应用程序的业务逻辑。当请求处理完成时，控制器调用相应的显示组件——通常用模板文件来实现。处理结果返回给客户端浏览器，或者通过另外的协议(比如 SMTP)处理。

知识要点

- 使用 MVC 开发微博项目。
- Smarty 的安装。
- Smarty 的使用步骤。
- Smarty 变量。
- 流程控制。
- Smarty 缓存处理。

13.1　MVC 简介

MVC 是一个设计模式，它强制性地使应用程序的输入、处理和输出分开。MVC 应用程序包含三个核心部件：模型(M)、视图(V)、控制器(C)，它们各自处理其相应的任务。

13.1.1　模型

模型表示企业数据和业务规则。在 MVC 的三个部件中，模型拥有最多的处理任务。例如它可能用像 EJBs 和 ColdFusion Components 这样的构件对象来处理数据库。被模型返回的数据是中立的，就是说模型与数据格式无关，这样一个模型能为多个视图提供数据。由于应用于模型的代码只需写一次就可以被多个视图重用，所以减少了代码的重复性。

13.1.2　视图

视图是用户看到并与之交互的界面。对老式的 Web 应用程序来说，视图就是由 HTML 元素组成的界面，在新式的 Web 应用程序中，HTML 依旧在视图中扮演着重要的角色，但一些新的技术已层出不穷，它们包括 Adobe Flash 和像 XHTML、XML/XSL、WML 等一些标识语言和 Web 服务。如何处理应用程序的界面变得越来越有挑战性。MVC 一个大的好处是它能为我们的应用程序处理很多不同的视图。在视图中其实没有真正的处理发生，不管这些数据是联机存储的还是一个雇员列表，作为视图来讲，它只是作为一种输出数据并允许用户操纵的方式。

13.1.3　控制器

控制器接受用户的输入并调用模型和视图去完成用户的需求。所以当单击 Web 页面中的超链接和发送 HTML 表单时，控制器本身不输出任何东西和做任何处理。它只是接收请求并决定调用哪个模型构件去处理请求，然后确定用哪个视图来显示模型处理返回的数据。

现在我们总结 MVC 的处理过程，首先控制器接收用户的请求，并决定应该调用哪个模型来进行处理，然后模型用业务逻辑来处理用户的请求并返回数据，最后控制器用相应的视图格式化模型返回的数据，并通过表示层呈现给用户。

13.2　使用 MVC 开发微博项目

该项目用 MVC 模式来实现微博项目中的注册、登录、发表微博、评论微博、私信功能。

13.2.1　需求分析

(1) 用户注册：主要通过用户填写邮箱、昵称、密码、头像、年龄、性别、地址等信息，将用户注册的账号存入数据库中并显示用户注册的时间。

(2) 用户登录：主要是通过验证账号和密码两项内容实现用户的登录。用户必须注册过本网站的账号，即要使用的登录账号必须能从数据库中读取到。当用户名和密码输入都正确的时候，点击“登录”按钮即可显示登录成功，跳转到主页面。

(3) 个人主页：点击“个人主页”，将从数据库显示出当前登录的用户的个人信息，包括头像、邮箱、性别、年龄、居住地、注册时间等。点击“修改”按钮将可以对个人资料进行修改。

(4) 微博首页：可以输入微博标题、发布微博内容。实现了分页功能，用户登录后可以显示用户昵称及头像。鼠标移入图片显示该用户的昵称、年龄、现居地等个人信息。

(5) 我的私信：分为发送新消息、我的私信、草稿箱。随滚动条拖动的图层。

(6) 我的评论：①发布信息。填写你要发布的信息后点击“发布”按钮，会把你最新发布的显示在第一位。②评论。把要评论的内容输入到表单中，点击“评论”按钮就会在发表的内容下显示出所评论的内容，点击“我的评论”可以隐藏和显示下面的内容。

13.2.2 用例图

本例开发的微博项目使用 MVC 框架搭建而成。主要是用于熟悉模型、社图、控制器之间的关系。根据前面的需求分析，设计微博项目的用例图，如图 13-1 所示。

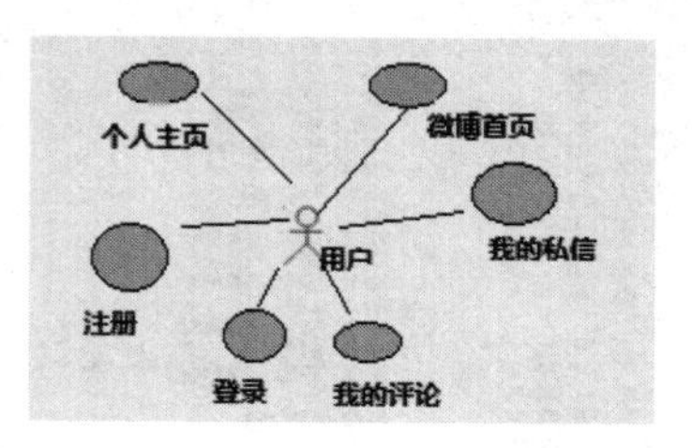

图 13-1 微博项目的用例图

13.2.3 数据库结构

结合前面的需求分析、用例图，按照数据库设计原则，为本例确认如图 13-2 所示的表结构。

注册表

名字	类型
id	int(11)
email	varchar(20)
username	varchar(20)
password	varchar(30)
rpassword	varchar(30)
t	int(11)
date	datetime
sex	varchar(2)
age	int(8)
file	varchar(2000)
t_province	varchar(250)
t_city	varchar(64)
t_district	varchar(64)

草稿表

#	名字	类型
1	id	int(11)
2	send_content	varchar(160)
3	send_name	varchar(160)
4	send_time	datetime

发布内容表

名字	类型
id	int(11)
title	varchar(64)
content	varchar(500)
date	datetime
username	varchar(64)

评论表

#	名字	类型
1	id	int(11)
2	content	varchar(255)

我的私信表

名字	类型
id	int(11)
my_name	varchar(400)
send_time	datetime
send_content	varchar(400)
send_name	varchar(20)

图 13-2 数据库中的表结构

各表及字段的英文名称如下。

- 注册表：id、email、username、password、rpassword、t、date、sex、age、file、t_province、t_city、t_district。
- 发布微博表：id、title、content、date、username。
- 草稿表：id、send_content、send_name、send_time。
- 评论表：id、content。
- 我的私信表：id、my_name、send_time、send_content、send_name。

注意

数据库结构的设计对系统的成功开发至关重要，在编码之前一定要规划完整。

13.2.4 项目及数据库搭建

启动 Adobe Dreamweaver CS5，选择“文件”→“新建”菜单命令，出现“新建文档”对话框，如图 13-3 所示。选择需要创建的 HTML、PHP、CSS、JavaScript 模板文件，单击“创建”按钮即可。

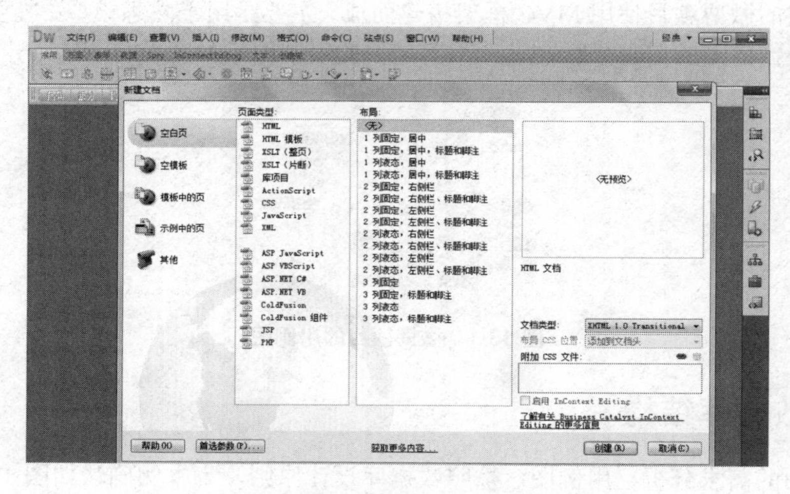

图 13-3 “新建文档”对话框

1. 连接数据库的公共代码

在 PHP 文件中，创建一个连接数据库的文件(connect.php):

```
<?php
$link = mysql_connect('localhost', 'root', '')
  or die ("不能连接到数据库".mysql_errno());
mysql_select_db('weibo', $link);
?>
```

2. 用户注册

主要通过用户填写邮箱、昵称、密码、头像、年龄、性别、地址等信息，将用户注册的账号存入数据库中，并显示用户注册的时间。

用户注册部分代码如下(zhuce.tpl)：

```
<span class="mleft">欢迎注册会员</span>
<div class="appframeWrap">
<div class="R_L">
<form method="post" action="index.php?c=weibo&a=tianjia" name="reg"
  id="member_register" onSubmit="">
<table border="0" width="100%">
<tbody>
<tr>
<td align="right" valign="middle" width="90">常用 Email</td>
<td>
<input msg="Email 邮箱格式不正确 datatype="Email" require="true" name="email"
  id="email_input" class="reginput" tabindex="1" type="text">
<div id="check_email_result" class="error"></div>
<div class="R_tt1">需要验证 Email，用于登录和取回密码等</div></td></tr>
<tr><td align="right" valign="middle">账号昵称</td>
<td>
<input msg="账户/昵称不符合要求 max="100" min="3" datatype="LimitB"
  name="nickname" id="nickname_input" maxlength="50" class="reginput"
  tabindex="2" type="text">
<div id="check_nickname_result" class="error" style="display:none;"></div>
<div class="R_tt4">中英文均可，用于显示、@通知和发私信等</div></td></tr>
<tr>
<td align="right" valign="middle">登录密码</td>
<td>
<input msg="密码过短，请设成 5 位以上 min="5" datatype="LimitB" name="password"
  id="password" maxlength="32" class="reginput"
  onBlur="Validator.Validate(this.form,3,this.name)" tabindex="3"
  type="password"><div class="R_tt2">密码至少 5 位</div></td></tr>
<tr><td align="right" valign="middle">确认密码</td>
<td>
<input msg="两次输入的密码不一致 to="password" datatype="Repeat"
  name="password2" id="password2" maxlength="32" class="reginput"
  onBlur="Validator.Validate(this.form,3,this.name)" tabindex="4"
  type="password"></td></tr>
<tr>
<td align="right" valign="middle">头像：</td>
<td>
<input datatype="Repeat" name="file" id="file" size="25" maxlength="23"
  tabindex="2" type="file"></td></tr>
<tr>
<td align="right" valign="middle">年龄：</td>
<td><input datatype="Repeat" name="age" id="age" size="25" maxlength="23"
  tabindex="2" type="type"></td></tr>
<tr>
<td align="right" valign="middle">性别：</td>
<td>
<input type="radio" value="男" id="sex" name="sex" checked>男
<input type="radio" value="女" id="sex" name="sex">女</td></tr>
<tr><td align="right" valign="middle">地址:</td>
```

```
<td>
<select id="t_province" name="t_province"
  onChange="getArea(this.value,'t_city')">
</select>
<select id="t_city" name="t_city"
  onChange="getArea(this.value,'t_district')">
</select>
<select id="t_district" name="t_district"></select></td></tr>
<tr><td align="right" valign="middle"> </td>
<td>
<input name="copyrightInput" id="copyrightInput"
  onClick="regCopyrightSubmit();" value="1" checked="checked"
  type="checkbox">
<label for="copyrightInput">
<span class="font12px">
<a href="http://t.jishigou.net/other/regagreement" target="_blank">
  我已看过并同意《使用协议》</span>
</label>
</td>
</tr>
<tr><td> </td><td><input type="submit" value="确认注册" /></td></tr>
</tbody>
</table>
</form>
<script>
function getArea(val, table) {
    var xhr;
    if(window.ActiveXObject) {
        xhr = new ActiveXObject("Microsoft.XMLHTTP");
    } else if(window.XMLHttpRequest) {
        xhr = new XMLHttpRequest();
    }
    var url = "index.php?c=weibo&a=tianjia";
    xhr.open("post", url, true);
    xhr.setRequestHeader("Content-Type",
      "application/x-www-form-urlencoded");
    xhr.onreadystatechange = callback;
    xhr.send("val=" + val + "&table=" + table);
    function callback() {
        if(xhr.readyState == 4) {
            if(xhr.status == 200) {
                //alert(xhr.responseText);
                document.getElementById(table).innerHTML = xhr.responseText;
            }
        }
    }
}
</script>
public function zhuceAction() {
    $this->smarty->display("zhuce.tpl");
}
```

```
public function tianjiaAction() {
    $email = $_POST["email"];
    $username = $_POST["nickname"];
    $password = $_POST["password"];
    $rpassword = $_POST["password2"];
    $t = $_POST["copyrightInput"];
    $sex = $_POST["sex"];
    $age = $_POST["age"];
    $file = $_POST["file"];

    $yonghuModel = new indexModel("localhost", "root", "123", "weibo");
    @$val = $_POST['val'];
    @$table = $_POST['table'];

    if($table == 't_province') {
        //查询所有的省
        $t_province = $yonghuModel->t_province($table);
    } else if($table == 't_city') {
        //已知 ProName 查询对应的市的名字
        $t_city = $yonghuModel->t_city($val);
    } else if($table == 't_district') {
        //已知 CityName 查询对应的县的名字
        $t_district = $yonghuModel->t_district($val);
    }
    // file_put_contents("e://aaa.txt", $val, FILE_APPEND);
    $t_province = $_POST['t_province'];
    $t_city = $_POST['t_city'];
    $t_district = $_POST['t_district'];
    if($username!='' & $password!='') {
        $row = $yonghuModel->zhuce($email, $username, $password, $rpassword,
          $t, $sex, $age, $file, $t_province, $t_city, $t_district);
    }
}
public function t_province($table) {
    $sql = "select ProName from $table order by ProSort";
    $result = mysql_query($sql);
    $rows = array();
    while($row=mysql_fetch_row($result)) {
        echo "<option>$row[0]</option>";
    }
}
public function t_city($val) {
    $sql = "select CityName from t_city where ProID=(select ProID from
      t_province where ProName = '$val')";
    $result = mysql_query($sql);
    $rows = array();
    while($row = mysql_fetch_row($result)) {
        echo "<option>$row[0]</option>";
    }
}
public function t_district($val) {
```

```
    $sql = "select DisName from t_district where CityID=(select CityID
      from t_city where CityName = '$val')";
    $result = mysql_query($sql);
    $rows = array();
    while($row = mysql_fetch_row($result)) {
        echo "<option>$row[0]</option>";
    }
}
public function zhuce($email, $username, $password, $rpassword, $t, $sex,
  $age, $file, $t_province, $t_city, $t_district) {
    $sql = "select * from zhuce where username='".$username."'";

    $result = mysql_query($sql);
    $row = mysql_fetch_row($result);
    if(!$row[0]) {

        $res = "insert into zhuce(email, username, password, rpassword, t,
          date, sex, age, file, t_province, t_city, t_district)
          values('".$email."', '".$username."', '".$password."',
            '".$rpassword."', '".$t."', now(), '".$sex."', '".$age."',
            '".$file."', '".$t_province."', '".$t_city."',
            '".$t_district."')";
        $result = mysql_query($res);
        if($result = 1) {
            echo "注册成功!";
        }
        header("Refresh:3;url=index.php?c=weibo&a=denglu");
    } else {
        echo "用户名已注册!";
        header("Refresh:3;url=index.php?c=weibo&a=zhuce");
    }
}
```

运行结果如图 13-4 所示。

图 13-4　微博用户注册界面

3. 管理员登录

主要是通过验证账号和密码两个内容实现用户的登录。用户必须注册过本网站的账号，即要使用的登录账号必须能从数据库中读取到。当用户名和密码输入都正确的时候，点击“登录”即显示登录成功，跳转到主页面。

用户登录页面(login.tpl)的主要代码如下：

```
<form method="" action="" id="guest_login">
<input name="seccode" id="seccode_input" value="" type="hidden">
<div>
<ul>
<li class="li_name">
<div style="position:relative">
<input id="username_input" name="username" placeholder="用户名/昵称/Email"
  onblur="checkUsername(this.value);if(this.value==''){this.value='昵称、
Email、个性域名';}" value="昵称、Email、个性域名" onfocus="if(this.value=='昵
称、Email、个性域名'){this.value='';}" type="text"></div>
<div id="username_tip"></div>
</li>
<li class="li_name">
<div style="position:relative">
<input id="password_input" name="password" placeholder="密码"
  type="password"></div>
</li>
<li class="li_name libtn">
<input class="btn" value="登录" name="登录" type="button">
</li>
</ul>
<ul class="w_account">
<li>
<a title="注册记事狗微博" href="index.php?c=weibo&a=zhuce">注册记事狗微博</a>
</li>
<li class="chkbox">
<span class="c ztag c_ok">
<input id="c0" name="savelogin" value="1" type="checkbox">
</span>
<a tabindex="3" class="ztag" href="javascript:void(0)">自动登录</a>
<a href="http://t.jishigou.net/index.php?mod=get_password"
  class="forgetPass">忘记密码？</a>
</li>
<li><span style="position:relative"></span></li>
</ul>
</div>
<p></p>
<div class="loginother">
<span>其他账号登录：</span>
<a class="sinaweiboLogin" href="#" onclick="window.location.href='http://
  t.jishigou.net/index.php?mod=xwb&amp;m=xwbAuth.login';return false;">
<img src="images/denglu/loginHeader_16.png" style="0;">
<div class="tlb_sina">使用新浪微博账号登录</div>
```

```
</a>
<a class="qqweiboLogin" href="#" onclick="window.location.href='http://
  t.jishigou.net/index.php?mod=qqwb&amp;code=login';return false;">
<img src="images/denglu/login16.png">
<div class="tlb_qq">使用腾讯微博账号登录</div>
</a>
</div>
<p></p>
</form>
<script>
$(function() {
    $(".btn").click(function() {
        //alert("aa");
        if(window.ActiveXobjec) {
            xhr = new ActiveXobjec("Microsoft.XMLHTTP");
        }
        else if(window.XMLHttpRequest) {
            xhr = new XMLHttpRequest();
        }
        var url = "index.php?c=weibo&a=dld";
        xhr.open("POST", url, true);
        xhr.setRequestHeader("Content-Type",
          "application/x-www-form-urlencoded");
        xhr.onreadystatechange = callback;
        var user = document.getElementById('username_input').value;
        var pass = document.getElementById('password_input').value;
        //alert(username);
        //var data = "username=" + username + "&password=" + password;
        if(user!='' && pass!='')
        {
            var username = document.getElementById('username_input').value;
            var password = document.getElementById('password_input').value;
            xhr.send("username=" + username + "&password=" + password);
        } else {
            alert('账号或密码不能为空');
        }

        function callback() {
            if(xhr.readyState == 4) {
                if(xhr.status == 200) {
                    if(xhr.responseText == 'you') {
                        alert('登录成功');
                        window.open("index.php?c=weibo&a=index");
                    } else {
                        alert('登录失败,请注册');
                        //window.open("index.php?c=bjl&a=zhuce");
                    }
                }
            }
        }
    });
```

```
})
</script>
public function dlAction() {
    $this->smarty->display('denglu.tpl');
    //var_dump($rows);
}
public function dldAction() {
    $username = $_POST['username'];
    session_start();
    $_SESSION['username'] = $username;
    //file_put_contents("e://text.txt", $username, FILE_APPEND);
    $password = $_POST['password'];
    $dlModel = new indexModel('localhost', 'root', '123', 'weibo');
    $rows = $dlModel->dl($username, $password);
    if($rows) {
        echo 'you';
    }
    else {
        echo 'kong';
    }
    return $rows;
}
public function dl($username,$password) {
    $sql = "select * from zhuce where username='".$username
            ."' and password='".$password."'";
    $res = mysql_query($sql);
    $rows = mysql_fetch_assoc($res);

    return $rows;
}
```

运行结果如图 13-5 所示。

图 13-5　微博用户登录页面

4. 微博首页

可以输入微博标题、内容发布微博。实现了分页功能，用户登录后可以显示用户昵称和头像。鼠标移入图片可以显示该用户的昵称、年龄、现居地等个人信息。

shouye.tpl 的代码如下：

```
<input type="text" value="请在这输入小标题哦" id="title" name="title"/>
<textarea name="content" id="i_already">第一行文字换行后，会显示为标题哦
</textarea>
```

```
<{foreach item="value" from=$list}>
<div class="wb_l_face">
<div class="avatar">
<a href="#" class="tip" title="昵称:<{$value.username}><br />年
龄:<{$value.age}><br />现居地:<{$value.t_city}>"><img style="display:
inline;" src="upload/<{$value.file}>"></a></div>
<span id="follow_13" class="follow_13"></span></div>
<div class="Contant">
<div id="topic_lists_231560" style="_overflow:hidden;">
<div class="topicTxt"> <p class="utitle">
<span class="un"> <{$value.title}>
<img class="vipImg" title="[个人/记事狗官方]" src="images/index/2_o.jpg">
<span class="signature"> <em> (有问题@记事狗)</em></span></span>
<span style="display: block;" id="topic_lists_231560_time"
class="ut"><{$value.date}></span>
<span class="recdimg recd_img_231560"><img class="showrcduser"
value="231560" src="images/index/recommend.gif"></span></p>
<span id="topic_content_231560_short"><{$value.content}></span>
<script type="text/javascript">
$(function() {
    $(".zan").toggle(function() {
        $(this).text("已赞").css("background", "#BDBDBD");
    }, function() {
        $(this).text("赞一个").css("background","#149cdb");
    })
})
</script>
<style>
.btnbtn {
width:40px; height:20px;cursor:pointer;border-radius: 3px;font-size: 11px;
font-family:"微软雅黑";color: white;text-shadow: #1FABE7 0px 0px 2px;
overflow:hidden; border-top:0px solid #5abcee;border-bottom:1px solid
#0d96cf;background:#149cdb;background:-webkit-gradient(linear,0% 0,0%
100%,from(#1ba2e8),to(#0d96d0));background:-webkit-linear-gradient(top,
#1ba2e8,#0d96d0);background:-moz-linear-gradient(top,#1ba2e8,#0d96d0);
background:-ms-linear-gradient(top,#1ba2e8,#0d96d0);background:-o-linear
-gradient(top,#1ba2e8,#0d96d0);cursor:pointer;
float:right;box-shadow:none;
}
.zan {
width:40px; height:20px;cursor:pointer;border-radius: 3px;font-size: 11px;
font-family:"微软雅黑";color: white;text-shadow: #1FABE7 0px 0px 2px;
overflow:hidden; border-top:0px solid #5abcee;border-bottom:1px solid
#0d96cf;background:#149cdb;background:-webkit-gradient(linear,0% 0,0%
100%,from(#1ba2e8),to(#0d96d0));background:-webkit-linear-gradient(top,
#1ba2e8,#0d96d0);background:-moz-linear-gradient(top,#1ba2e8,#0d96d0);
background:-ms-linear-gradient(top,#1ba2e8,#0d96d0);background:-o-linear
-gradient(top,#1ba2e8,#0d96d0);cursor:pointer;
float:right;box-shadow:none;
}
</style>
```

```
<script>
$(function() {
    $(".btnbtn").toggle(function() {
        $(this).text("已关注").css("background", "#BDBDBD");
    }, function() {
        $(this).text("加关注").css("background", "#149cdb");
    })
});
</script>
<div class="from">
<div class="option">
<ul>
<li style="_margin-top:-1px;"></li>
<li class="o_line_l">  |  </li>
<li><span style="cursor:pointer; text-align:center;" class="zan">赞一个
</span></li>
<li class="o_line_l">|</li>
<li><span class="btnbtn" style="cursor:pointer; text-align:center">加关注
</span></li>
<li class="o_line_l">|</li>
<li id="topic_lists_231560_a" class="mobox"><span class="txt">更多</span>
</li></ul></div></div></div></div>
<div id="forward_menu_231560"></div></div>
<{/foreach}>

public function indexAction() {
    $indexModel = new indexModel('localhost', 'root', '123', 'weibo');
    @$title = $_POST['title'];
    @$content = $_POST['content'];
    session_start();
    $username = $_SESSION['username'];
    if($title!='' && $content!='') {
        $res = $indexModel->index($title, $content, $username);
        return $res;
    }
    $page = isset($_REQUEST['page'])? $_REQUEST['page'] : 1;
    $pagesize = 3;
    $offset = ($page-1)*$pagesize;
    $array = $indexModel->getPageList($offset, $pagesize);
    //var_dump($array);
    $content = $array['list'];
    $total = $array['total'];
    //命令视图层显示数据
    $this->smarty->assign('list', $content);
    $pageHelper = new pageHelper();
    $page_html = $pageHelper->show($total, $pagesize, $page);
    $this->smarty->assign('page_html', $page_html);
    @$username = $_SESSION['username'];
    $list1 = $indexModel->touxiang($username);
    $this->smarty->assign('list1', $list1);
    //file_put_contents("d://touxiang.txt", $list1, FILE_APPEND);
```

```
    $this->smarty->assign('username', $username);
    //显示更多
    $gengduo = $indexModel->gengduo($username);
    $this->smarty->assign('gengduo', $gengduo);

    //头像
    $fangda = $indexModel->fangda($username);
    $this->smarty->assign('fangda', $fangda);
    $this->smarty->display("index.tpl");
}

public function index($title, $content, $username) {
    $sql = "insert into views(title,content,date,username) values('"
           .$title."','".$content."',now(),'".$username."')";
    $res = mysql_query($sql);
    return $res;
}

public function getPageList($offset, $pagesize) {
    $sql = " select zhuce.username,age,title,content,t_city,file,views.date
           from zhuce join views on zhuce.username=views.username order by
           views.date desc limit $offset,$pagesize";
    $result = $this->getAll($sql);
    $sql = "select count(*) from views";
    $total = $this->getOne($sql);
    return array('list'=>$result, 'total'=>$total);
}

public function touxiang($username) {
    $sql = "select * from zhuce where username='$username'";
    $result = mysql_query($sql);
    mysql_query("set names utf8");
    $row = array();
    while($rows=mysql_fetch_assoc($result)) {
        $row[] = $rows;
    };

    return $row;
}

//显示更多
public function gengduo($username) {
    $sql = "select * from zhuce where username!='$username'";
    $result = mysql_query($sql);
    $rows = array();
    while($row=mysql_fetch_assoc($result)) {
        $rows[] = $row;
    }
    return $rows;
}
```

运行结果如图 13-6、13-7、13-8 所示。

图 13-6　用户发布微博记录界面

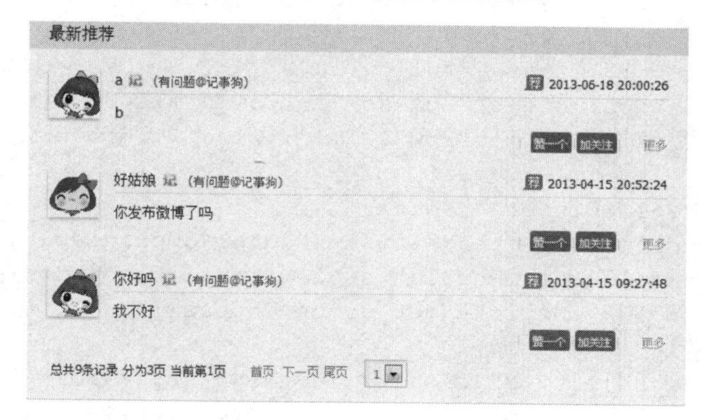

图 13-7　用户发布内容及分页

图 13-8　用户登录昵称和头像

5. 个人主页

点击“个人主页”，将从数据库显示出当前登录的用户的个人信息，包括头像、邮箱、性别、年龄、居住地、注册时间等信息。点击“修改”，将可以对个人资料进行修改。

mian.tpl 页面的主要代码如下：

```
个人资料</em>
<{foreach item='value' from=$ziliao}>
<span class="mright">
<a href="javascript:void(0);" onclick="ajax_recd_colse();" title="关闭"
class="close_this"></a></span></div>
<div class="feedCell" id="topic_list_231560">
<style type="text/css">
.relayFloor .feedCell .wb_l_face .avatar {
```

```
    width:25px; height:25px;box-shadow:none;
}
</style>
<div class="wb_l_face"> <div class="avatar">
<a href="javascript:void(0)"
onmouseover="get_user_choose(13,'_user',231560);"
onmouseout="clear_user_choose();" class="nude_face">
<img style="display: inline;" src="upload/<{$value.file}>"
data-original="http://cenwor.com/ucserver/data/avatar/000/04/85/03_avata
r_small.jpg" onerror="javascript:faceError(this);" class="lazyload"></a>
</div>
<span id="follow_13" class="follow_13">
<a href="javascript:void(0)" class="follow_html2_2" title="已关注，点击取消
关注" onclick="follow(13,'follow_13','','xiao');return false;"></a></span>
</div>
<div id="user_231560_user"></div>
<div id="Pmsend_to_user_area" style="width:430px;display:none"></div>
<div id="alert_follower_menu_13" style="display:none"></div>
<div id="button_13" onclick="get_group_choose(13);"
style="display:none"></div>
<div id="global_select_13" class="alertBox" style="display:none"></div>
<div id="get_remark_13" style="display:none"></div>
<div class="Contant">
<div id="topic_lists_231560" style="_overflow:hidden;">
<div class="topicTxt">
<p class="utitle">
<span class="un"><em>昵称：<{$value.username}></em></span>
<span style="display: block;" id="topic_lists_231560_time" class="ut">注册
时间：<{$value.date}></span>
<span id="topic_lists_231560_view" class="ut" style="display: none;">
<a href="http://t.jishigou.net/topic/231560" target="_blank" title="发布时
间：04 月 08 日 17 时 55 分">查看详情</a></span></p>
<div style="float:left; width:100%;">
    <p>邮箱：<{$value.email}></p>
    <p>性别：<{$value.sex}></p>
    <p>年龄：<{$value.age}></p>
    <p>现居住地：<{$value.t_city}></p>
<style>
.zan {
width:80px; height:25px;cursor:pointer;border-radius: 3px;font-size: 11px;
font-family:"微软雅黑";color: white;text-shadow: #1FABE7 0px 0px 2px;
overflow:hidden; border-top:0px solid #5abcee;border-bottom:1px solid
#0d96cf;background:#149cdb;background:-webkit-gradient(linear,0% 0,0%
100%,from(#1ba2e8),to(#0d96d0));background:-webkit-linear-gradient(top,
#1ba2e8,#0d96d0);background:-moz-linear-gradient(top,#1ba2e8,#0d96d0);
background:-ms-linear-gradient(top,#1ba2e8,#0d96d0);background:-o-linear
-gradient(top,#1ba2e8,#0d96d0);cursor:pointer;
float:right;box-shadow:none;
}
</style>
</div>
```

```
<{/foreach}>
?>
<div class="ajax_recommendTitle"><em class="mleft">个人资料</em>
<{foreach item='value' from=$ziliao_edit}>
<form method="post"
action="index.php?c=weibo&a=ziliao_update&id=<{$value.id}>">
<span class="mright">
<a href="javascript:void(0);" onclick="ajax_recd_colse();" title="关闭"
class="close_this"></a></span></div>
<div class="feedCell" id="topic_list_231560">
<style type="text/css">
.relayFloor .feedCell .wb_l_face .avatar {
   width:25px; height:25px;box-shadow:none;
}
</style>
<div class="wb_l_face">
<div class="avatar">
<a href="javascript:void(0)"
onmouseover="get_user_choose(13,'_user',231560);"
onmouseout="clear_user_choose();" class="nude_face">
<img style="display: inline;" src="upload/<{$value.file}>"
data-original="http://cenwor.com/ucserver/data/avatar/000/04/85/
03_avatar_small.jpg" onerror="javascript:faceError(this);"
class="lazyload"></a></div>
<span id="follow_13" class="follow_13">
<a href="javascript:void(0)" class="follow_html2_2" title="已关注，点击取消
关注" onclick="follow(13,'follow_13','','xiao');return false;"></a></span>
</div>
<div id="user_231560_user"></div>
<div id="Pmsend_to_user_area" style="width:430px;display:none"></div>
<div id="alert_follower_menu_13" style="display:none"></div>
<div id="button_13" onclick="get_group_choose(13);"
style="display:none"></div>
<div id="global_select_13" class="alertBox" style="display:none"></div>
<div id="get_remark_13" style="display:none"></div>
<div class="Contant">
<div id="topic_lists_231560" style="_overflow:hidden;">
<div class="topicTxt">
<p class="utitle"><span class="un">
<em>昵称：  <{$value.username}></em></span>
<span id="topic_lists_231560_view" class="ut" style="display: none;">
<a href="http://t.jishigou.net/topic/231560" target="_blank" title="发布时
间：04 月 08 日 17 时 55 分">查看详情</a></span></p>
<div style="float:left; width:100%;">
<p>邮        箱:<input type="text"
name="email" value="<{$value.email}>" /></p>
<p>性        别:<input type="text"
name="sex" value="<{$value.sex}>"></p>
<p>年        龄:<input type="text"
name="age" value="<{$value.age}>"></p>
```

```
<p>现居住地： <input type="text" name="t_province"
value="<{$value.t_province}>"><br />
            
      <input type="text" name="t_city"
value="<{$value.t_city}>"><br />
            
      <input type="text" name="t_district"
value="<{$value.t_district}>"></p>
<style>
.zan {
width:80px; height:25px;cursor:pointer;border-radius: 3px;font-size: 11px;
font-family:"微软雅黑";color: white;text-shadow: #1FABE7 0px 0px 2px;
overflow:hidden; border-top:0px solid #5abcee;border-bottom:1px solid
#0d96cf;background:#149cdb;background:-webkit-gradient(linear,0% 0,0%
100%,from(#1ba2e8),to(#0d96d0));background:-webkit-linear-gradient(top,
#1ba2e8,#0d96d0);background:-moz-linear-gradient(top,#1ba2e8,#0d96d0);
background:-ms-linear-gradient(top,#1ba2e8,#0d96d0);background:-o-linear
-gradient(top,#1ba2e8,#0d96d0);cursor:pointer;
float:right;box-shadow:none;
}
</style></div>
<span style="cursor:pointer; text-align:center;" class="zan">
<input type="submit" value="确定修改" style="cursor:pointer" /></span>
<{/foreach}>

public function ziliaoAction() {
    session_start();
    $username = $_SESSION['username'];
    $ziliaoModel = new indexModel('localhost', 'root', '123', 'weibo');
    $ziliao = $ziliaoModel->ziliao($username);
    $this->smarty->assign('username', $username);
    $this->smarty->assign("ziliao", $ziliao);
    $this->smarty->display("ziliao.tpl");
}
public function ziliao_editAction() {
    session_start();
    $username = $_SESSION['username'];
    $ziliaoModel = new indexModel('localhost', 'root', '123', 'weibo');
    $ziliao_edit = $ziliaoModel->ziliao_edit($username);
    $this->smarty->assign("ziliao_edit", $ziliao_edit);
    $this->smarty->assign('username', $username);
    $this->smarty->display("ziliao_edit.tpl");
}
public function ziliao_updateAction() {
    session_start();
    $username = $_SESSION['username'];
    $id = $_REQUEST['id'];
    $email = $_POST['email'];
    $sex = $_POST['sex'];
    //file_put_contents("d://id.txt", $sex, FILE_APPEND);
    $age = $_POST['age'];
```

```
    $t_province = $_POST['t_province'];
    $t_city = $_POST['t_city'];
    $t_district = $_POST['t_district'];
    $ziliaoModel = new indexModel('localhost', 'root', '123', 'weibo');
    $ziliao_update = $ziliaoModel->ziliao_update($id, $email, $sex, $age,
      $t_province, $t_city, $t_district);
    //file_put_contents("d://id.txt", $id, FILE_APPEND);
    $ziliao_list = $ziliaoModel->ziliao_list($username);
    $this->smarty->assign('ziliao', $ziliao_list);
    $this->smarty->assign('username', $username);
    $this->smarty->display("ziliao_list.tpl");
}
public function ziliao($username) {
    $sql = "select * from zhuce where username='$username'";
    $result = mysql_query($sql);
    $rows = array();
    while($row=mysql_fetch_assoc($result)) {
        $rows[] = $row;
    }
    return $rows;
}
public function ziliao_edit($username) {
    $sql = "select * from zhuce where username='$username'";
    $result = mysql_query($sql);
    $rows = array();
    while($row=mysql_fetch_assoc($result)) {
        $rows[] = $row;
    }
    return $rows;
}
public function ziliao_update($id, $email, $sex, $age, $t_province, $t_city,
  $t_district) {
    $sql = "update zhuce set email='$email',sex='$sex',age='$age',
            t_province='$t_province',t_city='$t_city',
            t_district='$t_district' where id='$id'";
    //file_put_contents("d://sq.txt", $sql, FILE_APPEND);
    $result = mysql_query($sql);
    return $result;
}
public function ziliao_list($username) {
    $sql = "select * from zhuce where username='$username'";
    $result = mysql_query($sql);
    $rows = array();
    while($row=mysql_fetch_assoc($result)) {
        $rows[] = $row;
    }
    return $rows;
}
```

运行结果如图 13-9 和图 13-10 所示。

图 13-9　个人资料查询

图 13-10　修改个人资料界面

6. 我的评论

(1) 发布信息：填写要发布的信息后单击“发布”按钮，就会把最新发布的信息显示在第一位。

(2) 评论：把要评论的内容输入到表单中，然后单击“评论”按钮，就会在发表的内容下显示出评论的内容，单击“我的评论”可以隐藏和显示下面的内容。

common.tpl 的代码如下：

```
<textarea name="content" id="i_already"
  onKeyUp="javascript:checkWord('2013','i_already','wordCheck')"
  onKeyDown="ctrlEnter(event, 'publishSubmit')">可以给文字加粗体和各种颜色了，
  鼠标悬浮“格式”按钮了解</textarea>
<div class="content">
<{foreach from=$list item="value"}>
<{$value.content}><br />
<div id="div1"></div>
<textarea type="text" value="你想对我说" id="textarea" class="i_already">
</textarea>
<input class="indexBtn1" id="publishSubmit1" value="评 论" type="button">
<br />
<{/foreach}>
<{$page_html}>
</div>

public function pinglunAction()
{
    session_start();
    $username = $_SESSION['username'];
```

```
    $page = isset($_REQUEST['page'])?$_REQUEST['page']:1;
    $pagesize = 3;
    @$content = $_POST["content"];
    $offset = ($page-1)*$pagesize;
    $pinglunModel = new pinglunModel('localhost', 'root', '123', 'weibo');
    if($content != '') {
        $pinglunModel->pinglun($content);
    }
    $array = $pinglunModel->getPageList($offset, $pagesize);
    //var_dump($array);
    $content = $array['list'];
    $total = $array['total'];
    //命令视图层显示数据
    $this->smarty->assign('list', $content);
    $pageHelper = new pageHelper2();
    $page_html = $pageHelper->show($total, $pagesize, $page);
    $this->smarty->assign('page_html', $page_html);
    $this->smarty->assign('username', $username);
    $this->smarty->display('pinglun.tpl');
}

class pinglunModel extends baseModel {
    public function pinglun($content) {
        $sql = "insert into pinglun(content) values('$content')";
        //file_put_contents("d://aa.txt", $sql, FILE_APPEND);
        $res = mysql_query($sql);
        @$row = mysql_fetch_assoc($res);
        return $row;
    }
    public function search() {
        $sql = "select content from pinglun";
        $res = mysql_query($sql);
        mysql_query("set names utf8");
        $rows = array();
        while($row=mysql_fetch_assoc($res)) {
            $rows[] = $row;
        }
        return $rows;
    }
    public function getPageList($offset, $pagesize) {
        $sql = "select * from pinglun order by id desc limit $offset,$pagesize";
        $result = $this->getAll($sql);
        $sql = "select count(*) from pinglun";
        $total = $this->getOne($sql);
        return array('list'=>$result, 'total'=>$total);
    }
}
```

运行结果如图 13-11、13-12 所示。

图 13-11　微博信息发布界面

图 13-12　评论微博界面

7. 我的私信

我的私信分为发送新消息、我的私信、草稿箱。随滚动条拖动的图层。

(1) 发送新消息的代码如下：

```
<table>
<tr><td>姓名：<input type="text" name="send_name" id="send_name"/></td></tr>
<tr><td>您可输入
<span class="kuang" style="color:#03F;font-size:18px;">--</span>
个字符</td></tr>
<tr><td>内容：<textarea style="height:200px; width:300px" id="send_content"
maxlength="200"></textarea></td></tr>
<tr><td align="right"><span style="cursor:pointer; text-align:center;"
class="zan"><input type="button" value="提交" style="background:#149cdb;
cursor:pointer; color:#000; font-size:18px" class="insert"/></span>
<span style="cursor:pointer; text-align:center;" class="zan1"><input
type="submit" value="立即保存" style="background-color:#C00; color:#000;
cursor:pointer; font-size:18px;" class="baocun"/></span></td></tr>
</table>
public function sixinSendAction() {
    session_start();
    $username = $_SESSION['username'];
    $name = $_POST['name'];
    $content1 = $_POST['content1'];
    $content = $_POST['content'];
    $sixinSend = new sixinModel('localhost', 'root', '123', 'weibo');
    if($name!='' && $content1!='') {
        $sixinSend->sixinSend($name, $content1, $username);
    }
    if($content != '') {
        $sixinSend = $sixinSend->cgSend($content);
```

```
    }
    //file_put_contents("d://user.txt", $username, FILE_APPEND);
    $this->smarty->assign('username', $username);
    $this->smarty->display("sixin_send.tpl");
}
public function sixin($offset, $pagesize, $username) {
    $sql = "select my_name,send_name,send_content,send_time from sixin
      where send_name='$username' order by id desc limit $offset,$pagesize";
    $result = $this -> getAll($sql);
    $sql = "select count(*) from sixin where send_name='$username'";
    $total = $this ->getOne($sql);
    return array('list'=>$result, 'total'=>$total);
}
public function sixinSend($name, $content, $username) {
    $sql = "insert into sixin(my_name,send_time,send_content,send_name)
            values('$username',now(),'$content','$name')";
    $result = mysql_query($sql);
}
public function cgSend($content) {
    $content = trim($content);
    $sql = "insert into caogao(send_content,send_time)
             values('$content',now())";
    $result = mysql_query($sql);
    return $result;
}
```

运行结果如图 13-13 所示。

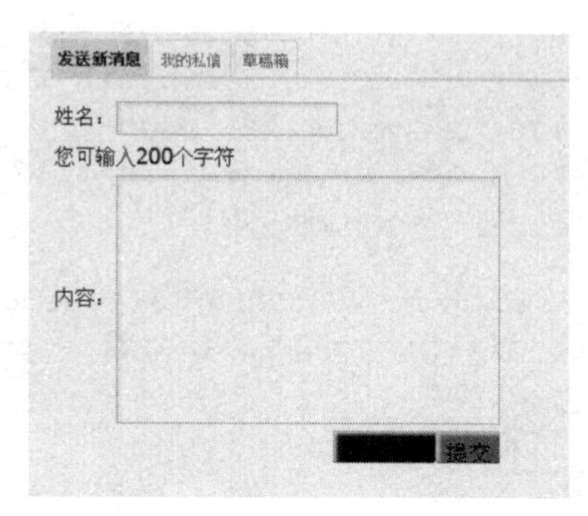

图 13-13　发送新消息或放入草稿箱

(2)　我的私信的代码如下：

```
<{foreach from="$list" item="value"}>
<ul class="followList"
  style="overflow:hidden; padding:0; _margin-top:-50px; position:relative">
<li id="msg_1" style="_padding-bottom:23px;">
<div class="fBox_l" style="margin-top:3px;">
<img onerror="javascript:faceError(this);"
src="images/sixin/02_avatar_small.jpg">
<div id="user_1_user" class="layS"></div></div>
<div class="fBox_R3" style="margin:0; width:540px;">
```

```
<p><span><font color="#FF0099"><strong><{$value.my_name}></strong></font>
  对我说:</span><img src="images/sixin/navNewgif.gif" title="有新
私信" id="img_1"><span style="float: right"><a href="javascript:void(0);"
onclick="delmsg(1);" class="thisClose_face" title="删除"></a></span></p>
<span><{$value.send_content}></span><p style="margin-top:15px;
color:#999;"><span><{$value.send_time}></span><span style="float:
right"><a href="http://t.jishigou.net/pm/history/uid-1">共 1 条记录</a>
 | 
<a onclick="PmSend(1,'admin');return false;" href="javascript:void(0);">
回复</a></span></p></div></li></ul>
<{/foreach}>
<{$page_html}>
public function sixinMyAction()
{
    session_start();
    $username = $_SESSION['username'];
    $page = isset($_REQUEST['page'])? $_REQUEST['page'] : 1;
    $pagesize = 3;
    $offset = ($page-1)*$pagesize;
    $doc = new sixinModel('localhost', 'root', '123', 'weibo');
    $array = $doc->sixin($offset, $pagesize, $username);
    $content = $array['list'];
    $total = $array['total'];
    //命令视图层显示数据
    //file_put_contents("d:a.txt", $rows, FILE_APPEND);
    $this->smarty->assign("list", $content);
    $pageHelper = new pageHelper1();
    $page_html = $pageHelper->show($total, $pagesize, $page);
    //file_put_contents("d:a.txt", $page_html, FILE_APPEND);
    $this->smarty->assign('page_html', $page_html);
    $this->smarty->assign('username', $username);
    $this->smarty->display("sixin_my.tpl");
}
public function sixinSend($name, $content, $username) {
    $sql = "insert into sixin(my_name,send_time,send_content,send_name)
          values('$username',now(),'$content','$name')";
    $result = mysql_query($sql);
}
```

运行结果如图 13-14 所示。

图 13-14　我的私信界面

(3) 草稿箱的代码如下：

```
<{foreach from=$rows item="value"}>
<div style="border:thin; font-size:12;"><{$value.send_time}></div>
<div id="dd" style="color:#336; font-size:18px; border:#033;">
<{$value.send_content}></div>
<{/foreach}>
public function sixinCgAction() {
   session_start();
   $username = $_SESSION['username'];
   $doc = new sixinModel('localhost', 'root', '123', 'weibo');
   $rows = $doc->caogao();
   $this->smarty->assign("rows", $rows);
   $this->smarty->assign('username', $username);
   $this->smarty->display("sixin_cg.tpl");
}
public function caogao() {
   $sql = "select send_content,send_time from caogao";
   $result = mysql_query($sql);
   //file_put_contents("d:a.txt", $result, FILE_APPEND);
   $arr = array();
   while($row=mysql_fetch_assoc($result)) {
      $arr[] = $row;
   }
   return $arr;
}
```

运行结果如图 13-15 所示。

图 13-15　草稿箱界面

13.3　Smarty 简介

Smarty 是一个用 PHP 写出来的模板引擎，是目前业界最著名的 PHP 模板引擎之一。它分离了逻辑代码和外在的内容，提供了一种易于管理和使用的方法，用来将原本与 HTML

代码混杂在一起 PHP 代码逻辑分离。

Smarty 分开了逻辑程序和外在的内容，提供了一种易于管理的方法。可以描述为应用程序员和美工扮演了不同的角色，因为在大多数情况下，他们不可能是同一个人。例如，你正在创建一个用于浏览新闻的网页，新闻标题、标签栏、作者和内容等都是内容要素，它们并不包含应该怎样去呈现。在 Smarty 的程序里，这些被忽略了。模板设计者们编辑模板，组合使用 HTML 标签和模板标签去格式化这些要素的输出(HTML 表格、背景色、字体大小、样式表等)。有一天程序员想要改变文章检索的方式(也就是程序逻辑的改变)。这个改变不影响模板设计者，内容仍将准确地输出到模板。同样地，哪天美工想要完全重做界面，也不会影响到程序逻辑。因此，程序员可以改变逻辑而不需要重新构建模板，模板设计者可以改变模板而不影响到逻辑。

对 PHP 来说，有很多模板引擎可供选择，但 Smarty 是使用 PHP 编写出来的目前业界最著名、功能最强大的一种 PHP 模板引擎。Smarty 像 PHP 一样拥有丰富的函数库，从统计字数到自动缩进、文字环绕以及正则表达式，都可以直接使用，如果觉得不够，Smarty 还有很强的扩展能力，可以通过插件的形式进行扩充。另外，Smarty 也是一种自由软件，用户可以自由使用、修改，以及重新分发该软件。Smarty 的优点概括如下。

- 速度：相对于其他的模板引擎技术而言，采用 Smarty 编写的程序可以获得最大的速度提高。
- 编译型：采用 Smarty 编写的程序在运行时要编译成一个非模板技术的 PHP 文件，这个文件采用了 PHP 与 HTML 混合的方式，在下一次访问模板时将 Web 请求直接转换到这个文件中，而不再进行模板重新编译(在源程序没有改动的情况下)，使用后续的调用速度更快。
- 缓存技术：Smarty 提供了一种可选择使用的缓存技术，它可以将用户最终看到的 HTML 文件缓存成一个静态的 HTML 页。当用户开启 Smarty 缓存时，并在设定的时间内，将用户的 Web 请求直接转换到这个静态的 HTML 文件中来，这相当于调用一个静态的 HTML 文件。
- 插件技术：Smarty 模板引擎是采用 PHP 的面向对象技术实现，不仅可以在源代码中修改，还可以自定义一些功能插件(就是一些按规则自定义的函数)。
- 强大的表现逻辑：在 Smarty 模板中能够通过条件判断以及迭代地处理数据，它实际上就是一种程序设计语言，但语法简单，设计人员在不需要预备编程知识的前提下就可以很快学会。

当然，Smarty 也不是万能的，也有它不合适的地方，例如，对于需要实时更新的内容，需要经常重新编译模板，所以这类程序使用 Smarty 会使模板处理速度变慢。另外，在小项目中也不适合使用 Smarty 模板，小项目因为简单而美工与程序员一人兼任，使用 Smarty 会在一定程度上丧失 PHP 迅速开发的优点。

13.4 Smarty 的安装与配置

Smarty 的安装比较容易，因为它是采用 PHP 的面向对象思想编写的软件，只要在我们的 PHP 脚本中加载 Smarty 类，并创建一个 Smarty 对象，就可以使用 Smarty 模板引擎了。像 Smarty 这类使用 PHP 语言编写的软件，并在 PHP 的项目中应用时，可以只在 Web 服务器的主机上安装一次，然后提供给该主机下所有设计者开发不同程序时直接引用，而不会重复安装太多的 Smarty 副本。通常这种安装方法是将 Smarty 类库放置到 Web 文档根目录之外的某个目录中，再在 PHP 的配置文件中将这个位置包含在 include_path 指令中。但如果某个 PHP 项目在多个 Web 服务器之间迁移时，每个 Web 服务器都必须有同样的 Smarty 类库配置。

13.4.1　Smarty 的安装

(1)　需要到 Smarty 官方网站 http://www.smarty.net/download.php 下载最新的稳定版本，所有版本的 Smarty 类库都可以在 Unix 和 Windows 服务器上使用。例如，下载的软件包为 Smarty-2.6.18.tar.gz。

(2)　然后解压压缩包，解开后会看到很多文件，其中有个名称为 libs 的文件夹，就是存有 Smarty 类库的文件夹。安装 Smarty 只需要这一个文件夹，其他的文件都没有必要使用。

(3)　在 libs 中应该会有 3 个 class.php 文件、1 个 debug.tpl、1 个 plugin 文件夹和 1 个 core 文件夹，直接将 libs 文件夹复制到程序主文件夹下即可。

(4)　在执行的 PHP 脚本中，通过 require()语句将 libs 目录中的 Smarty.class.php 类文件加载进来，Smarty 类库就可以使用了。

用如下代码创建 Smarty 实例：

```
require('Smarty.class.php');
$smarty = new Smarty;
```

试着运行一下以上脚本，如果出现“未找到 Smarty.class.php 文件”错误，应该像下面这样做。

情况一：加入库文件目录的绝对路径：

```
require('/usr/local/lib/php/Smarty/Smarty.class.php');
$smarty = new Smarty;
```

情况二：在 include_path 加入库文件目录：

```
//Edit your php.ini file, add the Smarty library
//directory to the include_path and restart web server.
//Then the following should work:
require('Smarty.class.php');
$smarty = new Smarty;
```

情况三：手工设置 SMARTY_DIR 常量：

```
define('SMARTY_DIR', '/usr/local/lib/php/Smarty/');
require(SMARTY_DIR.'Smarty.class.php');
$smarty = new Smarty;
```

上面提供的安装方式适合给程序被带过来移过去的开发者使用，这样就不用再考虑主机有没有安装 Smarty 了。

13.4.2 Smarty 的配置

通过前面对 Smarty 类库安装的介绍，调用 require()方法将 Smarty.class.php 文件包含到执行脚本中，并创建 Smarty 类的对象就可以使用了。但如果需要改变 Smarty 类库中一些成员的默认值，不仅可以直接在 Smarty 源文件中修改，也可以在创建 Smarty 对象以后重新为 Smarty 对象设置新值。Smarty 类中一些需要注意的成员属性如表 13-1 所示。

表 13-1　Smarty 类的属性

成员属性名	描　述
$template_dir	网站中的所有模板文件都需要放置在该属性所指定的目录或子目录中。当包含模板文件时，如果不提供一个源地址，将会到这个模板目录中寻找。默认情况下，目录是“./templates”，也就是说，将会在与 PHP 执行脚本相同的目录下寻找模板目录。建议将该属性指定的目录放在 Web 服务器文档根之外的位置
$compile_dir	Smarty 编译过的所有模板文件都会被存储到这个属性所指定的目录中。默认目录是“./templates_c”，也就是说，它将会在与 PHP 执行脚本相同的目录下寻找编译目录。除了创建此目录外，在 Linux 服务器上还需要修改权限，使 Web 服务器的用户能够对这个目录有写的权限。建议将该属性指定的目录放在 Web 服务器文档根之外的位置
$config_dir	该变量定义用于存放模板特殊配置文件的目录，默认情况下，目录是“./configs”，也就是说，它将会在与 PHP 执行脚本相同的目录下寻找配置目录。建议将该属性指定的目录放在 Web 服务器文档根之外的位置
$left_delimiter	用于模板语言中的左结束符变量，默认是“{”。但这个默认设置会与模板中使用的 JavaScript 代码结构发生冲突，通常需要修改其默认行为。例如“<{”
$right_delimiter	用于模板语言中的右结束符变量，默认是“}”。但这个默认设置会与模板中使用的 JavaScript 代码结构发生冲突，通常需要修改其默认行为。例如“}>”
$caching	告诉 Smarty 是否缓存模板的输出。默认情况下，它设为 0 或无效。也可以为同一个模板设多个缓存，当值为 1 或 2 时启动缓存。 1 告诉 Smarty 使用当前的$cache_lifetime 变量判断缓存是否过期。 2 告诉 Smarty 使用生成缓存时的 cache_lifetime 值。用这种方式我们正好可以在获取模板之前设置缓存生存时间，以便较精确地控制缓存何时失效。建议在项目开发过程中关闭缓存，将值设计为 0
$cache_dir	在启动缓存特性的情况下，这个属性所指定的目录中放置 Smarty 缓存的所有模板。默认情况下，它是“./cache”，也就是说，我们可以在与 PHP 执行脚本相同的目录下寻找缓存目录。也可以用自己的自定义缓存处理函数来控制缓存文件，它将会忽略这项设置。除了创建此目录外，在 Linux 服务器上还需要修改权限，使 Web 服务器的用户能够对这个目录有写的权限。建议将该属性指定的目录放在 Web 服务器文档根之外的位置

续表

成员属性名	描　述
$cache_lifetime	该变量定义模板缓存有效时间段的长度(单位秒)。一旦这个时间失效，则缓存将会重新生成。如果想要实现所有效果，$caching 必须因$cache_lifetime 需要而设为“true”。值为–1 时，将强迫缓存永不过期。0 值将导致缓存总是重新生成(仅有利于测试，一个更有效的使缓存无效的方法是设置$caching = 0)

如果我们不修改 Smarty 类中的默认配置，也需要设置几个必要的 Smarty 路径，因为 Smarty 将会在与 PHP 执行脚本相同的目录下寻找这些配置目录。但为了系统安全，通常建议将这些目录放在 Web 服务器文档根目录之外的位置上，这样就只有通过 Smarty 引擎使用这些目录中的文件了，而不能再通过 Web 服务器在远程访问它们。为了避免重复地配置路径，可以在一个文件里配置这些变量，并在每个需要使用 Smarty 的脚本中包含这个文件即可。将以下这个文件命名为 main.inc.php，并放置到主文件夹下，与 Smarty 类库所在的文件夹 libs 在同一个目录中。

先初始化 Smarty 的路径，将文件命名为 main.php：

```
<?php
include "./libs/Smarty.class.php";
  //包含 Smarty 类库所在的文件
define('SITE_ROOT', '/usr/www');
  //声明一个常量指定非 Web 服务器的根目录
$smarty = new Smarty();
  //创建一个 Smarty 类的对象$smarty
$smarty->template_dir = SITE_ROOT . "/templates/";
  //设置所有模板文件存放的目录
$smarty->compile_dir = SITE_ROOT . "/templates_c/";
  //设置所有编译过的模板文件存放的目录
$smarty->config_dir = SITE_ROOT . "/config/";
  //设置模板中特殊配置文件存放的目录
$smarty->cache_dir = SITE_ROOT . "/cache/";
  //设置存放 Smarty 缓存文件的目录
$smarty->caching=1;
  //设置开启 Smarty 缓存模板功能
$smarty->cache_lifetime=60*60*24*7;
  //设置模板缓存有效时间段的长度为 7 天
$smarty->left_delimiter = '<{';
  //设置模板语言中的左结束符
$smarty->right_delimiter = '}>';
  //设置模板语言中的右结束符
?>
```

在 Smarty 类中，并没有对成员属性使用 private 封装，所以创建 Smarty 类的对象以后就可以直接为成员属性赋值。若按上面的设置，程序如果要移植到其他地方，我们只要改变 SITE_ROOT 值就可以了。

如果按上面规定的目录结构去存放数据，所有的模板文件都存放在 templates 目录中，在需要使用模板文件时，模板引擎会自动地到该目录中去寻找对应的模板文件；如果在模

板文件中需要加载特殊的配置文件，也会到 configs 目录中去寻找；如果模板文件有改动或是第一次使用，会通过模板引擎将编译过的模板文件自动写入到 templates_c 目录中建立的一个文件中；在启动缓存特性的情况下，Smarty 缓存的所有模板还会被自动存储到 cache 目录中的一个文件或多个文件中。由于需要 Smarty 引擎去主动修改的 cache 和 templates_c 两个目录，所以要让 PHP 脚本的执行用户有写的权限。

13.4.3 第一个 Smarty 程序

通过前面的介绍，如果了解了 Smarty 并学会安装，就可以通过一个简单的示例测试一下，使用 Smarty 模板编写的大型项目也会有同样的目录结构。按照前面的介绍，我们需要创建一个项目的主目录 shop，并将存放 Smarty 类库的文件夹 libs 复制这个目录中，还需要在该目录中分别创建 Smarty 引擎所需要的各个目录。如果需要修改一些 Smarty 类中常用成员属性的默认行为，可以在该目录中编写一个类似前面介绍的 main.php 文件。

在本例中，要执行的是在 PHP 程序中替代模板文件中特定的 Smarty 变量。首先在项目主目录下的 templates 目录中创建一个模板文件，这个模板文件的扩展名可以自定义。注意，在模板中声明了$title 和$content 两个 Smarty 变量，都放在大括号“{}”中，大括号是 Smarty 的默认定界符，但为了在模板中嵌入 CSS 及 JavaScript，最好将它换掉，如改为“<{”和“}>”的形式。这些定界符只能在模板文件中使用，并告诉 Smarty 要对定界符所包围的内容完成某些操作。在 templates 目录中创建一个名为 shop.html 的模板文件。

简单的 Smarty 设计模板(templates/shop.html)：

```
<html>
<head>
   <meta http-equiv="Content-type" content="text/html; charset=gb2312">
   <title> { $title } </title>
</head>
<body>
   { $content }
</body>
</html>
```

这里要注意，shop.html 这个模板文件一定要位于 templates 目录或它的子目录内，除非通过 Smarty 类中的$template_dir 属性修改了模板目录。另外，模板文件只是一个表现层界面，还需要 PHP 变量值传入 Smarty 模板。直接在项目的主目录中创建一个名为 index.php 的 PHP 脚本文件，作为 templates 目录中 shop.html 模板的应用程序。

在项目的主目录中创建 index.php，代码如下所示：

```
<?php
//第一步：加载 Smarty 模板引擎
require("libs/Smarty.class.php");
//第二步：建立 Smarty 对象
$smarty = new Smarty();
//第三步：设定 Smarty 的默认属性(上面已举例，这里略过)
//第四步：用 assign()方法将变量置入模板中
$smarty->assign("title", "ShopNC 综合多用户商城");
```

```
//也属于第四步，用 assign()方法将变量置入模板中
$smarty->assign("content", " ShopNC 综合多用户商城 V2.6 版上线了");
//利用 Smarty 的 display()方法将网页输出
$smarty->display("shop.html");
?>
```

这个示例展示了 Smarty 能够完全分离 Web 应用程序逻辑层和表现层。用户通过浏览器直接访问项目目录中的 index.php 文件，就会将模板文件 shop.html 中的变量替换后显示出来。再到项目主目录下的 templates_c 目录底下，我们会看到一个编经过 Smarty 编译生成的文件%%6D^6D7^6D7C5625%%shop.html.php。打开该文件后的代码如下所示。

Smarty 编译过的文件(templates_c/%%6D^6D7^6D7C5625%%shop.html.php)：

```
<?php /* Smarty version 2.6.18, created on 2009-04-15 09:19:13  compiled from
shop.html */ ?>
<html>
<head>
<meta http-equiv="Content-type" content="text/html; charset=gb2312">
<title>
<?php echo $this->_tpl_vars['title']; ?>
</title>
</head>
<body>
<?php echo $this->_tpl_vars['content']; ?>
</body>
</html>
```

Smarty 编译过的文件是在第一次使用模板文件 shop.html 时由 Smarty 引擎自动创建的，它将我们在模板中由特殊定界符声明的变量转换成了 PHP 的语法来执行，它是一个 PHP 动态脚本文件。

下次再读取同样的内容时，Smarty 就会直接抓取这个文件来执行了，直到模板文件 shop.html 有改动时，Smarty 才会重新编译生成编译文件。

13.5　Smarty 的使用步骤

在 PHP 程序中，使用 Smarty 需要以下 5 个步骤。

(1)　加载 Smarty 模板引擎，例如：require("Smarty.class.php");。

(2)　建立 Smarty 对象，例如：$smarty = new Smarty();。

(3)　修改 Smarty 的默认行为，例如开启缓存机制、修改模板默认存放目录等。

(4)　将程序中动态获取的变量，通过 Smarty 对象中的 assign()方法置入模板中。

(5)　利用 Smarty 对象中的 display()方法将模板内容输出。

在这 5 个步骤中，可以将前 3 个步骤定义在一个公共文件中，像前面介绍过的用来初始化 Smarty 对象的文件 main.php。

因为前 3 步是 Smarty 在整个 PHP 程序中应用的核心，像常数定义、外部程序加载、共享变量建立等，都是从这里开始的，所以我们通常都是先将前 3 个步骤做好，放入一个公

共文件中，之后每个 PHP 脚本中只要将这个文件包含进来就可以了，因此在程序流程规划期间，必须好好构思这个公用文件中设置的内容。

后面的两个步骤是通过访问 Smarty 对象中的方法完成的，这里我们有必要给读者介绍一下 assign()和 display()方法。

1. assign()方法

在 PHP 脚本中调用该方法可以为 Smarty 模板文件中的变量赋值。它使用起来比较容易，原型如下所示：

```
void assign(string varname, mixed var)
```

它是 Smarty 对象中的方法，用来赋值到模板中，通过调用 Smarty 对象中的 assign()方法，可以将任何 PHP 所支持的类型数据赋值给模板中的变量，包含数组和对象类型。使用的方式有两种，可以指定一对“名称/数值”或指定包含“名称/数值”的联合数组。

如下所示：

```
$smarty->assign("name", "shopnc");
  //将字符串"shopnc"赋给模板中的变量{$name}
$smarty->assign("name1", $name);
  //将变量$name 的值赋给模板中的变量{$name1}
```

2. display()方法

基于 Smarty 的脚本中必须用到这个方法，而且在一个脚本中只能使用一次，因为它负责获取和显示由 Smarty 引擎引用的模板。该方法的原型如下所示：

```
void display(string template[, string cache_id[, string compile_id]])
  //用来获取和显示 Smarty 模板
```

第一个参数 template 是必选的，需要指定一个合法的模板资源的类型和路径。还可以通过第二个可选参数 cache_id 指定一个缓存标识符的名称，第三个可选参数 compile_id 在维护一个页面的多个缓存时使用。

在下面的示例中使用多种方式指定一个合法的模板资源：

```
//获取和显示由 Smarty 对象中的$template_dir 属性所指定目录下的模板文件 index.html
$smarty->display("index.html");
//获取和显示由 Smarty 对象中的$template_dir 变量所指定的目录下的子目录 admin 中的模板
//文件 index.html
$smarty->display("admin/index.html");
//绝对路径，用来使用不在$template_dir 模板目录下的文件
$smarty->display("/usr/local/include/templates/header.html");
//绝对路径的另外一种方式，在 Windows 平台下的绝对路径必须使用“file:”前缀
$smarty->display("file:C:/www/pub/templates/header.html");
```

在使用 Smarty 的 PHP 脚本文件中，除了基于 Smarty 的内容需要上面 5 个步骤外，程序的其他逻辑没有改变。例如文件处理、图像处理、数据库连接、MVC 的设计模式等，使用形式都没有发生变化。

13.6　Smarty 变量

在 Smarty 模板中经常使用的变量有两种：一种是从 PHP 中分配的变量；另一种是从配置文件中读取的变量。但使用最多的还是从 PHP 中分配的变量。但要注意，模板中只能输出从 PHP 中分配的变量，不能在模板中为这些变量重新赋值。在 PHP 脚本中分配变量给模板，都是通过调用 Smarty 引擎中的 assign()方法实现的，不仅可以向模板中分配 PHP 标量类型的变量，而且也可以将 PHP 中复合类型的数组和对象变量分配给模板。

13.6.1　在模板中输出 PHP 分配的变量

在前面的示例中，已经介绍了在 PHP 脚本中调用 Smarty 模板的 assign()方法，向模板中分配字符串类型的变量，本节我们主要在模板中输出从 PHP 分配的复合类型变量。在 PHP 的执行脚本中，不管分配什么类型的变量到模板中，都是通过调用 Smarty 模板的 assign()方法完成的，只是在模板中输出的处理方式不同。需要注意的是，在 Smarty 模板中变量预设是全域的。也就是说，你只要分配一次就可以了，如果分配两次以上的话，变量内容会以最后分配的为主。就算我们在主模板中加载了外部的子模板，子模板中同样的变量一样也会被替代，这样我们就不用针对子模板再做一次解析的动作了。

通常，在模板中通过遍历输出数组中的每个元素，可以通过 Smarty 中提供的 foreach 或 section 语句来完成，而本节我们主要介绍在模板中单独输出数组中的某个元素。索引数组和关联数组在模板中输出方式略有不同，其中索引数组在模板中的访问与在 PHP 脚本中的引用方式一样，而关联数组中的元素在模板中指定的方式是使用句号“.”访问的。

变量输出基本上有以下几种情况。

1. 模板变量输出示例

模板内容：

```
{$name}
```

PHP 脚本：

```
//生成$smarty 实例
require('lib/smarty/Smarty.class.php');
$smarty = new Smarty;

//指定功能目录，可以自定义
$smarty->template_dir = 'templates';
$smarty->$compile_dir = 'template_c';

//为模板变量赋值。模板 test.html 放于 templates 下
//$smarty->assign('模板变量名', 'php 内部变量');
//$smarty->display(模板文件名);
$smarty->assign('name', 'shopnc');
$smarty->display('test.html');
```

结果输出如下：

```
shopnc
```

2. 模板数组输出示例

模板内容：

```
{$company.name}<br>
{$company.ver}<br>
{$company.content}<br>
```

PHP 脚本：

```
$company = array('name'=>'shopnc, 'ver'=>'v2.5', 'content'=>'多用户商城');
$smarty->assign('company', $company);
$smarty->display('test.html');
```

结果输出如下：

```
shopnc
v2.5
多用户商城
```

3. 循环示例，使用 section 对多维数组进行列表输出

模板的内容如下：

```
{section name=i loop=$shopList}
{$shopList[i].name} {$shopList[i].version} {$shopList[i].date} <Br>
{/section}
//section：标签功能
//name：标签名
//loop：循环数组
```

PHP 脚本如下：

```
$shopList = array();
$shopList[] =
  array('name'=>'shopnc', 'version'=>'v2.4', 'date'=>'2009-01-01');
$shopList[] =
  array('name'=>'shopnc', 'version'=>'v2.5', 'date'=>'2009-02-01');
$shopList[] =
  array('name'=>'shopnc', 'version'=>'v2.6', 'date'=>'2009-03-01');
$smarty->assign('shopList', $shopList);
$smarty->display('test.html');
```

结果输出如下：

```
shopnc v2.4 2009-01-01
shopnc v2.5 2009-02-01
shopnc v2.6 2009-03-01
```

13.6.2 模板中输出 PHP 分配的变量

Smarty 保留变量不需要从 PHP 脚本中分配，是可以在模板中直接访问的数组类型变量，通常被用于访问一些特殊的模板变量。例如，直接在模板中访问页面请求变量、获取访问模板时的时间戳、直接访问 PHP 中的常量、从配置文件中读取变量等。该保留变量中的部分访问介绍如下。

1. 在模板中访问页面请求变量

我们可以在 PHP 脚本中，通过超级全局数组$_GET、$_POST、$_REQUEST 获取在客户端以不同方法提交给服务器的数据，也可以通过$_COOKIE 或$_SESSION 在多个脚本之间跟踪变量，或是通过$_ENV 和$_SERVER 获取系统环境变量。如果在模板中需要这些数组，可以调用 Smarty 对象中的 assign()方法分配给模板。但在 Smarty 模板中，直接就可以通过{$smarty}保留变量访问这些页面请求变量。在模板中使用的示例如下：

```
{$smarty.get.page}              {* 类似在 PHP 脚本中访问$_GET["page"] *}
{$smarty.post.page}             {* 类似在 PHP 脚本中访问$_POST["page"] *}
{$smarty.cookies.username}      {* 类似在 PHP 脚本中访问$_COOKIE["username"] *}
{$smarty.session.id}            {* 类似在 PHP 脚本中访问$_SESSION["id"] *}
{$smarty.server.SERVER_NAME}{*类似在 PHP 脚本中访问$_SERVER["SERVER_NAME"]*}
{$smarty.env.PATH}              {* 类似在 PHP 脚本中访问$_ENV["PATH"]*}
{$smarty.request.username}      {* 类似在 PHP 脚本中访问$_REQUEST["username"] *}
```

2. 在模板中访问 PHP 中的变量

在 PHP 脚本中有系统常量和自定义常量两种，同样这两种常量在 Smarty 模板中也可以被访问，而且不需要从 PHP 中分配，只要通过{$smarty}保留变量就可以直接输出常量的值。在模板中输出常量的示例如下：

```
{$smarty.const._MY_CONST_VAL}    {* 在模板中输出在 PHP 脚本中用户自定义的常量 *}
{$smarty.const.__FILE__}         {* 在模板中通过保留变量数组直接输出系统常量 *}
```

在模板中的变量不能为其重新赋值，但是可以参与数学运算，只要是在 PHP 脚本中可以执行的数学运算，都可以直接应用到模板中。使用的示例如下：

```
{$foo+1}
{* 在模板中将 PHP 中分配的变量加 1 *}
{$foo*$bar}
{* 将两个 PHP 中分配的变量在模板中相乘 *}
{$foo->bar-$bar[1]*$baz->foo->bar()-3*7}
{* PHP 中分配的复合类型变量也可以参与计算 *}
{if ($foo+$bar.test%$baz*134232+10+$b+10)}
{* 可以将模板中的数学运算在程序逻辑中应用 *}
```

另外，在 Smarty 模板中可以识别嵌入在双引号中的变量，只要此变量只包含数字、字母、下划线或中括号[]。对于其他的符号(句号、对象相关的等)此变量必须用两个反引号“`”(此符号与“~”在同一个键上)包住。

使用的示例如下：

```
{func var="test $foo test"}
{* 在双引号中嵌入标量类型的变量 *}
{func var="test $foo[0] test"}
{* 将索引数组嵌入到模板的双引号中 *}
{func var="test $foo[bar] test"}
{* 也可以将关联数组嵌入到模板的双引号中 *}
{func var="test `$foo.bar` test"}
{* 嵌入对象中的成员时将变量使用反引号包住*}
```

13.6.3 变量调节器

在 PHP 中提供了非常全面的处理文本的函数，我们可以通过这些函数将文本修饰后，再调用 Smarty 对象中的 assign()方法分配到模板中输出。而我们有可能想在模板中直接对 PHP 分配的变量进行调解，Smarty 开发人员在库中集成了一些这方面的特性，而且允许你对其进行任意扩展。

在 Smarty 模板中使用变量调解器修饰变量，与在 PHP 中调用函数处理文本相似，只是 Smarty 中对变量修饰的语法不同。变量在模板中输出以前如果需要调解，可以在该变量后面跟一个竖线“|”，在后面使用调解的命令。而且对于同一个变量，你可以使用多个修改器，它们将从左到右按照设定好的顺序被依次组合使用，使用时必须用“|”字符作为它们之间的分隔符，语法如下所示：

```
{$var|modifier1|modifier2|modifier3|...}
{* 在模板中的变量后面多个调解器组合使用的语法 *}
```

另外，变量调节器由赋予的参数值决定其行为，参数由冒号“:”分开，有的调解器命令有多个参数。使用变量调节器的命令与调用 PHP 函数有点相似，其实每个调解器命令都对应一个 PHP 函数。每个函数都自占用一个文件，存放在与 Smarty 类库同一个目录下的 plugins 目录中。我们也可以按 Smarty 规则在该目录中添加自定义函数，对变量调解器的命令进行扩展。也可以按照自己的需求，修改原有的变量调解器命令对应的函数。在下面的示例中使用变量调解器命令 truncate，将变量字符串截取为指定数量的字符：

```
{$topic|truncate:40:"..."}
{* 截取变量值的字符串长度为 40，并在结尾使用"..."表示省略 *}
```

truncate 函数默认截取字符串的长度为 80 个字符，但可以通过提供的第一个可选参数来改变截取的长度，例如上例中指定截取的长度为 40 个字符。还可以指定一个字符串作为第二个可选参数的值，追加到截取后的字符串后面，如省略号(...)。此外，还可以通过第三个可选参数指定到达指定的字符数限制后立即截取，或是还需要考虑单词的边界，这个参数默认为 FALSE 值，则截取到达限制后的单词边界。

如果给数组变量应用单值变量的调节，结果是数组的每个值都被调节。如果只想要调节器用一个值调节整个数组，必须在调节器名字前加上@符号。例如：

```
{$articleTitle|@count}
{* 这将会在$articleTitle 数组里输出元素的数目 *}
```

下面我们通过一个例子来看几个调节器的用法，模板内容如下：

```
<html>
<head><title>smarty 的模板调节器示例</title></head>
<body>
1. 第一句首字母要大写：<tpl>$str1|capitalize</tpl><br>
2. 第二句模板变量 +张三：<tpl>$str2|cat: 张三"</tpl><br>
3. 第三句输出当前日期：<tpl>$str3|date_format:"%Y 年%m 月%d 日"</tpl><br>
4. 第四句.php 程序中不处理，它显示默认值：<tpl>$str4|default:"没有值！"</tpl><br>
5. 第五句要让它缩进 8 个空白字母位，并使用"*"取替这 8 个空白字符：
<br><tpl>$str5|indent:8:"*"</tpl><br>
6. 第六句把 JaDDy@oNCePlAY.CoM 全部变为小写：<tpl>$str6|lower</tpl><br>
7. 第七句把变量中的 teacherzhang 替换成：张三：
<tpl>$str7|replace:"teacherzhang":"张三"</tpl><br>
8. 第八句为组合使用变量修改器：<tpl>$str8|capitalize|cat:"这里是新加的时间：
"|date_format:"%Y 年%m 月%d 日"|lower</tpl>
</body>
</html>
```

然后设计 PHP 脚本：

```
<?php
require_once("./lib/smarty/Smarty.class.php"); //包含 smarty 类文件
$smarty = new Smarty(); //建立 smarty 实例对象$smarty
$smarty->template_dir = "./templates"; //设置模板目录
$smarty->compile_dir = "./templates_c"; //设置编译目录

//----------------------------------------------------
//左右边界符，默认为{}，但实际应用当中容易与 JavaScript 相冲突，所以建议设成其他
//----------------------------------------------------
$smarty->left_delimiter = "<tpl>";
$smarty->right_delimiter = "</tpl>";

$smarty->assign("str1", "my name is zhangsan.");
  //将 str1 替换成 My Name Is Zhangsan.

$smarty->assign("str2", "我的名字叫："); //输出：我的名字叫：张三
$smarty->assign("str3", "公元"); //输出公元 2010 年 5 月 6 日(我的当前时间)

//$smarty->assign("str4", "");
//第四句不处理时会显示默认值，如果使用上面这一句则替换为""

$smarty->assign("str5", "前边 8 个*"); //第五句输出：********前边 8 个*
$smarty->assign("str6", "JaDDy@oNCePlAY.CoM");
  //这里将输出 jaddy@onceplay.com
$smarty->assign("str7", "this is teacherzhang");
  //在模板中显示为：this is 张三
$smarty->assign("str8", "HERE IS COMBINING:");
//编译并显示位于./templates 下的 index.html 模板
$smarty->display("index.html");
?>
```

最后输出：

```
<html>
<head><title>smarty的模板调节器示例</title></head>
<body>
1. 第一句首字母要大写：My Name Is Zhangsan.<br>
2. 第二句模板变量 + 张三：我的名字叫：张三<br>
3. 第三句输出当前日期：公元2014年5月6日<br>
4. 第四句.php程序中不处理，它显示默认值：没有值！<br>
5. 第五句要让它缩进8个空白字母位，并使用"*"取替这8个空白字符：
<br>********前边8个*<br>
6. 第六句把JaDDy@oNCePlAY.CoM全部变为小写：jaddy@onceplay.com<br>
7. 第七句把变量中的teacherzhang替换成：张三：this is 张三<br>
8. 第八句为组合使用变量修改器：Here is Combining:这里是新加的时间：2004年5月6日
</body>
</html>
```

Smarty 模板中常用的变量调解函数如表 13-2 所示。

表 13-2　Smarty 常用变量调解函数列表

成员方法名	描　述
capitalize	将变量里的所有单词首字母大写，参数值为 boolean 型，决定带数字的单词是否首字大写，默认不大写
count_characters	计算变量值里的字符个数，参数值为 boolean 型，决定是否计算空格数，默认不计算空格
cat	将 cat 里的参数值连接到给定的变量后面，默认为空
count_paragraphs	计算变量里的段落数量
count_sentences	计算变量里句子的数量
count_words	计算变量里的词数
date_format	日期格式化，第一个参数控制日期格式，如果传给 date_format 的数据是空的，将使用第二个参数作为默认时间
default	为空变量设置一个默认值，当变量为空或者未分配时，由给定的默认值替代输出
escape	用于 HTML 转码、URL 转码，在没有转码的变量上转换单引号、十六进制转码、十六进制美化，或者 JavaScript 转码。默认是 HTML 转码
indent	在每行缩进字符串，第一个参数指定缩进多少个字符，默认是 4 个字符；第 2 个参数指定缩进用什么字符代替
lower	将变量字符串小写
nl2br	所有的换行符将被替换成 。功能与 PHP 中的 nl2br()函数一样
regex_replace	寻找和替换正则表达式，必须有两个参数，参数 1 是替换正则表达式，参数 2 使用什么文本字串来替换
replace	简单的搜索和替换字符串，必须有两个参数，参数 1 是将被替换的字符串，参数 2 是用来替换的文本

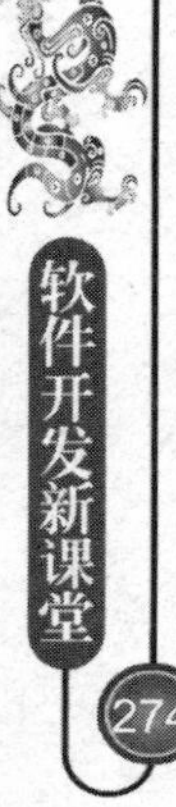

续表

成员方法名	描　述
spacify	在字符串的每个字符之间插入空格或者其他的字符串，参数表示将在两个字符之间插入的字符串，默认为一个空格
string_format	是一种格式化浮点数的方法，例如十进制数，使用 sprintf 语法格式化。参数是必需的，规定使用的格式化方式。%d 表示显示整数，%.2f 表示截取两个浮点数
strip	替换所有重复的空格，换行和 Tab 为单个或者指定的字符串。如果有参数则是指定的字符串
strip_tags	去除所有 HTML 标签
truncate	从字符串开始处截取某长度的字符，默认是 80 个
upper	将变量改为大写
wordwrap	可以指定段落的宽度(也就是多少个字符一行，超过这个字符数换行)，默认 80。第 2 个参数可选，可以指定在约束点使用什么字符(默认是换行符\n)。默认情况下 Smarty 将截取到词尾，如果想精确到设定长度的字符，应将第 3 个参数设为 TRUE

下面我们举例简要介绍几个函数的使用。

1. count_characters(字符计数)

示例如下：

```
//PHP 程序
$smarty->assign('articleTitle', 'A B C');
//模板内容
{$articleTitle}<Br>
{$articleTitle|count_characters}<Br>
{$articleTitle|count_characters:true} //决定是否计算空格字符
```

运行结果：

```
A B C
3
5
```

2. cat(连接字符串)

将 cat 里的值连接到给定的变量后面：

```
//PHP 程序
$smarty->assign('articleTitle', "hello");
//模板内容：
{$articleTitle|cat:"kevin"}
```

运行结果：

```
Hello kevin
```

3. date_format(格式化日期)

格式化从函数 strftime()获得的时间和日期，Unix 或者 MySQL 等的时间戳记都可以传递到 Smarty，设计者可以使用 date_format 完全控制日期格式，如果传给 date_format 的数据是空的，将使用第 2 个参数作为时间格式。

示例如下：

```
//PHP 程序
$smarty->assign('yesterday', strtotime('-1 day'));
//模板内容
{$smarty.now|date_format}<Br>
{$smarty.now|date_format:"%A, %B %e, %Y"}<Br>
{$smarty.now|date_format:"%H:%M:%S"}<Br>
{$yesterday|date_format}<Br>
{$yesterday|date_format:"%A, %B %e, %Y"}<Br>
{$yesterday|date_format:"%H:%M:%S"}
```

运行结果：

```
Feb 6, 2014
Tuesday, February 6, 2014
14:33:00
Feb 5, 2014
Monday, February 5, 2014
14:33:00
```

4. default(默认值)

为空变量设置一个默认值，变量为空或者未分配时，将由给定的默认值替代输出：

```
//PHP 程序
$smarty->assign('articleTitle', 'A');
//模板内容
{$articleTitle|default:"no title"}
{$myTitle|default:"no title"}
```

运行结果：

```
A
no title
```

5. regex_replace

正则替换，寻找和替换正则表达式，欲使用其语法，可参考 PHP 手册中的 preg_replace()函数。示例如下：

```
//PHP 程序
$smarty->assign('articleTitle', "A\nB");
//模板内容
{* 使用空格替换每个回车符、Tab 和换行符 *}
{$articleTitle}<Br>
{$articleTitle|regex_replace:"/[\r\t\n]/":" "}
```

运行结果：

```
A
B
A B
```

6. replace

替换，简单地搜索和替换字符串：

```
//PHP 程序
$smarty->assign('articleTitle', "ABCD");
//模板内容
{$articleTitle}<Br>
{$articleTitle|replace:"D":"E"}
```

运行结果：

```
ABCD
ABCE
```

7. spacify

插空，是在字符串的每个字符之间插入空格或者其他的字符(串)。示例如下：

```
//PHP 程序
$smarty->assign('articleTitle', 'Something');
//模板内容
{$articleTitle}<Br>
{$articleTitle|spacify}<Br>
{$articleTitle|spacify:"^^"}
```

运行结果：

```
Something Went Wrong in Jet Crash, Experts Say.
S o m e t h i n g
S^^o^^m^^e^^t^^h^^i^^n^^g
```

8. string_format

字符串格式化，是一种格式化字符串的方法。例如格式化为十进制数等。使用 sprintf 语法格式化，示例如下：

```
//PHP 程序
$smarty->assign('number', 23.5787446);
//模板内容
{$number}<Br>
{$number|string_format:"%.2f"}<Br>
{$number|string_format:"%d"}
```

运行结果：

```
Something Went Wrong in Jet Crash, Experts Say.
S o m e t h i n g
```

```
S^^o^^m^^e^^t^^h^^i^^n^^g
```

13.6.4 Smarty 中变量的使用

模板变量用美元符号$开始，可以包含数字、字母和下划线，这与 PHP 变量很像。我们可以引用数组的数字或非数字索引，当然也可以引用对象属性和方法。

(1) 需求说明：使用 Smarty 实现简单的变量输出，将 PHP 中定义的变量抛出到 Smarty 模板中并输出。

(2) 实现关键代码如下。

① PHP 后台代码：

```
//引类 Smarty 类库
require("libs/Smarty.class.php");

//第二步：建立 Smarty 对象
$smarty = new Smarty();

//关闭调试模式
$smarty->debugging = false;

//设置所有模板文件存放的目录
$smarty->template_dir = "templates/";

//设置所有编译过的模板文件存放的目录
$smarty->compile_dir = "templates_c/";

//向模式中抛出变量
$title = 'ShopNC 综合多用户商城';
$content = 'ShopNC 综合多用户商城新版上线了';

$smarty->assign("title", $title);
$smarty->assign("content", $content);

//利用 Smarty 的 display()方法将网页输出
$smarty->display("demo.html");
```

② 模板页 demo.html 代码：

```
<html>
<head>
   <meta http-equiv="Content-type" content="text/html; charset=utf-8">
   <title> { $title } </title>
</head>

<body>
{ $content }
</body>
</html>
```

13.6.5　Smarty 中流程控制语句的使用

Smarty 中的流程控制语句有 foreach、section、if elseif else。

(1)　需求说明：使用 Smarty 循环将商品表(product)中的信息输出，要求只输出价格大于 40 元的商品。

(2)　实现关键代码如下。

①　PHP 后台代码：

```
//读取数据表的信息
mysql_connect('localhost', 'root', 'root', 'phpdemo');
mysql_select_db('phpdemo');
mysql_query('set names utf8');
$rs = mysql_query('select * from product');
$list = array();
while($row = mysql_fetch_array($rs)) {
    $list[] = $row;
}
//Smarty 模板引擎初始化
require("libs/Smarty.class.php");
$smarty = new Smarty();
$smarty->debugging = false;
$smarty->template_dir = "templates/";
$smarty->compile_dir = "templates_c/";
//向模式中抛出数组
$smarty->assign("list", $list);
$smarty->display("1.html");
```

②　模板页 demo.html 代码：

```
<html>
<head>
    <meta http-equiv="Content-type" content="text/html; charset=utf-8">
    <title> { $title } </title>
</head>
<body>
{section name=i loop=$list}
{if $list[i].p_price gt 40 }
    商品：{$list[i].p_name}，价格：{$list[i].p_price} <br/>
{/if}
{/section}
</body>
</html>
```

13.6.6　开启缓存

1. 使用缓存

开启 Smarty 缓存，只需将 caching 设为 true，并指定 cache_dir 即可。

使用 cache_lefetime 指定缓存生存时间，单位为秒。

2. 清除缓存

clear_all_cache()：清除所有缓存。
clear_cache('index.tpl')：清除 index.tpl 的缓存。
clear_cache('index.tpl', cache_id)：清除指定 id 的缓存。

(1) 需求说明：开启 Smarty 模板缓存。

(2) 实现关键代码：

```
//读取数据表的信息
mysql_connect('localhost','root','root','phpdemo');
mysql_select_db('phpdemo');
mysql_query('set names utf8');
$rs = mysql_query('select * from product');
$list = array();
while($row = mysql_fetch_array($rs)){
    $list[] = $row;
}
//smarty 模板引擎初始化
require("libs/Smarty.class.php");
$smarty = new Smarty();
$smarty->debugging = false;
$smarty->template_dir = "templates/";
$smarty->compile_dir = "templates_c/";
//开启缓存
$smarty->caching = true;
//指定缓存文件存放目录
$smarty->cache_dir = "cache/";
//向模式中抛出数组
$smarty->assign("list",$list);
$smarty->display("1.html");
```

13.6.7 设置缓存生命周期

用 cache_lefetime 来设置缓存的生命周期。

(1) 需求说明：开启 Smarty 模板缓存，设置缓存过期时间为一周。

(2) 实现关键代码：

```
//读取数据表的信息
mysql_connect('localhost', 'root', 'root', 'phpdemo');
mysql_select_db('phpdemo');
mysql_query('set names utf8');
$rs = mysql_query('select * from product');
$list = array();
while($row = mysql_fetch_array($rs)) {
    $list[] = $row;
}
```

```
//Smarty 模板引擎初始化
require("libs/Smarty.class.php");
$smarty = new Smarty();
$smarty->debugging = false;
$smarty->template_dir = "templates/";
$smarty->compile_dir = "templates_c/";

//开启缓存
$smarty->caching = 2;
//指定缓存文件存放目录
$smarty->cache_dir = "cache/";
//设置缓存时间为 1 周
$smarty->cache_lifetime = 60*60*24*7;
//向模式中抛出数组
$smarty->assign("list", $list);
$smarty->display("1.html");
```

13.7　流 程 控 制

Smarty 提供了几种可以控制模板内容输出的结构，包括能够按条件判断决定输出内容的 if-elseif-else 结构，也有迭代处理传入数据的 foreach 和 section 结构。本节将介绍这些在 Smarty 模板中使用的控制结构。

13.7.1　条件选择结构 if-else

Smarty 模板中的{if}语句与 PHP 中的 if 语句一样灵活易用，并增加了几个特性以适应模板引擎。Smarty 中{if}必须与{/if}成对出现，当然也可以使用{else}和{elseif}子句。另外，在{if}中可以使用表 13-3 中给出的全部条件修饰符。

表 13-3　Smarty 中的修饰符

条件修饰符	描　述	条件修饰符	描　述	条件修饰符	描　述
gte	大于等于	is not even	是否不为偶数	==	相等
eq	相等	neq	不相等	mod	求模
gt	大于	is even	是否为偶数	not	非
ge	大于等于	is odd	是否为奇数	!=	不相等
lt	小于	is not odd	是否不为奇数	>	大于
lte	小于等于	div by	是否能被整除	<	小于
le	小于等于	even by	商是否为偶数	<=	小于等于
ne	不相等	odd by	商是否为奇数	>=	大于等于

Smarty 模板中在使用这些修饰符时，它们必须与变量或常量用空格隔开。此外，在 PHP 标准代码中，必须把条件语句包围在小括号中，而在 Smarty 中，小括号的使用则是可选的。一些常见的选择控制结构用法如下所示：

```
{if $name eq "Fred"}     {* 判断变量$name 的值是否为 Fred *}
   Welcome Sir.          {* 如果条件成立则输出这个区块的代码 *}
{elseif $name eq "Wilma"} {* 否则如果变量$name 的值是 Wilma *}
   Welcome Ma'am.   {* 如果条件成立则输出这个区块的代码 *}
{else}  {* 否则从句，在其他条件都不成立时执行 *}
   Welcome, whatever you are.  {* 如果条件成立则输出这个区块的代码 *}
{/if}  {* 条件控制的关闭标记，if 必须成对出现 *}
{if $name eq "Fred" or $name eq "Wilma"} {* 使用逻辑运算符“or”的一个例子 *}
   ...  {* 如果条件成立则输出这个区块的代码 *}
{/if} {* 条件控制的关闭标记，if 必须成对出现*}
{if $name == "Fred" || $name == "Wilma"}
{* 与上面的例子一样，"or"和"||"没有区别 *}
   ...  {* 如果条件成立则输出这个区块的代码 *}
{/if} {* 是条件控制的关闭标记，if 必须成对出现 *}
{if$name=="Fred" || $name=="Wilma"} {* 错误的语法，条件符号和变量要用空格隔开*}
   ...  {* 如果条件成立则输出这个区块的代码 *}
{/if} {* 条件控制的关闭标记，if 必须成对出现*}
```

13.7.2 foreach 语句

在 Smarty 模板中，我们可以使用 foreach 或 section 两种方式重复一个区块。而在模板中则需要从 PHP 中分配过来的一个数组，这个数组也可以是多维数组。foreach 标记作用与 PHP 中的 foreach 相同，但它们的使用语法大不相同，因为在模板中增加了几个特性以适应模板引擎。它的语法格式虽然比较简单，但只能用来处理简单数组。在模板中{foreach}必须与{/foreach}成对使用，它有 4 个参数，其中 from 和 item 两个是必要的。如表 13-4 所示。

表 13-4　foreach 的参数

参数名	描述	类型	默认值
from	待循环数组的名称，该属性决定循环的次数，必要参数	数组变量	无
item	确定当前元素的变量名称，必要参数	字符串	无
key	当前处理元素的键名，可选参数	字符串	无
name	循环的名称，用于访问该循环，这个名是任意的，可选参数	字符串	无

也可以在模板中嵌套使用 foreach 遍历二维数组，但必须保证嵌套中的 foreach 名称唯一。此外，在使用 foreach 遍历数组时，与下标无关，所以在模板中关联数组和索引数组都可以使用 foreach 遍历。

考虑一个使用 foreach 遍历数组的例子。假设 PHP 从数据库中读取了一张表的所有记录，并保存在一个声明好的二维数组中，而且需要将这个数组中的数据在网页中显示。我们可以在脚本文件 index.php 中，直接声明一个二维数据保存三个人的联系信息，并通过 Smarty 引擎分配给模板文件。代码如下：

```
<?php
require "libs/Smarty.class.php";
//包含 Smarty 类库
$smarty = new Smarty();
```

```
//创建 Smarty 类的对象
$contact=array(
 //声明一个保存三个联系人信息的二维数组
 array('name'=>'王某','fax'=>'1','email'=>'w@shopnc.net','phone'=>'4'),
 array('name'=>'张某','fax'=>'2','email'=>'z@shopnc.net','phone'=>'5'),
 array('name'=>'李某','fax'=>'3','email'=>'l@shopnc.net','phone'=>'6'));
$smarty->assign('contact', $contact);
//将关联数组$contact 分配到模板中使用
$smarty->display('index.tpl');
//查找模板替换并输出
?>
```

创建一个模板文件 index.tpl，使用双层 foreach 嵌套遍历从 PHP 中分配的二维数组，并以表格的形式在网页中输出。代码如下：

```
<html>
    <head>
        <title>联系人信息列表</title>
    </head>
    <body>
    <table border="1" width="80%" align="center">
        <caption><h1>联系人信息</h1></caption>
        <tr>
            <th>姓名</th><th>传真</th><th>电子邮件</th><th>联系电话</th>
        </tr>
        {foreach from=$contact item=row}
        {* 外层 foreach 遍历数组$contact *}
        <tr>
        {* 输出表格的行开始标记 *}
            {foreach from=$row item=col}
            {* 内层 foreach 遍历数组$row *}
            <td>{$col}</td>
            {* 以表格形式输出数组中的每个数据 *}
            {/foreach}
            {* 内层 foreach 区块结束标记 *}
        </tr>
        {* 输出表格的行结束标记 *}
        {/foreach}
        {* 外层 foreach 区域的结束标记 *}
    </table>
    </body>
</html>
```

在 Smarty 模板中还为 foreach 标记提供了一个扩展标记 foreachelse，这个语句在 from 变量没有值的时候被执行，就是在数组为空时 foreachelse 标记可以生成某个候选结果。在模板中 foreachelse 标记不能独自使用，一定要与 foreach 一起使用。而且 foreachelse 不需要结束标记，它嵌入在 foreach 中，与 elseif 嵌入在 if 语句中很类似。

一个使用 foreachelse 的模板示例如下：

```
{foreach key=key item=value from=$array}
{* 使用 foreach 遍历数组$array 中的键和值 *}
```

```
    {$key} => {$item} <br>
    {* 在模板中输出数组$array 中元素的键和值对 *}
{foreachelse}
    {* foreachelse 在数组$array 没有值的时候被执行 *}
    <p>数组$array 中没有任何值</p>
    {* 如果看到这条语句，说明数组中没有任何数据 *}
{/foreach}
{* foreach 需要成对出现，是 foreach 的结束标记 *}
```

13.7.3 section

先看一段 PHP 代码：

```
$pc_id = array(1000, 1001, 1002);
$smarty->assign('pc_id', $pc_id);
```

section 模板：

```
{* 该例同样输出数组$pc_id 中的所有元素的值 *}
{section name=i loop=$pc_id}
   id: {$pc_id[i]}<br>
{/section}
```

section 用于遍历数组中的数据，section 标签必须成对出现，必须设置 name 和 loop 属性，名称可以是包含字母、数字和下划线的任意组合，可以嵌套但必须保证嵌套的 name 唯一，变量 loop(通常是数组)决定循环执行的次数，当需要在 section 循环内输出变量时，必须在变量后加上中括号包含着的 name 变量，sectionelse 当 loop 变量无值时被执行。

section 语法参数：

```
{section name = name loop = $varName[, start = $start, step = $step,
 max = $max, show = true]}
```

- name：section 的名称，不用加$。
- loop：要循环的变量，在程序中要使用 assign 对这个变量进行操作。
- $start：开始循环的下标，循环下标默认由 0 开始。
- $step：每次循环时下标的增量。
- $max：最大循环下标。
- show：boolean 类型，决定是否对这个块进行显示，默认为 true。

这里有个名词需要说明：循环下标，实际它的英文名称为 index，是索引的意思，这里将它译成“下标”，主要是为了好理解。它表示在显示这个循环块时当前的循环索引，默认从 0 开始，受$start 的影响，如果将$start 设为 5，它也将从 5 开始计数，在模板设计部分我们使用过它，这是当前{section}的一个属性，调用方式为 Smarty.section.sectionName.index，这里的 sectionName 指的是函数原型中的 name 属性。

{section}块具有的属性值分别如下。

- index：上边我们介绍的“循环下标”，默认为 0。
- index_prev：当前下标的前一个值，默认为-1。
- index_next：当前下标的下一个值，默认为 1。

- first：是否为第一个循环。
- last：是否为最后一个循环。
- iteration：循环次数。
- rownum：当前的行号，iteration 的另一个别名。
- loop：最后一个循环号，可用在 section 块后统计 section 的循环次数。
- total：循环次数，可用在 section 块后统计循环次数。
- show：在函数的声明中有它，用于判断 section 是否显示。

13.8　Smarty 的缓存处理

由于 HTTP 协议的无状态的，用户在每次访问 PHP 应用程序时，都会建立新的数据库连接并重新获取一次数据，再经过操作处理，形成 HTML 等代码响应给用户。所以功能越强大的应用程序，执行时的开销就会越大。对于每次页面的请求，都要重复地执行相同的操作，如果数据是不经常变化的，这样显示是浪费资源的。如果不想每次都重复执行相同的操作，就可以在第一次访问 PHP 应用程序时，将动态获取的 HTML 代码保存为静态页面，形成缓存文件。在以后每次请求该页面时，直接去读取缓存的数据，而不用每次都重复执行获取和处理操作，避免带来的额外开销。这样，不仅可以加快页面的显示速度，而且在保存时通过指定下次更新的时间，也能达到缓存被动态更新的效果。比如需要 60 分钟更新一次，就可以根据记录的上次更新时间和当前时间比较，如果大于 60 分钟，重新读取数据库并更新缓存，否则还是直接读取缓存数据。所以，要让 Web 应用程序运行得更高效，缓存技术是一种比较有效的解决方案。

13.8.1　在 Smarty 中控制缓存

Smarty 缓存与前面介绍的 Smarty 编译是两个完全不同的机制，Smarty 的编译功能在默认情况下是启用的，而缓存则必须由开发人员开启。编译的过程是将模板转换为 PHP 脚本，虽然 Smarty 模板在没被修改过的情况下，不会再重新执行转换过程，直接执行编译过的模板，但这个编译过的模板还是一个动态的 PHP 页面，运行时还是需要 PHP 来解析的，如涉及数据库的话，还会去访问数据库，这也是开销最大的。所以它只是减少了模板转换的开销。缓存则不仅将模板转换为 PHP 脚本执行，而且将模板内容转换成为静态页面，所以不仅减少了模板转换的开销，也没有了在逻辑层执行获取数据所需的开销。

1. 建立缓存

如果需要使用缓存，首先要做的就是让缓存可用，这就要设置 Smarty 对象中的缓存属性，如下所示：

```
<?php
require('libs/Smarty.class.php');                    //包含 Smarty 类库
$smarty = new Smarty;                                 //创建 Smarty 类的对象
$smarty->caching = true;                              //启用缓存
$smarty->cache_dir = "./cache/";                     //指定缓存文件保存的目录
```

软件开发新课堂

```
$smarty->display('index.tpl')                    //也会把输出保存
?>
```

在上面 PHP 脚本中，通过设置 Smarty 对象中的$caching = true(或 1)启用缓存。这样，当第一次调用 Smarty 对象中的 display('index.tpl')方法时，不仅会把模板返回原来的状态(没缓存)，也会把输出复制到由 Smarty 对象中的$cache_dir 属性指定的目录下，保存为缓存文件。下次调用 display('index.tpl')方法时，保存的缓存会被再用来代替原来的模板。

2．处理缓存的生命周期

如果被缓存的页面永远都不更新，就会失去动态数据更新的效果。但对一些经常需要改变的信息，我们可以通过指定一个更新时间，让缓存的页面在指定的时间内更新一次。缓存页面的更新时间(以秒为单位)是通过 Smarty 对象中$cache_lifetime 属性指定的，默认的缓存时间为 3600s。如果希望修改此设置，就可以设置这个属性值。一旦指定的缓存时间失效，则缓存页面将会重新生成。如下所示：

```
<?php
require('libs/Smarty.class.php');                //包含 Smarty 类库
$smarty = new Smarty;                         //创建 Smarty 类的对象
$smarty->caching = 2; //启用缓存，在获取模板之前设置缓存生存时间
$smarty->cache_dir = "./cache/";                //指定缓存文件保存的目录
$smarty->cache_lifetime = 60*60*24*7;            //设置缓存时间为 1 周
$smarty->display('index.tpl');                  //也会把输出保存
?>
```

如果我们想给某些模板设定它们自己的缓存生存时间，可以在调用 display()或 fetch()函数之前，通过设置$caching = 2，然后设置$cache_lifetime 为一个唯一值来实现。$caching 必须因$cache_lifetime 需要而设为 true，值为 1 时将强迫缓存永不过期，0 值将导致缓存总是重新生成(建议仅测试使用，这里也可以设置$caching = false 来使缓存无效)。

大多数强大的 Web 应用程序功能都体现在其动态特性上，哪些文件加了缓存、缓存时间多长都是很重要的。例如，我们站点的首页内容不是经常更改，那么对首页缓存一个小时或是更长都可以得到很好的效果。相反，几分钟就要更新一下信息的天气地图页面，用缓存就不好了。所以一方面考虑到性能提升，另一方面也要考虑到缓存页面的时间设置是否合理，要在这二者之间进行权衡。

ShopNC 综合多用户商城同样使用了缓存机制，对于经常用到的信息，系统生成缓存文件到 cache 文件夹下，对于商品详细页面则是生成了静态页面，这些是使用商城自身的缓存机制完成的，而没有使用 Smarty 的缓存，如果你想在商城使用 Smarty 强大的缓存功能，建议可缓存个别页面，而非整个商城系统，如会员注册、登录等页面，可为每个页面设定不同的缓存时间，可以将$caching 属性设置为 2，然后结合$cache_lifetime 属性进行缓存。有些页面则不适合使用缓存，如商品搜索结果页面、使用 Ajax 调用的顶部页面等。

13.8.2 一个页面多个缓存

例如，同一个新闻页面模板，是发布多篇新闻的通用界面。这样，同一个模板在使用时就会生成不同的页面实现。如果开启缓存，则通过同一个模板生成的多个实例都需要被

缓存。Smarty 实现这个问题比较容易，只要在调用 display()方法时，通过在第 2 个可选参数中提供一个值，这个值是为每一个实例指定的一个唯一标识符，有几个不同的标识符就有几个缓存页面。如下所示：

```
<?php
require('libs/Smarty.class.php'); //包含 Smarty 类库
$smarty = new Smarty; //创建 Smarty 类的对象
$smarty->caching = 1; //启用缓存
$smarty->cache_dir = "./cache/";  //指定缓存文件保存的目录
$smarty->cache_lifetime = 60*60*24*7; //设置缓存时间为 1 周
/*
$news = $db->getNews($_GET["newsid"]); //通过表单获取的新闻 ID 返回新闻对象
$smarty->assign("newsid", $news->getNewTitle()); //向模板中分配新闻标题
$smarty->assign("newsdt", $news->getNewDataTime()); //向模板中分配新闻时间
$smarty->assign("newsContent", $news->getNewContent); //分配新闻主体内容
*/
$smarty->display('index.tpl', $_GET["newsid"]); //将新闻 ID 作为第 2 个参数提供
?>
```

在该例中，假设该脚本通过在 GET 方法中接收的新闻 ID，从数据库中获取一篇新闻，并将新闻的标题、时间、内容通过 assign()方法分配给指定的模板。在调用 display()方法时，通过在第 2 个参数中提供的新闻 ID，将这篇新闻缓存为单独的实例。采用这种方式，可以轻松地将每一篇新闻都缓存为一个唯一的实例。

13.8.3　为缓存实例消除处理开销

所谓的处理开销，是指在 PHP 脚本中动态获取数据和处理操作等的开销，如果启用了模板缓存，就要消除这些处理开销。因为页面已经被缓存了，直接请求的是缓存文件，不需要再执行动态获取数据和处理操作了。如果禁用缓存，这些处理开销总是会发生的。解决的办法就是通过 Smarty 对象中的 is_cached()方法，判断指定模板的缓存是否存在。使用的方式如下所示：

```
<?php
$smarty->caching = true;                                  //开启缓存
if(!$smarty->is_cached("index.tpl")) {
    //判断模板文件 imdex.tpl 是否已经被缓存了
    //调用数据库，并对变量进行赋值                        //消除了处理数据库的开销
}
$smarty->display("index.tpl");                            //直接寻找缓存的模板输出
?>
```

如果同一个模板有多个缓存实例的话，每个实例都要消除访问数据库和操作处理的开销，可以在 is_cached()方法中通过第 2 个可选参数指定缓存号，如下所示：

```
<?php
require('libs/Smarty.class.php'); //包含 Smarty 类库
$smarty = new Smarty; //创建 Smarty 类的对象
$smarty->caching = 1; //启用缓存,
$smarty->cache_dir = "./cache/"; //指定缓存文件保存的目录
```

```
$smarty->cache_lifetime = 60*60*24*7; //设置缓存时间为1周
if(!$smarty->is_cached('news.tpl', $_GET["newsid"])) {
  //判断 news.tpl 的某个实例是否被缓存
    /*
    $news = $db->getNews($_GET["newsid"]); //获取的新闻 ID 返回新闻对象
    $smarty->assign("newsid", $news->getNewTitle()); //向模板中分配新闻标题
    $smarty->assign("newsdt", $news->getNewDataTime()); //分配新闻时间
    $smarty->assign("newsContent", $news->getNewContent); //分配新闻主体内容
    */
}
$smarty->display('news.tpl', $_GET["newsid"]); //将新闻 ID 作为第 2 个参数提供
?>
```

在该例中 is_cache()和 display()两个方法使用的参数是相同的，都是对同一个模板中的特定实例进行操作。

13.8.4 清除缓存

如果开启了模板缓存并指定了缓存时间，则页面在缓存的时间内输出结果不变。所以在程序开发过程中应该关闭缓存，因为程序员需要通过输出结果跟踪程序的运行过程，决定程序的下一步编写或用来调试程序等。但在项目开发结束时，在应用过程中就应当认真地考虑缓存，模板缓存大大提升了应用程序的性能。而用户在应用时，需要对网站内容进行管理，经常需要更新缓存，立即看到网站内容更改后的输出结果。

缓存的更新过程就是先清除缓存，再重新创建一次缓存文件。可以用 clear_all_cache()来清除所有缓存，或用 clear_cache()来清除单个缓存文件。使用 clear_cache()方法不仅能清除指定模板的缓存，如果这个模板有多个缓存，还可以用第 2 个参数指定要清除缓存的缓存号。清除缓存的示例如下：

```
<?php
require('libs/Smarty.class.php');
$smarty = new Smarty();
$smarty->caching = true;
$smarty->clear_all_cache(); //清除所有的缓存文件
$smarty->clear_cache("index.tpl"); //清除某一模板的缓存
$smarty->clear_cache("index.tpl","CACHEID");
 //清除某一模板的多个缓存中指定缓存号的一个

$smarty->display('index.tpl');
```

13.8.5 关闭局部缓存

对模板引擎来说，缓存是必不可少的，而局部缓存的作用也很明显，主要用于同一页中既有需要缓存的内容，又有不适宜缓存内容的情况，有选择地缓存某一部分内容或某一部分内容不被缓存。例如，在页面中如果需要显示用户的登录名称，很明显不能为每个用户都创建一个缓存页面，这就需要将显示用户名地方的缓存关闭，而页面的其他地方缓存。Smarty 也为我们提供了这种缓存控制能力，有以下 3 种处理方式：

- 使用{insert}使模板的一部分不被缓存。
- 可以使用$smarty->register_function($params, &$smarty)阻止插件从缓存中输出。
- 使用$smarty->register_block($params, &$smarty)使整篇页面中的某一块不被缓存。

如果使用 register_function 和 register_block，则能够方便地控制插件输出的缓冲能力。但一定要通过第 3 个参数控制是否缓存，默认是缓存的，需要我们显式设置为 false。例如：

```
$smarty->register_block('name', 'smarty_block_name', false);
```

而 insert 函数默认是不缓存的，并且这个属性不能修改。从这个意义上讲，insert 函数对缓存的控制能力似乎不如 register_function 和 register_block 强。这 3 种方法都可以很容易地实现局部关闭缓存，但本节将介绍另一种最常用的方式，就是写成 block 插件的方式。

定义一件插件函数在 block.cacheless.php 文件中，并将其存放在 Smarty 的 plugins 目录中，内容如下：

```
<?php
function smarty_block_cacheless($param, $content, &$smarty) {
    return $content;
}
?>
```

编写所用的模板 cache.tpl 文件：

```
已经缓存的:{$smarty.now}
<br>
{cacheless}
没有缓存的:{$smarty.now}
{/cacheless}
```

编写程序及模板的示例程序 testCacheLess.php：

```
<?php
include('Smarty.class.php');
$tpl = new Smarty;
$tpl->caching = true;
$tpl->cache_lifetime = 6;
$tpl->display('cache.tpl');
?>
```

现在通过浏览器运行一下 testCacheLess.php 文件，发现是不起作用的，两行时间内容都被缓存了。这是因为 block 插件默认也是缓存的，所以还需要改写一下 Smarty 的源代码文件 Smarty _Compiler.class.php，在该文件中查找到下面一条语句：

```
$this->_plugins['block'][$tag_command] = array($plugin_func, null, null,
  null, true);
```

可以直接将原句的最后一个参数改成 false，即关闭默认的缓存。现在清除一下 template_c 目录里的编译文件，重新运行 testCacheLess.php 文件即可。经过我们这几步的定义，以后只需要在模板定义中，对不需要缓存的部分，例如实时比分、广告、时间等，使用{cacheless}和{/cacheless}自定义的 Smarty 块标记，关闭缓存的内容即可。

13.9 综合练习

综合运用前面所学的知识完成会员注册与站内信系统。

(1) 本次任务要求：实现会员注册与登录，会员注册至少需要用户名与密码两项，密码需要进行加密保存，会话要求使用 Session 进行存储。注册会员之间可以发送站内信，数据库内至少存储发送标题、发送内容、发送时间三项。会员可以查看发送的信息和接收的信息，要求可以分页显示。会员可以删除已收到的信件。

(2) 要求至少创建三个类：数据库操作类、模板控制类、分页类。

(3) 整个项目的文件布局如图 13-16 所示。

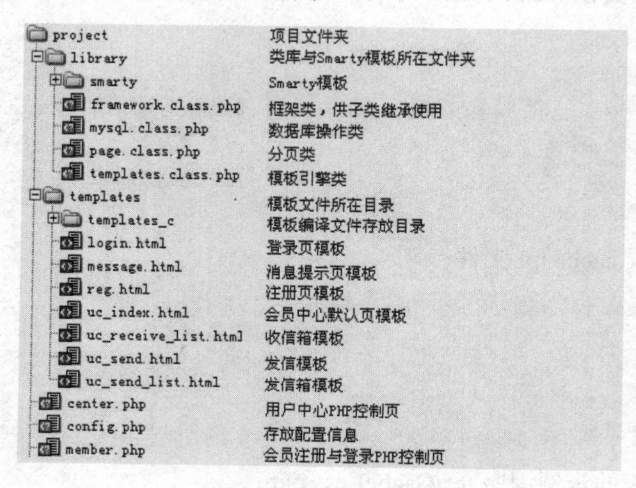

图 13-16 文件布局

其中 framework.class.php 是框架类，它主要负责将数据库操作类与模板引擎类集中起来供 center.php、member.php 继承使用。

1. 数据库操作类的编写

实现关键代码(mysql.class.php)：

```
<?php
class MysqlClass {
    /**
    * 构造函数
    *
    */
    public function __construct() {
        @mysql_connect(db_host,db_user,db_pwd) or exit($this->get_error());
        mysql_select_db(db_name);
        mysql_query('set names utf8');
    }
    /**
    * 执行 Select 语句
```

```
    *
    * @param string $sql
    */
    public function select($sql='') {
        if ($rs = mysql_query($sql)) {
            while($row = mysql_fetch_array($rs)) {
                $array[] = $row;
            }
        }
        return $array;
    }
    /**
    * 执行 Insert 语句
    *
    * @return unknown
    */
    public function insert($sql='') {
        if (mysql_query($sql)) {
            return mysql_insert_id();
        } else {
            return false;
        }
    }
    /**
    * 执行 UPDATE、DELETE 语句
    *
    * @param string $sql
    * @return
    */
    public function query($sql='') {
        return mysql_query($sql);
    }
    /**
    * 返回错误信息
    *
    * @return unknown
    */
    public function get_error() {
        return mysql_error();
    }
}
?>
```

2. 模板引擎类的编写

实现关键代码(templates.class.php)：

```
<?php
/**
* 模板引擎类
*
```

```
*/
class TemplatesClass {
    /**
    * 模板对象
    *
    * @var obj
    */
    private $tpl;
    /**
    * 构造函数
    *
    */
    public function __construct() {
        require_once(BasePath."/library/smarty/libs/Smarty.class.php");
        $this->tpl = new Smarty();
        //关闭调试模式
        $this->tpl->debugging = false;
        //模板文件的存放目录
        $this->tpl->template_dir = BasePath.'/templates/';
        //模板编译文件的存放目录
        $this->tpl->compile_dir = BasePath.'/templates/templates_c/';
        //自定义模板标记
        $this->tpl->left_delimiter = '<{';
        $this->tpl->right_delimiter = '}>';
    }
    /**
    * 向模板抛出变量
    *
    * @param string $key
    * @param string $value
    */
    public function assign($key, $value) {
        $this->tpl->assign($key, $value);
    }
    /**
    * 调用模板页并显示
    *
    * @param string $page
    */
    public function display($page) {
        $this->tpl->display($page);
    }
}
?>
```

3. 分页类的编写

实现关键代码(page.class.php)：

```
<?php
class pageClass extends FrameWork {
```

```
    //每页显示记录数量
    private $pagesize = 10;
    //总页数
    private $pagecount;
    //总记录数
    private $totalcount;
    //当前执行的 sql
    private $sql;
    //当前页
    private $curpage;
    //当前内容
    private $list;
    public function __construct() {
        $this->initialize();
    }
    /**
    * 设置每页显示数量
    *
    * @param int $num
    */
    public function pagesize($num) {
        $this->pagesize = $num;
    }
    /**
    * 返回分页的信息
    *
    * @param unknown_type $sql
    * @return array
    */
    public function getlist($sql) {
        $this->sql = $sql;
        $sql = explode(' from ',$this->sql);
        $sql_count = 'select count(*) as count from '.$sql[1];
        $array = $this->db->select($sql_count);
        $this->totalcount = $array[0]['count'];
        $this->pagecount = ceil($this->totalcount/$this->pagesize);
        $this->curpage = intval($_GET['page']);
        return $this->getarray();
    }
    /**
    * 查询数据库
    *
    * @return array
    */
    private function getarray() {
        $beginset =
          $this->pagesize*($this->curpage>0? $this->curpage-1 : 0);
        $list = $this->db->select(
          $this->sql.' limit '.$beginset.','.$this->pagesize);
        return $list;
    }
```

```
    /**
    * 显示分页信息
    *
    * @return string
    */
    public function showpage() {
        $url = str_replace(
          $_SERVER['QUERY_STRING'], '', $_SERVER['REQUEST_URI']);
        parse_str($_SERVER['QUERY_STRING'], $array);

        $page_str = '';
        if ($array['page'] <=0) $array['page'] = 1;
        if ($array['page'] >1) {
            $pre_page = $array['page']-1;
        } else {
            $pre_page = 1;
        }
        if ($array['page'] < $this->pagecount) {
            $next_page = $array['page']+1;
        } else {
            $next_page = $this->pagecount;
        }
        unset($array['page']);
        $request = '';
        foreach ($array as $k=>$v) {
            $request.=$k.'='.$v.'&';
        }
        $request = trim($request, '&');
        $page_str .= "<a href='".$url.$request.'&page='.$pre_page
                    ."'>上一页</a> ";
        $page_str .=
          "<a href='".$url.$request.'&page='.$next_page."'>下一页</a>";
        return $page_str;
    }
}
?>
```

4. 框架类的编写

实现关键代码(framework.class.php):

```
<?php
class FrameWork {
    //数据库对象
    protected $db;
    //模板对象
    protected $tpl;
    /**
    * 构造函数
    *
    */
```

```
    public function __construct() {
        $this->initialize();
    }
    public function initialize() {
        //实例化数据库类
        $this->db = new MysqlClass();
        //实例化模板引擎类
        $this->tpl = new TemplatesClass();
        //过滤敏感数据
        if ($_GET) $this->filter_param($_GET);
        if ($_POST) $this->filter_param($_POST);
    }
    /**
    * 信息提示
    *
    */
    public function show_message($message, $url) {
        $this->tpl->assign('message', $message);
        $this->tpl->assign('url', $url);
        $this->tpl->display('message.html');
        exit();
    }
    /**
    * 过滤敏感数据
    *
    */
    public function filter_param(&$array) {
        if (is_array($array)) {
            foreach ($array as $k=>$v) {
                $array[$k] = $this->filter_param($v);
            }
        } elseif(is_string($array)) {
            $array = trim($array);
            //过滤 js
            $array = preg_replace('/<script?.*\/script>/', '', $array);
            //过滤敏感 SQL 关键字
            while(preg_match('/select|delete|update/i', $array, $mat)) {
                $array = str_replace($mat[0], $mat[1], $array);
            }
            //过滤其他
            //...
        }
        return $array;
    }
    public function check_login() {
        if ($_SESSION['username'] == '') {
            $this->show_message('请登录', 'member.php');
        }
    }
}
?>
```

5. 其他 PHP 控制页

(1) 配置信息页(config.php)：

```
<?php
//设置错误级别
error_reporting(E_ALL & ~E_NOTICE);
//取得程序所在目录
define('BasePath', dirname(__FILE__));
//设置直接包含的路径
set_include_path('library');
//产生一个 SESSIONID
session_start();

//数据库配置信息
define('db_host', 'localhost');
define('db_user', 'root');
define('db_pwd', 'root');
define('db_name', 'demo');

//引入类库
require_once('mysql.class.php');
require_once('templates.class.php');
require_once('framework.class.php');
?>
```

(2) 会员注册登录控制页(member.php)：

```
<?php
/**
* 会员登录与注册
*
*/

//引入初始化文件
require('config.php');

class showPage extends FrameWork {
    public function main() {
        switch ($_GET['action']) {
            case 'reg_save':
                $this->reg_save();
                break;
            case 'reg':
                $this->show_reg();
                break;
            case 'login_save':
                $this->login_save();
                break;
            case 'out':
                $this->out();
                break;
```

```
        default:
            $this->show_login();
            break;
    }
}
//注册页面
public function show_reg() {
    $this->tpl->display('reg.html');
}
//登录页面
public function show_login() {
    $this->tpl->display('login.html');
}
//保存注册信息
public function reg_save() {
    $username = $_POST['username'];
    $password = md5($_POST['password']);
    $member = $this->db->select(
      "select * from member where username='{$username}'");
    if ($member[0]['id'] != '') {
        $this->show_message('该会员已存在', $_SERVER['HTTP_REFERER']);
    }
    $result = $this->db->insert("insert into member
     set username='{$username}',password='{$password}'");
    if ($result) {
        $this->show_message('注册成功', 'member.php');
    } else {
        exit('发生错误：'.$this->db->get_error());
    }
}
/**
* 登录验证
*
*/
public function login_save() {
    $username = $_POST['username'];
    $password = md5($_POST['password']);
    $member = $this->db->select(
      "select * from member where username='{$username}'");
    if ($member[0]['id'] != '') {
        $_SESSION['username'] = $member[0]['username'];
        $_SESSION['userid'] = $member[0]['id'];
        $this->show_message('登录成功', 'center.php');
    } else {
        $this->show_message('验证失败', $_SERVER['HTTP_REFERER']);
    }
}
/**
* 退出登录
*
*/
```

```
    public function out() {
        session_unset();
        session_destroy();
        $this->show_message('退出成功', 'member.php');
    }
}
$show = new showPage();
$show->main();
unset($show);
?>
```

(3) 会员中心控制页(center.php):

```
<?php
/**
* 会员中心页面
*
*/

//引入初始化文件
require('config.php');

class showPage extends FrameWork {
    public function main() {
        switch ($_GET['action']) {
            case 'send':
                $this->send();
                break;
            case 'send_list':
                $this->send_list();
                break;
            case 'send_save':
                $this->send_save();
                break;
            case 'receive_list':
                $this->receive_list();
                break;
            case 'del':
                $this->del();
                break;
            default:
                $this->show_index();
                break;
        }
    }
    /**
    * 会员中心首页
    *
    */
    private function show_index() {
        $this->tpl->display('uc_index.html');
```

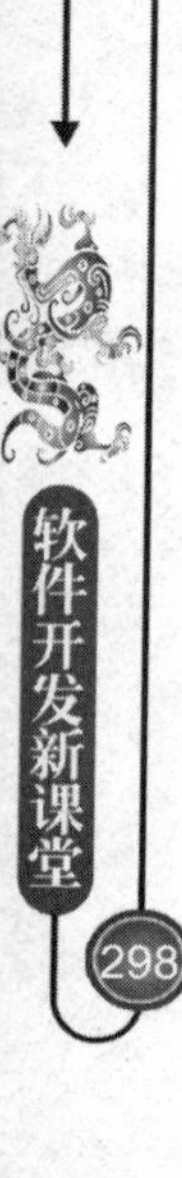

```
}
/**
* 发信
*
*/
private function send() {
    //收件人列表
    $sql = "select * from member where id !=".$_SESSION['userid'];
    $list = $this->db->select($sql);
    $this->tpl->assign('list',$list);
    $this->tpl->display('uc_send.html');
}
/**
* 发信箱
*
*/
private function send_list() {
    require_once('page.class.php');
    $obj_page = new pageClass();
    //发信箱列表
    $sql = "select m.id,m.title,m.content,m.createtime,u.username ";
    $sql.= "from message as m inner join member as u on ";
    $sql.= "m.to_id=u.id where m.from_id=".$_SESSION['userid'];
    $obj_page->pagesize(5);
    $list = $obj_page->getlist($sql);
    $page = $obj_page->showpage();
    $this->tpl->assign('list',$list);
    $this->tpl->assign('page',$page);
    $this->tpl->display('uc_send_list.html');
}
/**
* 收信箱
*
*/
private function receive_list() {
    require_once('page.class.php');
    $obj_page = new pageClass();
    //收信箱列表
    $sql = "select m.id,m.title,m.content,m.createtime,u.username ";
    $sql.="from message as m inner join member as u on ";
    $sql.= "m.from_id=u.id where m.to_id=".$_SESSION['userid'];
    $obj_page->pagesize(5);
    $list = $obj_page->getlist($sql);
    $page = $obj_page->showpage();
    $this->tpl->assign('list', $list);
    $this->tpl->assign('page', $page);
    $this->tpl->display('uc_receive_list.html');
}
/**
* 保存留言
*
```

```
    */
    private function send_save() {
        $sql = "insert into message set ";
        $sql.= "title = '{$_POST['title']}',";
        $sql.= "content = '{$_POST['content']}',";
        $sql.= "to_id = {$_POST['to_id']},";
        $sql.= "from_id = {$_SESSION['userid']},";
        $sql.= "createtime=".time();
        $result = $this->db->insert($sql);
        if ($result) {
            $this->show_message('发送成功', 'center.php');
        } else {
            exit('发生错误: '.$this->db->get_error());
        }
    }
    /**
    * 删除留言
    *
    */
    private function del() {
        $sql = 'delete from message where to_id='.$_SESSION['userid'];
        $sql.= '  and id='.intval($_GET['id']);
        $result = $this->db->query($sql);
        if ($result) {
            $this->show_message('删除成功', $_SERVER['HTTP_REFERER']);
        } else {
            exit('发生错误: '.$this->db->get_error());
        }
    }
}
$show = new showPage();
$show->main();
unset($show);
?>
```

6. Smarty 模板页

实现关键代码如下。

(1) 登录页模板(login.html):

```
<!DOCTYPE html>
<html>
<head>
    <meta http-equiv="Content-Type" content="text/html; charset=utf-8" />
    <title>会员登录</title>
</head>
<style>
*{
    font-size:12px;
}
.input {
```

```
    width:100px
}
</style>
<body>
    会员登录<br/><hr/ size='1' width='200' align=left>
    <form action='member.php?action=login_save' method='POST'
      name='form1' id='form1'>
    用户名称：<input class='input' name='username' id='username'>
    <a href='member.php?action=reg'>注册</a>
    <br/>
    用户口令：<input class='input' name='password'
      type='password' id='password'>
    <input type='submit' value='登录'>
    </form>
</body>
</html>
```

(2) 注册页模板(reg.html)：

```
<!DOCTYPE html>
<html>
<head>
    <meta http-equiv="Content-Type" content="text/html; charset=utf-8" />
    <title>会员注册</title>
</head>
<style>
* {
    font-size:12px;
}
.input {
    width:100px
}
</style>
<body>
    会员注册<br/><hr/ size='1' width='200' align=left>
    <form action='member.php?action=reg_save' method='POST'
      name='form1' id='form1'>
    用户名称：<input class='input' name='username' id='username'>
    <a href='member.php?action=login'>登录</a>
    <br/>
    用户口令：<input class='input' name='password'
      type='password' id='password'>
    <input type='submit' value='注册'>
    </form>
</body>
</html>
```

(3) 信息提示页模板(message.html)：

```
<!DOCTYPE html>
<html>
<head>
```

```
    <meta http-equiv="Content-Type" content="text/html; charset=utf-8" />
    <meta http-equiv="refresh" content="2;url=<{$url}>">
    <title>信息提示</title>
</head>
<style>
* {
    font-size:12px;
}
.input{
    width:100px
}
</style>
<body>
    <{$message}><br/><hr/ size='1' width='200' align=left>
    如果页面没的反应 <a href='<{$url}>'>点击这里跳转</a>
</body>
</html>
```

(4) 会员中心页模板(uc_index.html):

```
<!DOCTYPE html>
<html>
<head>
    <meta http-equiv="Content-Type" content="text/html; charset=utf-8" />
    <title>会员中心</title>
</head>
<style>
* {
    font-size:12px;
}
.input {
    width:100px
}
</style>
<body>
    您好 <{$smarty.session.username}> 欢迎回来 !
    <a href="member.php?action=out">退出</a>
    <br/>
    <hr/ size='1' width='200' align=left>
    <a href="center.php?action=receive_list">收信箱</a> |
    <a href="center.php?action=send_list">发信箱</a> |
    <a href="center.php?action=send">发信</a>
</body>
</html>
```

(5) 发送站内信模板(uc_send.html):

```
<!DOCTYPE html>
<html>
<head>
    <meta http-equiv="Content-Type" content="text/html; charset=utf-8" />
    <title>发送站内信</title>
```

```
</head>
<style>
* {
   font-size:12px;
}
</style>
<body>
   <a href="center.php">会员中心</a> >> 发送信息
   <a href="member.php?action=out">退出</a>
   <br/>
   <hr/ size='1' width='200' align=left>
   <a href="center.php?action=receive_list">收信箱</a> |
   <a href="center.php?action=send_list">发信箱</a> |
   <a href="center.php?action=send">发信</a>
   <form action='center.php?action=send_save' method='POST' name='form1'
id='form1'>
   收件人：<select name='to_id' id='to_id'>
   <{section name=i loop=$list}>
      <option value='<{$list[i].id}>'><{$list[i].username}></option>
   <{/section}>
   </select><br/>
   标题：<input name='title' id='title'>
   <br/>
   内容：<textarea name='content' id='content' rows=4 ></textarea>
   <input type='submit' value='发送'>
   </form>
</body>
</html>
```

(6)　发信箱列表页模板(uc_receive_list.html)：

```
<!DOCTYPE html>
<html>
<head>
   <meta http-equiv="Content-Type" content="text/html; charset=utf-8" />
   <title>收信箱</title>
</head>
<style>
* {
   font-size:12px;
}
ul {
   width:500px;line-height:21px;padding:0;margin:0
}
li {
   float:left;text-align:left;width:100px;
}
.clear {
   clear:both;
}
</style>
```

软件开发新课堂

```
<body>
    <a href="center.php">会员中心</a> >> 收信箱
    <a href="member.php?action=out">退出</a>
    <br/>
    <hr/ size='1' width='200' align=left>
    <a href="center.php?action=receive_list">收信箱</a> |
    <a href="center.php?action=send_list">发信箱</a> |
    <a href="center.php?action=send">发信</a><br/>
    <ul>
    <li>标题</li>
    <li>内容</li>
    <li>发送时间</li>
    <li>发信人</li>
    <li>操作</li>
    </ul>
    <div class='clear'></div>
    <{section name=i loop=$list}>
        <ul>
        <li><{$list[i].title}></li>
        <li><{$list[i].content}></li>
        <li><{$list[i].createtime|date_format:"%Y-%m-%d"}></li>
        <li><{$list[i].username}></li>
        <li><a href='center.php?action=del&id=<{$list[i].id}>'>删除
          </a></li>
        </ul>
        <div class='clear'></div>
    <{/section}>
    <{$page}>
</body>
</html>
```

(7) 收信箱列表页模板(uc_send_list.html)：

```
<!DOCTYPE html>
<html>
<head>
    <meta http-equiv="Content-Type" content="text/html; charset=utf-8" />
    <title>发信箱</title>
</head>
<style>
* {
    font-size:12px;
}
ul {
    width:700px;line-height:21px;padding:0;margin:0
}
li {
    float:left;text-align:left;width:100px;
}
.clear {
    clear:both;
```

```
}
</style>
<body>
    <a href="center.php">会员中心</a> >> 发信箱
    <a href="member.php?action=out">退出</a>
    <br/>
    <hr/ size='1' width='200' align=left>
    <a href="center.php?action=receive_list">收信箱</a> |
    <a href="center.php?action=send_list">发信箱</a> |
    <a href="center.php?action=send">发信</a><br/>
    <ul>
    <li>标题</li>
    <li>内容</li>
    <li>发送时间</li>
    <li>收信人</li>
    </ul>
    <div class='clear'></div>
    <{section name=i loop=$list}>
        <ul>
        <li><{$list[i].title}></li>
        <li><{$list[i].content}></li>
        <li><{$list[i].createtime|date_format:"%Y-%m-%d"}></li>
        <li><{$list[i].username}></li>
        </ul>
        <div class='clear'></div>
    <{/section}>
    <{$page}>

</body>
</html>
```

13.10　小　　结

本章对 MVC 架构进行了介绍。Smarty 模板引擎的出现正是对 MVC 架构很好的体现，所以本章对 Smarty 做了详细的介绍，包括安装、配置、基本使用和缓存处理。

第 14 章

仿记事狗微博项目

学前提示

MVC(Model View Controller)是一种软件设计典范，用于组织代码，使得业务逻辑和数据显示分离开来。本章通过实现一个仿记事狗微博系统，详细介绍 MVC 框架技术的使用。

知识要点

- MVC 框架知识。
- MVC 框架中 Controller(控制器)、Model(模型)、View(视图)的定义。
- MVC 框架中的分页类。

14.1 系 统 概 述

本例开发的仿记事狗微博是仿照 http://t.jishigou.net/网站做的，这个项目是基于 PHP 基础知识和 MVC 框架知识开发的。

14.2 需 求 分 析

这个项目主要实现的功能是：主页显示自己以及关注人的微博信息，可以对关注人发布的微博进行收藏和评论，对自己发布的微博进行编辑修改和删除，可以对自己的信息进行编辑，在同城好友模块可以关注好友。

14.3 开 发 环 境

本系统采用如下环境开发。

- 操作系统：Windows 7。
- 开发工具：EditPlus/Dreamweaver。
- 数据库环境：MySQL。

14.4 数据库结构

仿记事狗微博项目的核心是处理和保存数据，因此该项目的分析与设计阶段的核心工作就是设计数据库的结构与实现方式，确定系统最终需要的数据库结构。

结合需求分析，按照数据库设计原则，为本例确认了如下所示的表结构。

(1) Attention 表(关注好友表)：

字段	类型	整理	属性	Null	默认	额外
id	int(11)			否	无	auto_increment
attentioner	varchar(20)	utf8_unicode_ci		否	无	
username	varchar(20)	utf8_unicode_ci		否	无	

(2) Biaoqian 表(标签表)：

字段	类型	整理	属性	Null	默认	额外
username	varchar(20)	utf8_unicode_ci		是	NULL	
email	varchar(20)	utf8_unicode_ci		是	NULL	
age	varchar(10)	utf8_unicode_ci		是	NULL	
biaoqian	varchar(30)	utf8_unicode_ci		是	NULL	

(3) Collect 表(收藏微博表)：

字段	类型	整理	属性	Null	默认	额外
id	int(11)			否	无	auto_increment
weibo_content	varchar(3600)	utf8_unicode_ci		否	无	
username	varchar(20)	utf8_unicode_ci		否	无	
publisher	varchar(20)	utf8_unicode_ci		否	无	
time	datetime			否	无	

(4)　Comment 表(微博评论表)：

字段	类型	整理	属性	Null	默认	额外
id	int(11)			否	无	auto_increment
com_content	varchar(3600)	utf8_unicode_ci		否	无	
publisher	varchar(3600)	utf8_unicode_ci		否	无	
pub_content	varchar(3600)	utf8_unicode_ci		否	无	
commenter	varchar(3600)	utf8_unicode_ci		否	无	
time	date			否	无	
com_time	date			否	无	

(5)　Fans 表(粉丝表)：

字段	类型	整理	属性	Null	默认	额外
id	int(11)			否	无	auto_increment
username	varchar(3600)	utf8_unicode_ci		否	无	
fans_name	varchar(3600)	utf8_unicode_ci		否	无	

(6)　Info 表(私信表)：

字段	类型	整理	属性	Null	默认	额外
id	int(11)			否	无	auto_increment
content	varchar(3600)	utf8_unicode_ci		否	无	
username	varchar(3600)	utf8_unicode_ci		否	无	
getter	varchar(3600)	utf8_unicode_ci		否	无	
time	datetime			否	无	

(7)　User 表(用户登录表)：

字段	类型	整理	属性	Null	默认	额外
id	int(11)			否	无	auto_increment
username	varchar(20)	utf8_unicode_ci		否	无	
password	varchar(10)	utf8_unicode_ci		否	无	
email	varchar(30)	utf8_unicode_ci		否	无	
sign	varchar(100)	utf8_unicode_ci		是	NULL	
image_title	varchar(50)	utf8_unicode_ci		是	NULL	
address	varchar(100)	utf8_unicode_ci		是	NULL	
age	varchar(10)	utf8_unicode_ci		是	NULL	
picture	varchar(400)	utf8_unicode_ci		否	无	

(8) Weibo 表(微博信息表):

字段	类型	整理	属性	Null	默认	额外
id	int(11)			否	无	auto_increment
weibo_content	varchar(3600)	utf8_unicode_ci		否	无	
username	varchar(30)	utf8_unicode_ci		否	无	
time	datetime			否	无	

注意

数据库结构的设计对仿记事狗微博项目的成功开发至关重要，在编码之前，一定要规划完整。

14.5 项目的开发

该项目主要使用 MVC 框架做的微博项目，实现微博的发表、收藏、转载和评论功能。

14.5.1 用户注册

该项目只有注册之后才能访问网站的各个网页，访问注册页面的地址是：

index.php?C=weibo&a=zhuce

效果如图 14-1 所示，代码如下。

图 14-1 用户注册页面

(1) Controller(控制器):

```
public function zhuceAction() {
    $this->smarty->display("zhuce.tpl");
}
```

(2) View(视图层):

```
<html xmlns="http://www.w3.org/1999/xhtml">
<head><!-- base href="http://t.jishigou.net/" -->
<meta http-equiv="Content-Type" content="text/html; charset=gbk">
```

```
<meta http-equiv="x-ua-compatible" content="ie=7">
<title>注册新用户 - 记事狗微博(t.jishigou.net)</title>
<meta name="Keywords" content=",记事狗微博">
<meta name="Description" content=",分享发现">
<link rel="shortcut icon" href="http://t.jishigou.net/favicon.ico">
<link href="includes/styles/main.css" rel="stylesheet" type="text/css">
<link href="includes/styles/reg.css" rel="stylesheet" type="text/css">
</head>
<body onblur="init()">
<div class="Rlogo">
<h1 class="logo">
<a title="记事狗微博" href="http://t.jishigou.net/index.php">
<img src="includes/images/guo/logo_guest.png"
  style="_filter:progid:DXImageTransform.Microsoft.AlphaImageLoader(
  enabled=true,sizingMethod=crop)"></a>
</h1></div>
<div class="appframe">
<div class="appframeTitle">
<form action="index.php?c=weibo&a=zhucechenggong" id="zhucechenggong"
  method="post" onsubmit="return validate()">
<span class="mleft">欢迎注册会员</span> </div>
<div class="appframeWrap">
<div class="R_L">
<form method="post"
  action="index.php?mod=member&amp;code=doregister&amp;invite_code=only_
  login" name="reg" id="member_register"
  onsubmit="return check_submit(this, 3);">
<input name="FORMHASH" value="d016c7f708d36a5a" type="hidden">
<input name="referer" value="" type="hidden">
<table border="0" width="100%">
<tbody>
<tr>
<td align="right" valign="middle" width="90">常用 Email: </td>
<td>
<input  name="email" id="email"  type="text"> <span id="email1"></span>
<div id="check_email_result" class="error"></div>
<div class="R_tt1">需要验证 Email，用于登录和取回密码等。</div>
</td> </tr>  <tr> <td align="right" valign="middle">账号昵称: </td>
<td>
<input msg="账户/昵称不符合要求。" max="100" min="3" datatype="LimitB"
  name="nickname_input" id="username" maxlength="50" class="reginput"
  tabindex="2" type="text"><span id="username1"></span>
<div id="check_nickname_result" class="error" style="display:none;"></div>
<div class="R_tt4">中英文均可，用于显示、@通知和发私信等。</div></td> </tr>
<tr> <td align="right" valign="middle">登录密码: </td>
<td>
<input  name="password" id="password" maxlength="32" class="reginput"
  onblur="Validator.Validate(this.form,3,this.name)" tabindex="3"
  type="password">
<span id="password2"></span>
<div class="R_tt2">密码至少 5 位。</div></td></tr>
```

```
<tr><td align="right" valign="middle">确认密码：</td>
<td>
<input msg="两次输入的密码不一致。" to="password" datatype="Repeat"
  name="password1" id="password1" maxlength="32" class="reginput"
  onblur="Validator.Validate(this.form,3,this.name)" tabindex="4"
  type="password">
<span id="password3"></span></td></tr>
<tr><td align="right" valign="middle"> </td>
<td><input type="submit" id="zhucechenggong" value="注册"
  onclick="validate()"/></td>
<td><input name="copyrightInput" id="copyrightInput"
  onclick="regCopyrightSubmit();" value="1" checked="checked"
  type="checkbox">
<label for="copyrightInput">
<span class="font12px">
<a href="http://t.jishigou.net/other/regagreement"
  target="_blank">我已看过并同意《使用协议》</a></span></label></td></tr>
<tr><td align="right" valign="middle"> </td>
</tr>
</tbody>
</table>
</form>
</div>
<div class="R_R"> <div class="r_tit">已有本站账号？</div>
<a class="r_loginbtn" href="index.php" rel="nofollow" title="快捷登录">
  请点此登录</a>
<div class="R_linedot"></div>
<div class="r_tit">或使用其他账户登录：</div>
<div class="R_logoList">  
<a class="sinaweiboLogin" href="#" onclick="window.location.href='http://
  t.jishigou.net/index.php?mod=xwb&amp;m=xwbAuth.login';return false;">
<img src="includes/images/guo/sina_login_btn.gif" style="0;">
<div class="tlb_sina">使用新浪微博账号登录</div></a>   
<a class="qqweiboLogin" href="#" onclick="window.location.href='http://
  t.jishigou.net/index.php?mod=qqwb&amp;code=login';return false;">
<img src="includes/images/guo/login.gif">
<div class="tlb_qq">使用腾讯微博账号登录</div></a></div> </div> </div> </div>
<div class="footer">
<div class="bottomLinks bottomLinks_reg">
<div class="bL_List">
<div class="bL_info bL_io1">
<h4 class="MIB_txtar">找感兴趣的人</h4>
<div id="ajax_output_area"></div>
<div id="YXMPopBox" class="YXM-box" style="position: absolute; clear: both;
  overflow: hidden; z-index: 10003; zoom:1; top:2px; display:none;">
<input name="YXM_input_result" id="YXM_input_result"
  value="" type="hidden">
<input name="YXM_level" id="YXM_level" value="32" type="hidden">
<div class="YXM-bg"><div class="YXM-title">
<h3 id="YXM_title" class="title">请输入验证码</h3>
</body>
```

```
<script>
function validate() {
    //alert("hhh");
    var regemail = /^\w+@\w+\.\w+$/;
    var stremail = document.getElementById("email").value
    var resemail = regemail.test(stremail);
    if(resemail) {
        document.getElementById('email').innerHTML =
          "<img src='plugins/imgs/right.gif'><font color='green'></font>";
        //return true;
    } else {
        document.getElementById('email1').innerHTML =
          "<img src='plugins/imgs/wrong.gif'>
          <font color='red'><h5>请输入有效的 email 地址</h5></font>";
        document.getElementById('email').value = "";
        document.getElementById('email').focus();
        //return false;
    }
    var regpassword = /^\w{6,18}$/;
    var strpassword = document.getElementById("password").value
    var respassword = regpassword.test(strpassword);
    if(respassword) {
        document.getElementById('password2').innerHTML =
          "<img src='plugins/imgs/right.gif'><font color='green'></font>";
    } else {
        document.getElementById('password2').innerHTML =
          "<img src='plugins/imgs/wrong.gif'>
          <font color='red'><h5>密码格式输入错误</h5></font>";
        document.getElementById('password').value = "";
        //document.getElementById('password').focus();
    }
    var strpassword = document.getElementById("password").value;
    var strpassword1 = document.getElementById("password1").value;
    if(strpassword == strpassword1) {
        document.getElementById('password3').innerHTML =
          "<img src='plugins/imgs/right.gif'><font color='green'></font>";
     } else {
        document.getElementById('password3').innerHTML =
          "<img src='plugins/imgs/wrong.gif'>
          <font color='red'><h5>密码输入不一致,请重新输入</h5></font>";
        document.getElementById('password1').value = "";
        //document.getElementById('password').value = "";
        document.getElementById("password").focus();
    }
    var regusername = /^\S+$/;
    var strusername = document.getElementById("username").value;
    var resusername = regusername.test(strusername);
    if(resusername) {
        document.getElementById('username1').innerHTML =
          "<img src='plugins/imgs/right.gif'><font color='green'></font>";
    } else {
```

```
        document.getElementById('username1').innerHTML =
          "<img src='plugins/imgs/wrong.gif'>
          <font color='red'>昵称不能为空</font>";
    }
    if(resusername && respassword && (strpassword==strpassword1)
      && resemail) {
        return true;
    } else {
        return false;
    }
}
</script>
</html>
```

(3) 注册信息提交的 Controller(判断是否注册成功)：

```
public function zhucechenggongAction() {
    $username = $_POST['nickname_input'];
    $password = $_POST['password'];
    $email = $_POST['email'];
    $zhuceModel = new zhuceModel('localhost', 'root', '', 'weibo');
    $res = $zhuceModel->insert($username, $password, $email);
    echo $res;
    echo "注册成功";
    header("Refresh:3;url='http://localhost/2013/weibo/index.php'");
}
```

14.5.2 用户登录

用户登录界面如图 14-2 所示。只有输入正确的用户名或者邮箱、密码才能登录进入主界面，否则会弹出提示信息。

图 14-2 登录界面

登录界面的视图是通过 loginController 文件找那个 login 类中 login 方法加载 login.tpl 实现的。

(1) View(视图层)login.tpl：

```
<div class="YXM-input YXM-input-w300">
```

```
<span class="sub-wrap">
<a class="YXM-logo-link" href="http://www.yinxiangma.com/"
 target="_blank">印象码</a></span>
<span class="input-wrap">
<input name="YinXiangMa_response" id="seccodeverify_xyz_p"
 class="input-w210" type="text"></span>
<span class="sub-wrap l_style">
<a href="#" onclick="javascript:YinXiangMa.valid();return false;"
 class="sub-btn l_style">确定</a></span>
<br class="YXM-clear"></div>
<input name="YinXiangMa_pk" id="YinXiangMa_pk"
 value="98583a76eb813b39381fdb1684908dc0" type="hidden">
<input name="YinXiangMa_challenge" id="YinXiangMa_challenge"
 value="ac1e50bca16ee61da4ff540192375b8b" type="hidden">
```

(2) 验证登录信息是否正确，通过 loginController 中的 login 方法实现的，代码如下。

验证信息的 Controller：

```
public function loginAction() {
    $_SESSION["username"] = $_GET["name"];
    $username = $_GET["name"];
    $pw = $_GET["password"];
    //file_put_contents("d://a.txt", $pw);
    $db = new weiboModel('localhost', 'root', '', 'weibo');
    $res = $db->login($username, $pw);
    echo $res;
}
```

(3) 验证信息中需要自动验证，所以要使用 model 方法，在 loginModel 文件中是以 login 方法实现的，代码如下。

Model 代码：

```
public function login($username, $pw) {
    $sql = "select * from user where username='".$username.
      "' and password='".$pw."'";
    //file_put_contents("d://a.txt", $sql);
    $res = mysql_query($sql);
    if(mysql_affected_rows() > 0) {
        return "登录成功";
    }
}
```

14.5.3 首页显示

该页面是这个网站的首页面，这个页面主要显示自己以及关注的用户所发表的微博。

显示首页信息的 Controller：

```
public function shouyeAction() {
    //连接数据库
    $db = new weiboModel('localhost', 'root', '', 'weibo');
```

```
    //当前页数
    $page = isset($_REQUEST['page'])? $_REQUEST["page"] : 1;

    //每页显示的数量
    $pagesize = 3;

    //每页跳过的个数
    $offest = $pagesize*($page-1);

    //获得总记录数
    $count = $db->weibo_count($_SESSION["username"]);
    //file_put_contents("d://a.txt", $count);

    //获得具体的信息
    $weibo = $db->weibo_select($_SESSION["username"], $pagesize, $offest);
    $pagehelp = new pageHelper();
    $pagehtml = $pagehelp->show($page, $count, $pagesize);

    //获得个人信息
    $info = $db->image_title($_SESSION["username"]);

    //获得关注，粉丝个人微博总数
    $this->smarty->assign("weibo", $weibo);
    $this->smarty->assign("pagehtml", $pagehtml);
    $this->smarty->assign("info", $info);
    $fans = $db->fans($_SESSION["username"]);
    $attention = $db->attention($_SESSION["username"]);
    $weibo_num = $db->weibo_num($_SESSION["username"]);
    $this->smarty->assign("weibo_num", $weibo_num);
    $this->smarty->assign("att_num", $attention);
    $this->smarty->assign("fans_num", $fans);
    $this->smarty->assign("name", $_SESSION["username"]);
    $this->smarty->display("index.tpl");
}

//统计关注人和登录人微博总数
public function weibo_count($name) {

    //获得个人微博总数
    $db = "select count(*) from weibo where username='".$name."'";
    $re = mysql_query($db);
    $row = mysql_fetch_row($re);
    $rr = $row;

    //获得粉丝微博总数
    $fans = array();
    $attioner = mysql_query(
      "select attentioner from attention where username='miss_zhang'");
    while($row = mysql_fetch_assoc($attioner)) {
        $fans[] = $row;
```

```
    }
    $result = array();
    for($i=0; $i<count($fans); $i++) {
        $att = "select count(*) from weibo where username='"
                 .$fans[$i]["attentioner"]."'";
        $res =  mysql_query($att);
        while($r = mysql_fetch_row($res)) {
            $result[] = $r[0];
        }
    }
    $a = array_sum($result);
    $b = array_sum($rr); //array(1) { [0]=> int(14) }
    $array = array("0"=>$b, "1"=>$a);
    return (array_sum($array));
}

//显示微博
public function weibo_select($name, $pagesize, $offest) {
    $db = "select weibo_content,user.username,time,image_title from weibo
      join user on user.username=weibo.username where user.username='"
      .$name."' order by time desc limit $offest,$pagesize";
    $re = mysql_query($db);
    $arr = array();
    while($row = mysql_fetch_assoc($re)) {
        $arr[] = $row;
    }
    //$mine = array($arr);

    //查询粉丝
    $attioner = mysql_query(
      "select attentioner from attention where username='".$name."'");
    $fans = array();
    while($row = mysql_fetch_assoc($attioner)) {
        $fans[] = $row;
        //file_put_contents("d://c.txt", $row, FILE_APPEND);
    }
    $result = array();
    $title = array();
    for($i=0; $i<count($fans); $i++) {
        /* $att = "select * from weibo where username='"
            .$fans[$i]["attentioner"]
            ."' order by time desc limit $offest,$pagesize"; */
        $att = "select weibo_content,user.username,time,image_title
                 from weibo join user on user.username=weibo.username
                 where user.username='".$fans[$i]["attentioner"]
                 ."' order by time desc limit $offest,$pagesize";
        //file_put_contents("d://s.txt", $att, FILE_APPEND);
        $res =  mysql_query($att);
        while($rows = mysql_fetch_array($res)) {
            $result[] = $rows;
            //file_put_contents("d://s.txt", $rows, FILE_APPEND);
```

```
        }
    }
    $count = array("mine"=>$arr, "fans"=>$result);
    return $count;
}

<!DOCTYPE html PUBLIC "-//W3C//DTD XHTML 1.0 Transitional//EN"
  "http://www.w3.org/TR/xhtml1/DTD/xhtml1-transitional.dtd">
<html xmlns="http://www.w3.org/1999/xhtml">

<head>  <!-- base href="http://t.jishigou.net/" -->
<meta http-equiv="Content-Type" content="text/html; charset=utf-8">

<title>我的首页- 记事狗微博(t.jishigou.net)</title>

<meta name="Keywords" content="记事狗微博">
<meta name="Description" content="分享发现">
<link rel="shortcut icon" href="http://t.jishigou.net/favicon.ico">
<link href="includes/styles/main.css" rel="stylesheet" type="text/css">
<link href="includes/styles/send.css" rel="stylesheet" type="text/css">
<link href="includes/styles/qun.css" rel="stylesheet" type="text/css">
<link href="includes/styles/hack.css" rel="stylesheet" type="text/css">
<link href="includes/styles/theme.css" rel="stylesheet" type="text/css">
<link href="includes/styles/img_slide.css" rel="stylesheet"
type="text/css">

<script src="includes/jQuery/jquery-1.4.2.min.js"></script>
<script src="includes/jQuery/jQuery_title.js"></script>
<script src="includes/jQuery/jQuery_little.js"></script>
<script src="includes/jQuery/img_slide.js"></script>
<script src="includes/jQuery/zhuanzai.js"></script>
<script src="includes/jQuery/tongji.js"></script>
<script src="includes/jQuery/index.js"></script>
<script src="includes/jQuery/upload.js"></script>
<link href="includes/styles/zong.css" rel="stylesheet" type="text/css">
</head>

<body>

<div class="layout">
<div class="header">
<div class="headerNav">
<ul class="hleft">
<li class="logo">
<a href="http://t.jishigou.net/topic" title="记事狗微博">
<img src="includes/images/images_zhang/logo.png"
  style="_filter:progid:DXImageTransform.Microsoft.AlphaImageLoader(
  enabled=true,sizingMethod=crop)"></a>
</li>
<div class="btnSearch">
```

```
<a id="search_name"><span class="lbl"></span></a></div> </form> </div>
</li> </ul>
<ul class="hright">
<li style="width:150px;"><font style=" color:white; font-size:16px;">欢迎
<span id="admin_name"><{$name}></span>登录</font></li>
<li class="t_member">
<i href="/29001" title="我是管好这张嘴，点此访问个人主页">
<img src="includes/images/images_zhang/noavatar.gif" class="member"
onerror="javascript:faceError(this);"></i>
<ul class="t_member_box">
<li style="border:none;">
<p class="spr_weibo">
<a title="记事狗微博">我的首页</a></p> <p class="spr_info"><a>我的频道</a></p>
<p class="spr_fav"><a href="index.php?c=shoucang&a=show_collect">我的收藏
</a></p>
<p class="spr_qun"> <a href="http://t.jishigou.net/topic/qun">
我的微群</a> </p>
<p class="spr_logout">
<a href="http://t.jishigou.net/index.php?mod=login&amp;code=logout"
 rel="nofollow">退出登录</a> </p> </li> </ul> </li> </ul> </li>
<li class="pweibo" style="cursor:pointer;" title="发微博"> </li> </ul>
</div> </div>
<div class="topTips">
<div id="topic_index_left_ajax_list" class="fixedLeft"
 style="_height:950px;">
<div class="leftNav">
<div class="blackBox"></div>
<ul class="leftNav_main">
<li class="myweibo">
<a href="" hidefocus="true" title="个人主页" target="_parent"><i></i>
<img src="includes/images/images_zhang/myweibo_icon.jpg">个人主页</a> </li>
<li class="mydigout"> <a href="" hidefocus="true" title="我赞的"
 target="_parent"><i></i>
<img src="includes/images/images_zhang/mydigout_icon.jpg">我赞的</a></li>
<li class="mypm"> <a href="index.php?c=sixin&a=sixin&username=<{$name}>"
 target="_blank" hidefocus="true" title="我的私信" target="_parent"><i></i>
<img src="includes/images/images_zhang/mypm_icon.jpg">我的私信</a> </li>
<li class="myfav">
<a href="index.php?c=shoucang&a=show_collect&username=<{$name}>"
 target="_blank" hidefocus="true" title="我的收藏" target="_parent"><i></i>
<img src="includes/images/images_zhang/myfav_icon.jpg">我的收藏</a> </li>
<li class="myhome">
<a href="index.php?c=select&a=select" hidefocus="true"
 title="我的首页" target="_blank"><i></i>
 <img src="includes/images/images_zhang/myhome_icon.jpg">我的首页</a>
</li>
</ul>
<div class="main">
<div class="mainWrap">
<style type="text/css">
ul.mycon li { width:65px; }
```

```
#t_channel em { cursor:pointer; }
</style>
<div id="send">

<!--发布微博-->
<div class="sendBox">
<div class="sendTitle">
<div id="send_follow" class="mleft"> 发布微博</div>

<ul class="mycon" id="zifu">
<li>您可以输入</li>
<li style="width:auto">
<span id="wordCheck" style="font-size:20px;">1800</span></li>
<li style="width:14px;">字</li></ul></div>
<div class="sendInput" style="display:block">
<textarea name="content" id="i_already" onkeyup="sum()"></textarea>
</div>
<div class="sendInsert">
<div class="mleft">
<div class="menu">
<div class="menu_bq" id="editface">
<b class="menu_bqb_c">
<a title="点击插入表情" style="color:#666;">表情</a></b></div></div>
<success></success>

<div class="menu">
<div class="menu_tq">
<b class="menu_tqb_c" title="可实现图文混排">图片</b></div> </div>
<div class="slide">

<!--图片自动切换-->

<div id="content">
<div class="content_right">
<div class="ad">
<ul class="slider" id="ul_img">
<li><img style="border: 0px none;" src="includes/images/images_zhang/1.jpg"
 alt="" height="100" width="650"></li>
<li><img style="border: 0px none;" src="includes/images/images_zhang/2.jpg"
 alt="" height="100" width="650"></li>
<li><img style="border: 0px none;" src="includes/images/images_zhang/3.jpg"
 alt="" height="100" width="650"></li>
</ul>

<ul class="num">
<li>1</li>
<li>2</li>
<li>3</li>
</ul>

</div>
```

```
</div>
</div>
</div>

<!--开始-->
<{foreach from=$weibo item=value}>
<{foreach from=$value item=va}>
<div class="wb_l_face">

<div class="avatar">
<a class="nude_face">
<img style="display: inline;" src="<{$va.image_title}>" class="lazyload">
</a></div>

<span id="follow_13" class="follow_13">
<a class="follow_html2_2" title="已关注，点击取消关注"></a></span></div>

<div class="Contant">
<div class="topicTxt">

<p class="utitle">

<!--用户名-->
<span class="un">
<a class="photo_vip_t_name" ><{$va.username}></a></span>

<!--<!--时间-->
<span style="display: block;" id="topic_lists_231560_time" class="ut">
<{$va.time}></span></p>

<!--内容-->
<div style="float:left; width:100%;"></div>
<span id="topic_content_231560_short" class="topic_contnet">
<{$va.weibo_content}></span>

<div class="from">
<div class="option">
<ul>
<li style="_margin-top:-1px;">
<span>
<a class="topicdig_231560 digusers" id="topicdig_231560" title="赞"> 
</a></span></li>
<li class="o_line_l">|</li>
<li class="zhuanfa"><span><a style="cursor:pointer;">转发(2)</a>
</span></li>
<li class="o_line_l">|</li>
<li id="topic_list_reply_231560_aid" class="comt"><span>
<a style="cursor:pointer;">评论(11)</a> </span></li>
<li class="o_line_l">|</li>
<li id="topic_lists_231560_a" class="mobox">
<a class="moreti">
```

```
<span class="txt">更多</span><span class="more"></span>
</a>

<div id="topic_lists_231560_b" class="molist" style="display:none">
<span id="favorite_231560" class="shoucang"> <a>收藏</a></span>
<span><a target="_blank" title="去微博详细页面浏览">详情</a></span>
<a>删除</a><span>
<a title="举报不良信息"><font color="red">举报</font></a></span>
</div></li></ul>
<div class="comment"
 style=" display:none; position:relative; left:-300px; top:10px;">
<textarea cols="65" rows="2"></textarea>
<input type="button" value="提交" style=" position:relative; right:-250px;">
</div></div></div>
</div></div>

<{/foreach}>
<{/foreach}>

</div>
</div>

<div id="listTopicArea">
<div id="pagehtml" style=" position:relative; top:10px; left:100px;">
<!--分页-->
<{$pagehtml}>
</div>
</div>

</div></div>

<div class="mainSide">
<div class="memberBox" style="*height:210px;">
<div class="person_info">
<div class="avatar2" id="m_avatar2">
<a href="" title="29001"><img src="<{$info.image_title}>"></a>
<p class="name"><a href=""><b><{$name}></b></a> </p>
<p style="display: none;" class="avatar2_tips" >
<a href='index.php?c=comment&a=pic&user=<{$info.username}>'
 target="_blank" id="avatar_upload"><span>修改头像</span></a></p></div>
<div class="avatar2_info">
<p class="name">
<a href="index.php?c=update&a=admin&username='<{$info.username}>'"
 target="_blank" title="@管好这张嘴">
<b class="person_name"><{$info.username}></b></a></p>
<div class="integral">积分: <a title="点击查看我的积分" href="">12</a></div>
<div class="edit_sign"> <span>
<a href="" title="编辑个人签名"> <{$info.sign}></a></span></div></div></div>
<div class="user_atten">
<div class="person_atten_l"><p><span class="num">
<a href="http://t.jishigou.net/29001/follow" title="管好这张嘴关注的">
```

```
<{$att_num}></a></span></p> <p><a href="" title="管好这张嘴关注的">关注</a>
</p></div>
<div class="person_atten_l"><p><span class="num">
<a href="" title="关注管好这张嘴的"><{$fans_num}></a></span></p>
<p><a href="" title="关注管好这张嘴的">粉丝</a> </p> </div>
<div class="person_atten_l"><p><span class="num">
<a href="" title="管好这张嘴的微博"><{$weibo_num}></a></span></p>
<p><a href="" title="管好这张嘴的微博">微博</a> </p> </div>
<div cc2.gif" style="padding:0 0 2px 4px;cursor:pointer;opacity: 0.7;">
</span></div></li>
<div id="alert_follower_menu_13863"></div>
<div id="Pmsend_to_user_area"></div>
<div id="global_select_13863" class="alertBox"></div>
<div id="button_13863"></div>
<li class="pane" id="follow_user_19561">
<div class="fBox_l"><img onerror="javascript:faceError(this);" </div>
<div style="clear:both;text-align:center;margin:5px auto;">Powered by
<a href="http://www.jishigou.net/" target="_blank">
<strong>JishiGou 4.0.1 </strong></a>
<span> &#169; 2005 - 2013
<a href="http://www.cenwor.com/" target="_blank">Cenwor Inc.</a>
</span></div>
<div id="topicdiguser"></div><div id="topicrcduser"></div>

</body>
</html>

public function insert_weiboAction() {
    $content = $_REQUEST["content"];
    $name = $_REQUEST["name"];
    $db = new weiboModel('localhost', 'root', '', 'weibo');
    $res = $db->insert_weibo($name, $content);
    //echo $res;
    if($res == "发布成功") {
        // echo "hello";
        $sele = $db->select_weibo($name);
        $array = array("str"=>$res, "info"=>$sele);
        echo json_encode($array);
        //file_put_contents("d://yuyu.txt", json_encode($array));
    }
}

public function zhuanzaiAction() {
    $username = $_REQUEST["username"];
    $name = $_REQUEST["name"];
    $content = $_REQUEST["content"];
    //file_put_contents("d://a.txt", $name);
    $db = new zhuanzaiModel('localhost', 'root', '', 'weibo');
    $re = $db->zhuanzai($username, $name, $content);
    echo $re;
    //file_put_contents("d://a.txt", $re);
```

```
}

class zhuanzaiModel extends baseModel {
    public function zhuanzai($username, $name, $content) {
        $re;
        if($username != $name) {
            $sql = "insert into reship values(null,'"
                .$content."','".$username."','".$name."')";
            mysql_query($sql);
            if(mysql_affected_rows() > 0) {
                $re = "转载成功！";
            }
        } else {
            $re = "抱歉，您不能转载自己的";
        }
        return $re;
        //file_put_contents("d://a.txt", $sql);
    }
}

public function shoucangAction() {
    $_SESSION["username"] = $_REQUEST["username"];
    $username = $_REQUEST["username"];
    $name = $_REQUEST["name"];
    $content = $_REQUEST["content"];
    //file_put_contents("d://a.txt",$name);
    $db = new collectModel('localhost', 'root', '', 'weibo');
    $re = $db->collect($username, $name, $content);
    echo $re;
}

public function show_collectAction() {
    $db = new weiboModel('localhost', 'root', '', 'weibo');
    $info = $db->image_title($_SESSION["username"]);
    $this->smarty->assign("info", $info);
    $fans = $db->fans($_SESSION["username"]);
    $attention = $db->attention($_SESSION["username"]);
    $weibo_num = $db->weibo_num($_SESSION["username"]);
    $this->smarty->assign("weibo_num", $weibo_num);
    $this->smarty->assign("att_num", $attention);
    $this->smarty->assign("fans_num", $fans);
    $this->smarty->assign("name", $_SESSION["username"]);

    //显示收藏信息
    $coll = new collectModel('localhost', 'root', '', 'weibo');
    $res = $coll->select($_SESSION["username"]);
    $this->smarty->assign("array", $res);
    $this->smarty->display("shoucang.htm");
}
```

首页页面如图 14-3 所示。

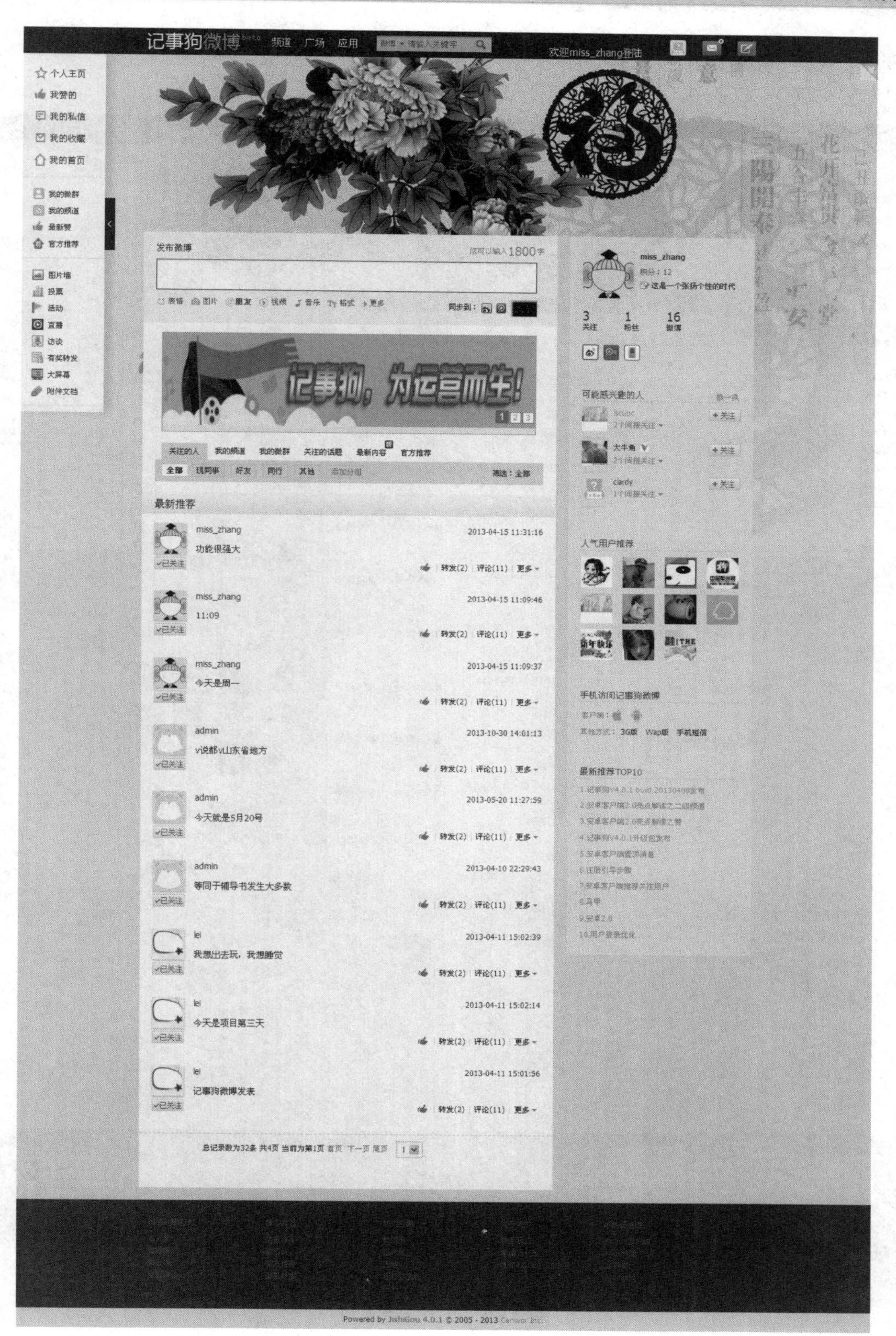

图 14-3　首页页面

收藏微博页面显示的是用户收藏的微博，对收藏的微博可以进行编辑、删除操作，如图 14-4 所示。

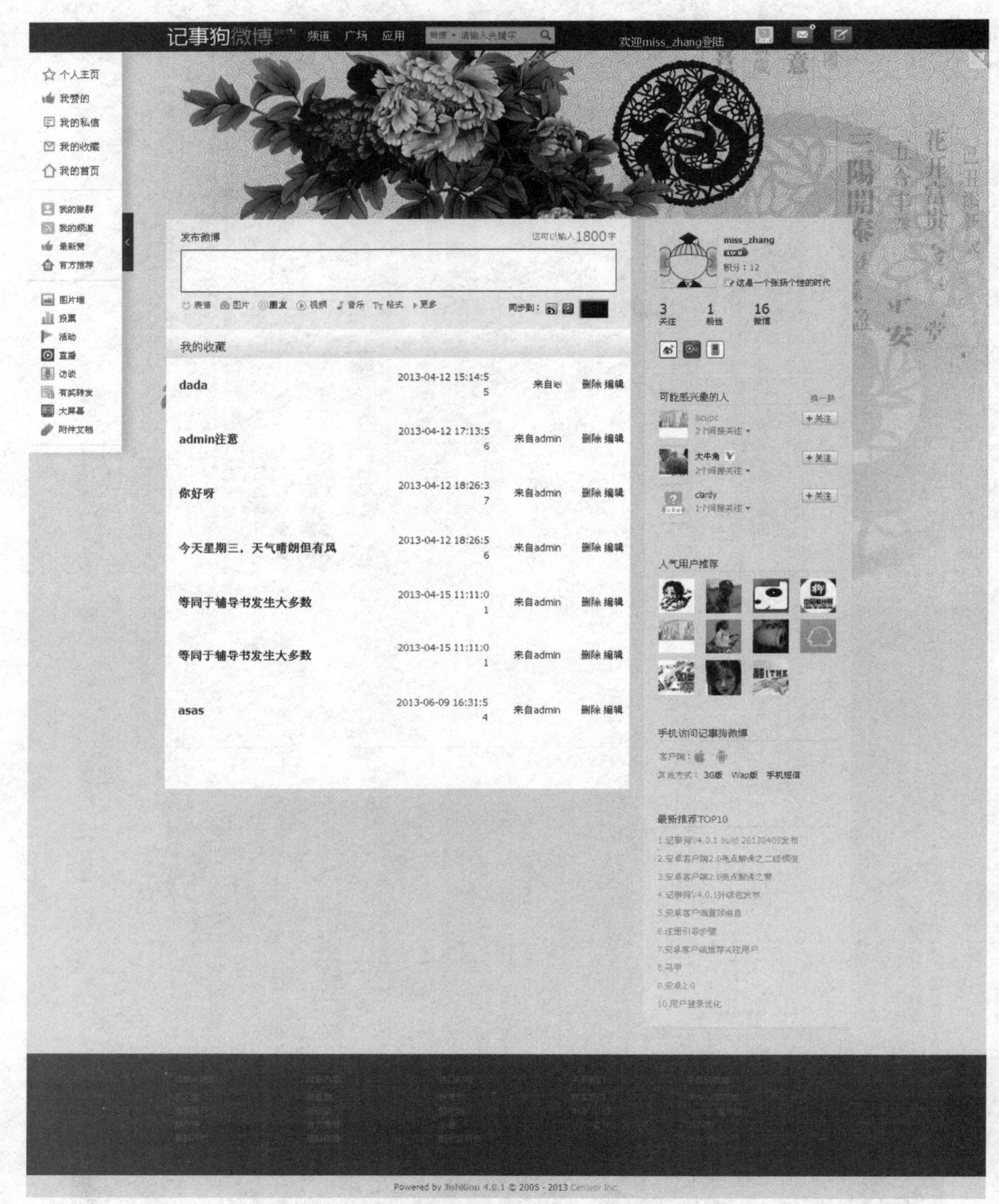

图 14-4　收藏微博页面

显示收藏信息的视图(View):

```
<{foreach from=$array item=value}>
<div class="Contant">
<div class="topicTxt">
<!--内容-->
<div style="float:left; width:100%;" class="cont">
<table width="630px" class="table">
<tr class="tr">
<td width="760" class="col_id">
<span style='display:none' class="va_id"><{$value.id}></span>
<span class="topic_contnet">
<b><font style="font-size:16px;" class='cont'>
<{$value.weibo_content}></font></b>
</span></td>
<td width="340" align="right"><span style=""><{$value.time}></span></td>
<td width="230" align="right"><span style=""> 来自
<{$value.publisher}></span></td>
<td width="200" align="right">
<span class="delete" style=" cursor:pointer;">删除</span>
<span class="edit" style=" cursor:pointer;">编辑</span></td>
</tr>
</table>
</div>
</div>
</div>
<{/foreach}>
</div>
</div>

<div id="listTopicArea">
<div id="pagehtml" style=" position:relative; top:10px; left:100px;">
<{$pagehtml}>
public function delete_colAction() {
    $id = $_REQUEST["id"];
    $db = new collectModel('localhost', 'root', '', 'weibo');
    $res = $db->delete_col($id);
    echo $res;
}
public function update_colAction() {
    $cont = $_REQUEST["cont"];
    $id = $_REQUEST["id"];
    $db = new collectModel('localhost', 'root', '', 'weibo');
    $res = $db->update_col($cont, $id);
    //echo $res;
    if($res = '更新成功') {
        $re = $db->select_up($id);
        $a = array("str"=>$res, "info"=>$re);
        echo json_encode($a);
    }
}
```

14.6 总　　结

本例用 MVC 框架仿记事狗微博项目，实现微博的分页显示、编辑及删除。展示了 MVC 框架中 Controller、Model 以及 View 之间的关系。

第 15 章

Smarty 项目

学前提示

本例通过实现一个杭州旅游项目，向用户详细介绍该项目的基本开发方法，以及使用 PHP 脚本语言和 Smarty 模板的方法。

杭州旅游项目是在 Windows + PHP + Apache + MySQL 开发环境下开发的。学习这个案例主要是为了进一步掌握 PHP 中 Smarty 模板的知识点。

知识要点

- 管理员登录信息的验证。
- 分页功能的实现。
- 上传图片功能的实现。
- Smarty 模板数组的循环。
- 验证码功能。
- 数据库数据的增、删、改、查。

15.1　系 统 概 述

本例基于 PHP 和 Smarty 知识开发一个杭州旅游项目，通过这样一个简单的例子，希望学习者能够掌握在 Apache 下开发小型网站的基本方法。运用 Smarty 的优点如下。

(1) 速度：采用 Smarty 编写的程序可以获得最大的速度提高，这一点是相对于其他的模板引擎技术而言的。

(2) 编译型：采用 Smarty 编写的程序在运行时要编译成一个非模板技术的 PHP 文件，这个文件采用了 PHP 与 HTML 混合的方式，在下一次访问模板时将 Web 请求直接转换到这个文件中，而不再进行模板重新编译(在源程序没有改动的情况下)。

(3) 缓存技术：Smarty 选用了一种缓存技术，它可以将用户最终看到的 HTML 文件缓存成一个静态的 HTML 页，当设定 Smarty 的 cache 属性为 true 时，在 Smarty 设定的 cachetime 期内将用户的 Web 请求直接转换到这个静态的 HTML 文件中来，这相当于调用一个静态的 HTML 文件。

(4) 插件技术：Smarty 可以自定义插件。插件实际就是一些自定义的函数。

(5) 模板中可以使用 if/elseif/else/endif。在模板文件中使用判断语句可以非常方便地对模板进行格式重排。

15.2　需 求 分 析

后台实现管理用户的登录、景点列表、旅游线路、美食和餐馆的分页显示以及对内容的编辑和删除、添加数据的功能。

前台使用 Smarty 相关知识实现新闻列表的分页显示，景区、美食、旅游路线等模块的显示等功能。

15.3　开 发 环 境

本系统采用如下环境开发。

- 操作系统：Windows 7。
- 开发工具：EditPlus/Dreamweaver。
- 数据库环境：MySQL。

15.4　数据库结构

杭州旅游项目的核心是处理和保存数据，因此该项目分析与设计阶段的核心工作就是设计数据库的结构和实现方式，确定系统最终需要的数据库结构。

结合需求分析等，按照数据库设计原则，为本例确认了如下所示的表结构。

(1) User 表：

字段	类型	整理	属性	Null	默认	额外
id	int(11)			否	无	auto_increment
username	varchar(50)	gb2312_chinese_ci		是	NULL	
password	varchar(5)	gb2312_chinese_ci		是	NULL	

(2) Eatery 表：

字段	类型	整理	属性	Null	默认	额外
id	int(11)			否	无	auto_increment
title	varchar(20)	gb2312_chinese_ci		是	NULL	
eatery_desc	varchar(1000)	gb2312_chinese_ci		是	NULL	
image	varchar(50)	gb2312_chinese_ci		是	NULL	

(3) Hotel 表：

字段	类型	整理	属性	Null	默认	额外
id	int(11)			否	无	auto_increment
title	varchar(20)	gb2312_chinese_ci		是	NULL	
eatery_desc	varchar(1000)	gb2312_chinese_ci		是	NULL	
image	varchar(50)	gb2312_chinese_ci		是	NULL	

(4) Logon 表：

字段	类型	整理	属性	Null	默认	额外
logon_id	int(11)			否	无	auto_increment
id	int(11)			是	NULL	
logon_name	varchar(50)	gb2312_chinese_ci		是	NULL	
logon_time	datetime			是	NULL	
logon_ip	varchar(20)	gb2312_chinese_ci		是	NULL	
logon_sf	varchar(20)	gb2312_chinese_ci		是	NULL	

(5) News 表：

字段	类型	整理	属性	Null	默认	额外
id	int(11)			否	无	auto_increment
title	varchar(100)	gb2312_chinese_ci		是	NULL	
detail	varchar(5000)	gb2312_chinese_ci		是	NULL	
news_time	date			是	NULL	
source	varchar(1000)	gb2312_chinese_ci		是	NULL	
url	varchar(100)	gb2312_chinese_ci		是	NULL	

(6) Scenic 表：

字段	类型	整理	属性	Null	默认	额外
id	int(11)			否	无	auto_increment
scenic_name	varchar(50)	gb2312_chinese_ci		是	NULL	
image	varchar(1000)	gb2312_chinese_ci		是	NULL	
simple	varchar(2000)	gb2312_chinese_ci		是	NULL	
description	varchar(5000)	gb2312_chinese_ci		是	NULL	
charge	varchar(20)	gb2312_chinese_ci		是	NULL	

(7) Snack 表：

字段	类型	整理	属性	Null	默认	额外
id	int(11)			否	无	auto_increment
title	varchar(20)	gb2312_chinese_ci		是	NULL	
snack_desc	varchar(1000)	gb2312_chinese_ci		是	NULL	
image	varchar(100)	gb2312_chinese_ci		是	NULL	

(8) View 表：

字段	类型	整理	属性	Null	默认	额外
id	int(11)			否	无	auto_increment
title	varchar(20)	gb2312_chinese_ci		是	NULL	
image	varchar(60)	gb2312_chinese_ci		是	NULL	

注意

数据库结构的设计对杭州旅游项目管理系统的成功开发至关重要，在编码之前一定要规划完整。

15.5 后台功能的实现

本节主要介绍管理数据库数据的后台系统功能的实现。

15.5.1 管理用户登录

后台登录界面主要是对登录者的信息进行验证，在这个界面中还可以进行身份的选择，登录者选择以管理员的身份登录时，登录进去的页面是后台主界面，若以普通会员的身份登录，则进入的是前台首页面。

(1) HTML 代码：

```
<!DOCTYPE html PUBLIC "-//W3C//DTD XHTML 1.0 Transitional//EN"
  "http://www.w3.org/TR/xhtml1/DTD/xhtml1-transitional.dtd">
<html xmlns="http://www.w3.org/1999/xhtml">
<head>
<meta http-equiv="Content-Type" content="text/html; charset=utf-8">
<title>杭州旅游网</title>
<link href="../includes/base.css" rel="stylesheet" type="text/css" />
<link href="../includes/login.css" rel="stylesheet" type="text/css" />
<script language="javascript" type="text/javascript">
function refreshcode1(obj, url) {
    obj.src = url + "?nowtime=" + Math.random();
}
</script>
</head>
<body>
<div id="login-box">
<div class="login-top">
```

```
<a href="../hww/index.html" target="_blank" title="返回网站主页">
返回网站主页</a></div>

<div class="login-main">
<form name="form1" method="post" action="login1.php">

<dl>
<dt>用户名：</dt>
<dd><input type="text" name="username"/></dd>
<dt>密  码：</dt>
<dd><input type="password" class="alltxt" name="password"/></dd>

<dt>验证码：</dt>
<dd><input id="vdcode" type="text" name="validate"
 style="text-transform:uppercase;"/>
<img id="vdimgck" align="absmiddle" alt="看不清？点击更换"
 style=" cursor:pointer;" onClick="refreshcode1(this,this.src);"
 src="ckcode.php?ckcode=1&a1" /> </dd>
<dt> </dt>
<dd><input type="radio" value="管理员" name='sf' checked="checked"/>
 管理员
<input type="radio" value="普通会员" name='sf' />普通会员</dd>
<dt> </dt><dd style=" position:relative; top:5px;">
<button type="submit" name="sm1" class="login-btn"
 onclick="this.form.submit();">登录</button></dd>
</dl>
</form>
</div>
<div class="login-power">Powered by<strong>hangzhou
<?php echo $cfg_version; ?></strong>&copy; 2004-2011
<a href="http://www.desdev.cn" target="_blank">trips</a> Inc.</div>
</div>

</body>
</html>
```

(2) PHP 验证的代码：

```
<?php
session_start();

$_SESSION['user'] = $_POST['username'];
$_SESSION['sf'] = $_POST['sf'];
$username = $_POST['username'];
$password = $_POST['password'];
$logon_ip = $_SERVER['REMOTE_ADDR'];
$sf = $_POST['sf'];

include 'includes/connect.php';

$sql = mysql_query("select * from user where username='$username'
```

```
  and password='$password'");

$array = array();
while($row = mysql_fetch_assoc($sql)) {
    $array[] = $row;
}

if(mysql_affected_rows() > 0) {
    //echo "登录成功";
    if(trim(strtolower($_POST['validate']))
      == strtolower($_SESSION["ckcode"])) {
        if($sf == '管理员') {
            $id = $array[0]['id'];
            $sql = mysql_query("insert into logon values(null,$id,
              '$username',now(),'$logon_ip','$sf'); ");
            if(mysql_affected_rows() > 0) {
                //echo "成功";
                header('Location:index.php');
            }
        } else {
            header('location:../hww/index.html');
        }
    } else {
        echo "验证码输入错误";
        header("Refresh:3; url='logon.html'");
    }
} else {
    echo "用户名或密码错误";
    header("Refresh:3; url='logon.html'");
}
```

效果如图 15-1 所示。

图 15-1　后台登录界面

15.5.2　后台主界面

该后台管理系统是用 frameset 框架搭建的，可以显示当前的时间，表格的内容是所有管理用户的登录记录，如图 15-2 所示。

图 15-2　后台首页面

15.5.3　景点列表页面

景点列表页面显示的是 Scenic 表所有的记录，在该页面可以对景点信息进行编辑、删除操作，如图 15-3 所示。

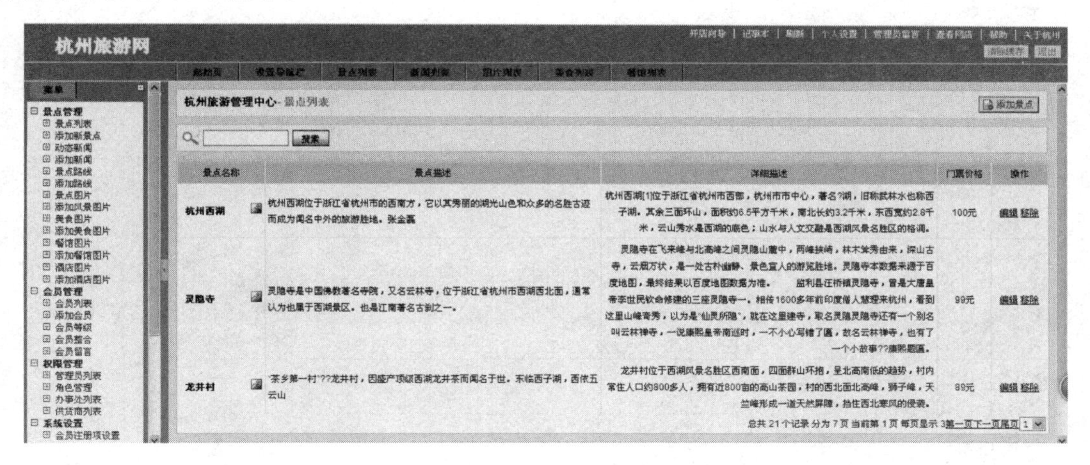

图 15-3　景点列表页面

(1)　PHP 代码如下：

```
<?php
include 'includes/connect.php';
$sql = "select * from scenic";
$res = mysql_query($sql);
$return = array();
while($row = mysql_fetch_assoc($res)) {
    $return[] = $row;
}
$page = isset($_GET['page'])? $_GET['page'] : 1;
$pagesize = 3; //这是已知的条件
$offset = $pagesize*($page-1); //掠过的记录数
```

```
$sql1 = "select * from scenic limit $offset,$pagesize";
$result = mysql_query($sql1);
$return = array();
while($row = mysql_fetch_assoc($result)) {
    $return[] = $row;
}
//获取符合条件的所有记录
$sql2 = "select count(*) as total from scenic";
$res = mysql_query($sql2);
$rows = mysql_fetch_assoc($res);
$total_rows = $rows['total'];
$url = 'trip_list.php';
//var_dump($rows);
include 'includes/page.class.php';
$html = page::show($total_rows, $page, $pagesize, $url);
include 'trip_list_html.php';
```

(2) 显示界面代码如下：

```
<!DOCTYPE html PUBLIC "-//W3C//DTD XHTML 1.0 Transitional//EN"
  "http://www.w3.org/TR/xhtml1/DTD/xhtml1-transitional.dtd">
<html xmlns="http://www.w3.org/1999/xhtml">
<head>
<title>杭州旅游管理中心 - 景点列表</title>
<meta name="robots" content="noindex, nofollow">
<meta http-equiv="Content-Type" content="text/html; charset=utf-8" />
<link href="../includes/general.css" rel="stylesheet" type="text/css" />
<link href="../includes/main.css" rel="stylesheet" type="text/css" />
</head>
<body>
<h1>
<span class="action-span"><a href="trip_add.html">添加景点</a></span>
<span class="action-span1"><a href="index.php?act=main">杭州旅游管理中心</a>
</span><span id="search_id" class="action-span1"> - 景点列表 </span>
<div style="clear:both"></div>
</h1>
<div class="form-div">
<form action="trip_search.php" name="searchForm" method="post">
<img src="../includes/images/icon_search.gif" width="26" height="22"
 border="0" alt="SEARCH" />
<input type="text" id="brand_name" name="scenic_name" size="15"
 value='<?php echo isset($scenic)?$scenic:''; ?>' />
<input type="submit" value=" 搜索 " class="button"/>
</form>
</div>
<script language="JavaScript">
function search_brand()
{
    listTable.filter['brand_name'] = Utils.trim(document
      .forms['searchForm'].elements['brand_name'].value);
    listTable.filter['page'] = 1;
```

```
    listTable.loadList();
}
</script>
<form method="post" action="" name="listForm">
<!-- start brand list -->
<div class="list-div" id="listDiv">
<table cellpadding="3" cellspacing="1">
    <tr>
        <th>景点名称</th>
        <th>景点描述</th>
        <th>详细描述</th>
        <th>门票价格</th>
        <th>操作</th>
    </tr>
    <?php if(@$return):?>
    <?php foreach($return as $value):?>
    <tr>
        <td class="first-cell" width="100">
        <span style="float:right">
        <a href="<?php echo $value['image']; ?>" target="_brank">
        <img src="../includes/images/picnoflag.gif" width="16"
          height="16" border="0" alt="景点 LOGO" /></a></span>
        <span onclick="javascript:listTable.edit(this, 'edit_brand_name',
          1)"><?php echo $value["scenic_name"]; ?></span>
        </td>
        <td align="left" width="430"><?php echo $value['simple']; ?></td>
        <td align="right" width="430">
        <span onclick="javascript:listTable.edit(this, 'edit_sort_order',
          1)"><?php echo $value['description']; ?></span></td>
        <td align="center"><?php echo $value['charge'];?></td>
        <td align="center">
        <a href="edit.php?id=<?php echo $value['id']; ?>"
          title="编辑">编辑</a>
        <a onclick="return confirm('你确认要删除选定的商品品牌吗？');"
          title="移除"
          href="trip_delete.php?id=<?php echo $value['id']; ?>">移除</a>
        </td>
    </tr>
    <?php endforeach;?>
    <?php else: ?>
    <tr><td align='center' nowrap='true' colspan='6'>
    <?php echo "您查找的商品不存在" ?></td></tr>
    <?php endif; ?>
    <tr>
        <td align="right" nowrap="true" colspan="6">
        <!-- $Id: page.htm 14216 2008-03-10 02:27:21Z testyang $ -->
        <div id="turn-page">
        <?php if(isset($html)):?>
        <?php echo $html; ?>
        <?php else:?>
        <?php echo '';?>
```

```
        <?php endif;?>
        </div>
        </td>
    </tr>
</table>
<!-- end brand list -->
</div>
</form>
</script>
<div id="popMsg">
<table cellspacing="0" cellpadding="0" width="100%"
  bgcolor="#cfdef4" border="0">
<tr>
<td style="color: #0f2c8c" width="30" height="24"></td>
<td style="font-weight: normal; color: #1f336b; padding-top:
4px;padding-left: 4px" valign="center" width="100%">新订单通知</td>
<td style="padding-top: 2px;padding-right:2px" valign="center"
align="right" width="19"><span title="关闭" style="cursor:
hand;cursor:pointer;color:red;font-size:12px;font-weight:bold;margin-rig
ht:4px;" onclick="Message.close()" >×</span><!-- <img title=关闭
style="cursor: hand" onclick=closediv() hspace=3 src="msgclose.jpg">
--></td>
</tr>
</table>
</div>
</body>
</html>
```

15.5.4 景点列表的编辑

当景点的内容需要修改时，可以点击景点列表后的编辑链接，就可以对景点的内容进行修改，编辑的页面如图 15-4 所示。

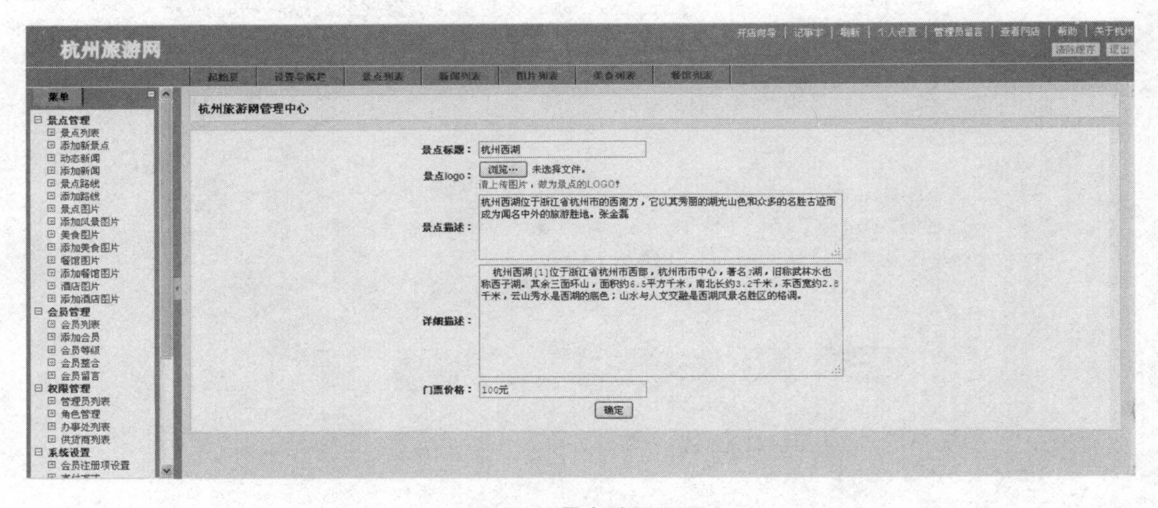

图 15-4　景点编辑页面

(1) PHP 代码：

```
<?php
include 'includes/connect.php';
$id = $_GET['id'];
$sql = mysql_query("select * from scenic where id = $id");
$array = array();
while($row = mysql_fetch_assoc($sql)) {
    $array[] = $row;
}
//var_dump($array);
include 'edit_html.php';
```

(2) 显示代码：

```
<!DOCTYPE html PUBLIC "-//W3C//DTD XHTML 1.0 Transitional//EN"
  "http://www.w3.org/TR/xhtml1/DTD/xhtml1-transitional.dtd">
<html xmlns="http://www.w3.org/1999/xhtml">
<head>
<meta http-equiv="Content-Type" content="text/html; charset=utf-8" />
<title>无标题文档</title>
<link href="../includes/general.css" rel="stylesheet" type="text/css" />
<link href="../includes/main.css" rel="stylesheet" type="text/css" />
</head>
<body>

<h1>
<span class="action-span1">
<a href="index.php?act=main">杭州旅游网管理中心</a></span>
<span id="search_id" class="action-span1"></span>
<div style="clear:both"></div>
</h1>

<div class="main-div">
<table>
<form method="POST" action="edit_edit.php?id=<?php echo $array[0]['id'] ?>"
  enctype="multipart/form-data" onsubmit="return validate()">
<tr>
<td width="31%" align="right"><strong>景点标题：</strong></td>
<td width="69%"><input type="text" style=" width:200px;" name='scenic_name'
value="<?php echo $array[0]['scenic_name'];?>" /></td>
</tr>
<tr>
<td align="right"><strong>景点 logo：</strong></td>
<td><input type="file" name="brand_logo" size="45"
  value="<?php echo $array[0]['image'];?>" /><br />
<span class="notice-span" style="display:block" id="warn_brandlogo">
请上传图片，作为景点的 LOGO！</span></td>
</tr>
<tr><td align="right"><strong>景点描述：</strong></td>
<td>
<textarea cols="60" rows="4" name="desc">
```

```
<?php echo $array[0]['simple'];?></textarea></td></tr>
<tr><td align="right"><strong>详细描述: </strong></td>
<td>
<textarea cols="60" rows="8" name="description">
<?php echo $array[0]['description'];?></textarea></td></tr>
<tr><td width="31%" align="right"><strong>门票价格: </strong></td>
<td><input type="text" style=" width:200px;" name="charge"
 value="<?php echo $array[0]['charge'];?>"/></td></tr>
<tr><td></td><td>
<input type="submit" value="确定"
 style=" position:relative; left:140px;" /></td></tr>
</form>
</table>
</div>

</body>
</html>
```

(3) 移除信息的效果如图 15-5 所示。

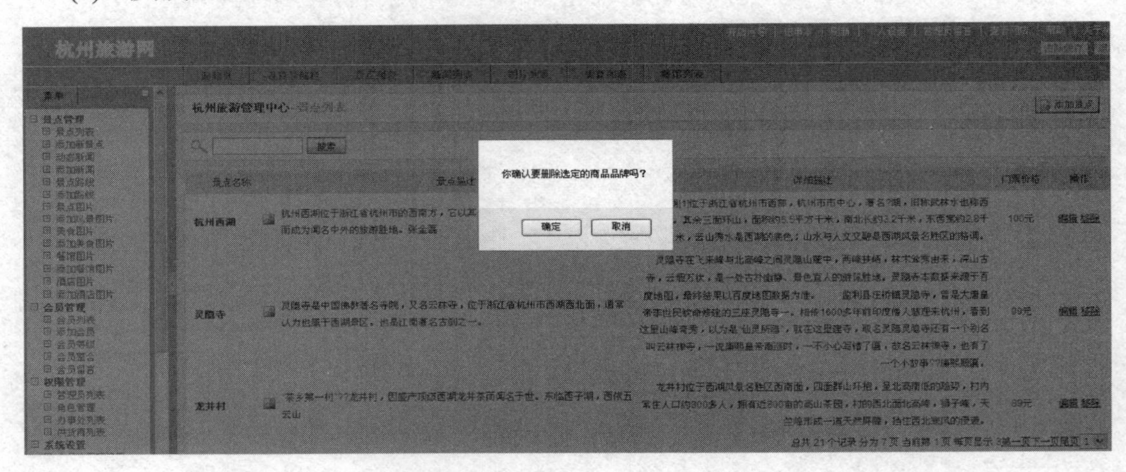

图 15-5　景点信息的删除

(4) 信息删除的 PHP 代码:

```
<?php
include 'includes/connect.php';
$id = $_GET['id'];
$sql = mysql_query("delete from scenic where id = $id");
if(mysql_affected_rows() > 0) {
   echo "删除成功";
}
```

15.5.5　景点信息的添加

当想要添加新的景点信息时，可以单击右上角的“添加景点”按钮，如图 15-6 所示。

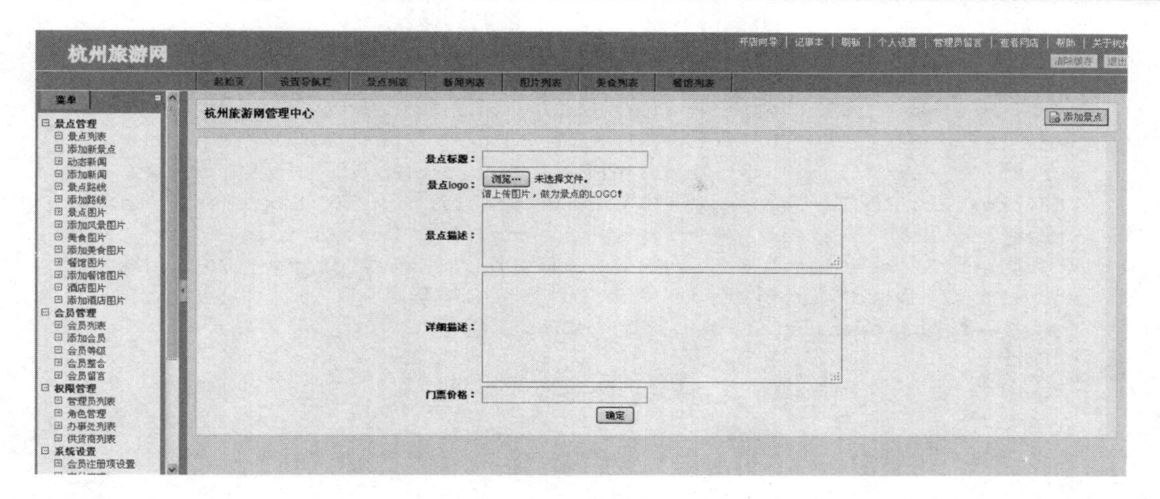

图 15-6　添加景点信息

(1)　HTML 代码：

```
<!DOCTYPE html PUBLIC "-//W3C//DTD XHTML 1.0 Transitional//EN"
 "http://www.w3.org/TR/xhtml1/DTD/xhtml1-transitional.dtd">
<html xmlns="http://www.w3.org/1999/xhtml">
<head>
<meta http-equiv="Content-Type" content="text/html; charset=utf-8" />
<title>无标题文档</title>
<link href="../includes/general.css" rel="stylesheet" type="text/css" />
<link href="../includes/main.css" rel="stylesheet" type="text/css" />
</head>

<body>
<h1>
<span class="action-span"><a href="trip_add.html">添加景点</a></span>
<span class="action-span1">
<a href="index.php?act=main">杭州旅游网管理中心</a></span>
<span id="search_id" class="action-span1"></span>
<div style="clear:both"></div>
</h1>

<div class="main-div">
<table>
<form method="POST" action="trip_add.php" enctype="multipart/form-data"
 onsubmit="return validate()">
<tr>
<td width="31%" align="right"><strong>景点标题：</strong></td>
<td width="69%"><input type="text" style=" width:200px;" name='title' />
</td>
</tr>
<tr>
<td align="right"><strong>景点 logo：</strong></td>
<td><input type="file" name="brand_logo" size="45"/><br />
<span class="notice-span" style="display:block"  id="warn_brandlogo">
```

```
请上传图片，作为景点的 LOGO！ </span></td>
</tr>
<tr><td align="right"><strong>景点描述：</strong></td>
<td><textarea cols="60" rows="4" name="desc"></textarea></td></tr>
<tr><td align="right"><strong>详细描述：</strong></td>
<td><textarea cols="60" rows="8" name="description"></textarea></td></tr>
<tr><td width="31%" align="right"><strong>门票价格：</strong></td>
<td><input type="text" style=" width:200px;" name="charge" /></td></tr>
<tr><td></td><td><input type="submit" value="确定"
  style=" position:relative; left:140px;" /></td></tr>
</form>
</table>
</div>

</body>
</html>
```

(2) PHP 代码：

```
<?php
$brand = $_FILES['brand_logo'];
//var_dump($brand);
if($brand['error'] == 0) {
    //判断用户提交的图片格式是否是所要求的格式
    $allow_type = array('image/jpeg','image/png',
      'image/gif','image/jpg','image/pjpeg');
    if(in_array($brand['type'], $allow_type)) {
        //in_array()函数判断图片格式是否正确
        //说明用户提交的图片格式正确
        //在判断提交的图片大小
        $max_size = 2000000;
        if($brand['size'] <= $max_size) {
            //如果文件重名了，会覆盖先前提交的图片，怎么解决
            //文件名使用用户上传的时间戳+5 个随机数+文件名后缀
            //现在可以允许用户上传到服务器了，移动到我们指定的目录中
            $new_file_name =
              time().mt_rand(100000,99999).strrchr($brand['name'],'.');
            move_uploaded_file($brand['tmp_name'],
              '../includes/images/'.$new_file_name);
            $title = $_POST['title'];
            $simple = $_POST['description'];
            $desc = $_POST['desc'];
            $charge = $_POST['charge'];
            $brand_logo = '../includes/images/'.$new_file_name;
            include 'includes/connect.php';
            $sql = mysql_query("insert into scenic values(null,
              '$title','$brand_logo','$simple','$desc','$charge');");
            if(mysql_affected_rows() > 0) {
                echo "添加成功";
                header("Refresh:3;
                         url='http://localhost/trip/admin/trip_add.html'");
```

```
            }
        }
    }
}
```

15.6　前 台 界 面

该节介绍的是整个项目的前台展示页面的实现过程。

15.6.1　前台首页面

前台首页起到一个门户的作用，如图 15-7 所示，展示杭州西湖的美景，点击 ENTER 将会进入杭州旅游网的主页。

图 15-7　前台首页面

代码如下：

```
<!DOCTYPE html PUBLIC "-//W3C//DTD XHTML 1.0 Transitional//EN"
  "http://www.w3.org/TR/xhtml1/DTD/xhtml1-transitional.dtd">
<html xmlns="http://www.w3.org/1999/xhtml">
<head>
<meta http-equiv="Content-Type" content="text/html; charset=utf-8" />
<title>上有天堂 下有苏杭</title>

<style type="text/css">
<!--
html,body {
   overflow:hidden;
   height:100%;
```

```
}
.enterBodyBg {
    background:url(images/enter_body_bg_01.jpg) repeat;
}
.homeCenterBg {
    background:url(images/enter_center_bg_03.jpg) no-repeat;
    width:999px;
    height:643px;
    margin:0 auto;
    overflow:hidden;
}
.homeTopicBottomImg {
    background:url(images/enter_flash_bottom_06.jpg) no-repeat;
    width:999px;
    height:31px;
    clear:both;
}
.homeCenterLeft {
    float:left;
    width:247px;
    height:630px;
    background:url(images/enter_flash_left_03.jpg) no-repeat;
}
.homeTopicRight {
    float:left;
    background:url(images/enter_flash_right_04.jpg) no-repeat;
    width:752px;
    height:630px;
    overflow:hidden;
}
.homeLogo {
    margin:37px 0;
    background:url(images/home_logo_03.png) no-repeat !important;
    background:none;
    _FILTER:progid:DXImageTransform.Microsoft.AlphaImageLoader(
      src='images/home_logo_03.png');
    width:214px;
    height:73px;
}
.homeMenuBg {
    background:url(images/gou_info_bg_1_0.jpg) no-repeat;
    width:150px;
    height:145px;
    margin:360px 120px;
}
.homeMenuBg ul {
    margin:0;
    padding:0;
    list-style-type:none;
}
.homeMenuBg ul li {
```

```
    height:50px;
    line-height:50px;
    text-align:center;
    color:#cebe95;
    cursor:pointer;
    font-family:Verdana, Arial, Helvetica, sans-serif;
}
.homeMenuBg ul li a,.homeMenuBg ul li a:visited {
    color:#cebe95;
    text-decoration:none;
}
.homeMenuBg ul li a:hover {
    background:url(images/home_menu_over_06.jpg) repeat-y;
    _background:url(images/home_menu_over_06.jpg) repeat-y -3px 0px;
    +background:url(images/home_menu_over_06.jpg) repeat-y -3px 0px;
    width:114px;
    display:block;
    height:50px;
    line-height:50px;
    text-decoration:none;
    font-weight:bold;
    color:white;
}
-->
</style>

</head>

<body class="enterBodyBg" scroll="no" onLoad="maxMainHeight()">

<style>

A.applink:hover {
    border:2px dotted #DCE6F4;
    padding:2px;
    background-color:#ffff00;
    color:green;
    text-decoration:none
}
A.applink {
    border:2px dotted #DCE6F4;
    padding:2px;
    color:#2F5BFF;
    background:transparent;
    text-decoration:none
}
A.info {
    color:#2F5BFF;
    background:transparent;
    text-decoration:none
}
```

```
A.info:hover {
    color:green;
    background:transparent;
    text-decoration:underline
}
</style>

<script language="javascript" type="text/javascript">
var xPos = 0;
var yPos = 0;
var step = 1;
var delay = 17;
var height = 0;
var Hoffset = 0;
var Woffset = 0;
var yon = 0;
var xon = 0;
var pause = true;
var interval;
img1.style.top = yPos;

function changePos() {
    width = document.body.clientWidth;
    height = document.body.clientHeight;
    Hoffset = img1.offsetHeight;
    Woffset = img1.offsetWidth;
    img1.style.left = xPos + document.body.scrollLeft;
    img1.style.top = yPos + document.body.scrollTop;
    if (yon)
    {yPos = yPos + step;}
    else
    {yPos = yPos - step;}
    if (yPos < 0)
    {yon = 1; yPos = 0;}
    if (yPos >= (height - Hoffset))
    {yon = 0;yPos = (height - Hoffset);}
    if (xon)
    {xPos = xPos + step;}
    else
    {xPos = xPos - step;}
    if (xPos < 0)
    {xon = 1;xPos = 0;}
    if (xPos >= (width - Woffset))
    {xon = 0;xPos = (width - Woffset);}
}

function start() {
    img1.visibility = "visible";
    interval = setInterval('changePos()', delay);
}
```

```
function pause_resume() {
    if(pause)
    {
        clearInterval(interval);
        pause = false;
    } else {
        interval = setInterval('changePos()', delay);
        pause = true;
    }
}

start();

img1.onmouseover = function() {
    clearInterval(interval);
    interval = null;
}
img1.onmouseout = function() {
    interval = setInterval('changePos()', delay);
}
</script>

<div class="homeCenterBg" id="homeContent">
<div style="width:999px;clear:both;">
<div class="homeCenterLeft">
<div class="homeLogo"></div>
<div class="homeMenuBg">
<ul>
<li><a href="index.php"><h2>ENTER</h2></a></li>
</ul>
</div>
</div>
<div class="homeTopicRight">
<object classid="clsid:D27CDB6E-AE6D-11cf-96B8-444553540000"
 width="753" height="630">
<embed src="images/main.swf" quality="high"
 type="application/x-shockwave-flash" width="753" height="630"
 wmode="transparent"></embed>
</object>
</div>
</div>
</div>
</body>
</html>
```

15.6.2 杭州旅游的主页

使用 JavaScript 技术，实现图片的自动切换，使用 Smarty 循环数组的知识分页显示有关杭州的新闻，页面如图 15-8 所示。

图 15-8 前台主页面

(1) PHP 代码：

```
<?php
include("connect.php");
include("libs/Smarty.class.php");
$smarty = new Smarty;
$smarty->reInitSmarty("demo/templates", "demo/templates_c",
 "demo/configs", "demo/cache");
$page = isset($_GET['page'])? $_GET['page'] : 1;
$pagesize = 15;
$offset = $pagesize*($page-1);
$q = "select * from news limit $offset,$pagesize";
$res = mysql_query($q);
$rows = array();
while($row=mysql_fetch_assoc($res)) {
   $rows[] = $row;
}
$sql = "select count(*) as total from news";
$res = mysql_query($sql);
$a = mysql_fetch_assoc($res);
$total_rows = $a['total'];
$url = 'index.php';
include 'page.class.php';
```

```
$html = page::show($total_rows, $page, $pagesize, $url);
$smarty->assign("page", $html);
$smarty->assign("rows", $rows);
$q = "select * from scenic limit 2";
$res = mysql_query($q);
$route = array();
while($row=mysql_fetch_assoc($res)) {
   $route[] = $row;
}
$smarty->assign('route', $route);
$smarty->display("index.tpl");
?>
```

(2)　index.tpl 代码：

```
<!DOCTYPE html PUBLIC "-//W3C//DTD XHTML 1.0 Transitional//EN"
 "http://www.w3.org/TR/xhtml1/DTD/xhtml1-transitional.dtd">
<html xmlns="http://www.w3.org/1999/xhtml">
<head>
<meta http-equiv="Content-Type" content="text/html; charset=utf-8" />
<link href="demo/templates/css/style.css" rel="stylesheet"
 type="text/css" />
<script language="javascript" type="text/javascript"
 src="images/jquery.js"></script>
<script language="javascript" type="text/javascript"
 src="images/myjs.js"></script>
<title>杭州旅游网欢迎您</title>
</head>

<body>
<div id="header">
<div class="header_1">
<div id="logo"><a href="#">
<img src="images/third_6_news-3_02.jpg" alt="" /></a></div>
<div id="header_1_right">
<a class="dcol1" href="#">设为首页</a>  
<a class="dcol1" href="#">收藏本站</a>  |  
<a class="dcol2" href="#">登录</a>  
<a class="dcol2" href="#">注册</a></div>
</div>
<div id="nav">
<div class="nav1">
<ul>
<li><a class="bg2" href="#">首  页</a></li>
<li><a class="bg1" href="jingdian.php">景点大全</a></li>
<li><a class="bg1" href="route.php">旅游路线</a></li>
<li><a class="bg1" href="#">电子门票</a></li>
<li><a class="bg1" href="#">我的主页</a></li>
</ul>
</div>
<div class="nav2">
```

```
<form name="soso_form" method="post" action="">
<input name="soso" type="text" value="" />  
<img class="ss" src="images/third_6_news-3_07.gif" alt="" />
</form></div>
</div>
<div class="header_2">
热门目的地： 苏州 五日游 无锡 南京 千岛湖 上海 杭州 周庄 四日游 三日游
</div>
</div>
<div id="pagebody">
<div id="left">
<div class="list_new2">

<script>
var widths = 600;
var heights = 280;
var counts = 4;
img1 = new Image(); img1.src='images/fj.jpg';
img2 = new Image(); img2.src='images/fj2.jpg';
img3 = new Image(); img3.src='images/fj3.jpg';
img4 = new Image(); img4.src='images/fj4.jpg';
url1 = new Image(); url1.src='http://www.baidu.com';
url2 = new Image(); url2.src='http://www.baidu.com';
url3 = new Image(); url3.src='http://www.baidu.com';
url4 = new Image(); url4.src='qdh.php';
//网页地址
var nn = 1;
var key = 0;
function change_img() {
    if(key == 0) {
        key = 1;
    } else if(document.all) {
        document.getElementById("pic").filters[0].Apply();
        document.getElementById("pic").filters[0].Play(duration=2);
    }
    eval('document.getElementById("pic").src=img'+nn+'.src');
    eval('document.getElementById("url").href=url'+nn+'.src');
    for (var i=1; i<=counts; i++) {
        document.getElementById("xxjdjj"+i).className = 'axx';
    }
    document.getElementById("xxjdjj"+nn).className = 'bxx';
    nn++;
    if(nn > counts) { nn = 1; }
    tt = setTimeout('change_img()', 2000);
}
function changeimg(n) {
    nn = n;
    window.clearInterval(tt);
    change_img();
}
document.write('<style>');
```

```
document.write('.axx{padding:1px 7px;border-left:#cccccc 1px solid;}');
document.write('a.axx:link,a.axx:visited{text-decoration:none;color:#fff
  ;line-height:12px;font:9px sans-serif;background-color:#666;}');
document.write('a.axx:active,a.axx:hover{text-decoration:none;color:#fff
  ;line-height:12px;font:9px sans-serif;background-color:#999;}');
document.write('.bxx{padding:1px 7px;border-left:#cccccc 1px solid;}');
document.write('a.bxx:link,a.bxx:visited{text-decoration:none;color:#fff
  ;line-height:12px;font:9px sans-serif;background-color:#D34600;}');
document.write('a.bxx:active,a.bxx:hover{text-decoration:none;color:#fff
  ;line-height:12px;font:9px sans-serif;background-color:#D34600;}');
document.write('</style>');
document.write('<div style="width:'+widths+'px;height:'
  +heights+'px;overflow:hidden;text-overflow:clip;">');
document.write('<div><a id="url"><img id="pic" style="border:0px;
  filter:progid:dximagetransform.microsoft.wipe(gradientsize=1.0,
  wipestyle=4, motion=forward)" width='+widths+' height='+heights+' />
  </a></div>');
document.write('<div style="filter:alpha(style=1,opacity=10,
  finishOpacity=80);background: #888888;width:100%-2px;
  text-align:right;top:-12px;position:relative;margin:1px;
  height:12px;padding:0px;margin:0px;border:0px;">');
for(var i=1; i<counts+1; i++) {
    document.write('<a href="javascript:changeimg('+i+');"
      id="xxjdjj'+i+'" class="axx" target="_self">'+i+'</a>');
}
document.write('</div></div>');
change_img();
</script>
</div>
</div>

<div id="right">
<div class="right1">
<div class="right1_1"><a href="#">常见问题</a></div>
<div class="right1_2">
<ul class="wenti">
<li class="r12_1"><a href="#">我可以当天订票嘛？</a></li>
<li class="r12_2"><a href="#">请至少提前 2 天预定...</a></li>
<li class="r12_1"><a href="#">我可以当天订票嘛？</a></li>
<li class="r12_2"><a href="#">请至少提前 2 天预定...</a></li>
<li class="r12_1"><a href="#">我可以当天订票嘛？</a></li>
<li class="r12_2"><a href="#">请至少提前 2 天预定...</a></li>
</ul>
</div>
</div>
<div class="right1">
<div class="right1_1"><a href="#">热门线路</a></div>
<div class="right1_2">
<div class="xianlu">
<img src="images/third_6_news-3_22.jpg" alt="" />
<span class="xl_s1"><a href="#">杭州一日游</a></span>
```

```
<span class="xl_s2">650 元</span><br />
<a href="#">景区位于嗣庐县东南部，处于浦江、浦江、浦江三县之间</a>
</div>
<{section name=a loop=$route}>
<div class="xianlu">
<img src="<{$route[a].image}>" alt="" />
<span class="xl_s1"><a href="#"><{$route[a].scenic_name}></a></span>
<span class="xl_s2"><{$route[a].charge}></span><br />
<a href="#"><{$route[a].simple}></a>
</div>
<{/section}>
<div class="xianlu">
<img src="images/r4.gif" alt="" />
<span class="xl_s1"><a href="#">九溪一日游</a></span>
<span class="xl_s2">650 元</span><br />
<a href="#">九溪之水发源于杨梅岭，途中汇合了青湾、宏法、方家、佛石等溪流，因称九溪，
古时候人们常喜欢用"九"字来表示数量的众多。十八涧，原是指这条山区溪流的源头</a>
</div>
</div>
</div>
</div>
<div style="width:600px; margin-top:310px; margin-left:2px;">
<div class="list_new">
<ul>
<{section name=a loop=$rows}>
<li>
<span class="s1"><a href="<{$rows[a].url}>"><{$rows[a].title}></a></span>
<span class="s2"><{$rows[a].news_time}></span></li>
<{/section}>
</ul>
</div>
<div class="fenye">
<{$page}>
</div>
</div>
</div>
<{include file="footer.tpl"}>
```

(3) 分页类代码：

```
<?php
class page {
    public static function show($total_rows, $page, $pagesize, $url) {
        $return = '';
        //求出总的页数
        $total_page = ceil($total_rows/$pagesize);
        $request_url = $url.'?page=';
        $return .= "总共  $total_rows 个记录 分为 $total_page 页 当前第 $page 页
                    每页显示 $pagesize";
        //格式化字符串
        $first = sprintf('<a href="%s">%s</a>',$request_url.'1','第一页');
```

```
        //一次求出上一页，下一页，尾页的字符串
        if($page > 1) {
            $prev = sprintf(
              '<a href="%s">%s</a>', $request_url.($page-1), '上一页');
        } else {
            $prev = '';
        }

        if($total_page == $page) {
            $next = '';
        } else {
            //href = "brand.php?page=2"
            $next = sprintf(
              '<a href="%s">%s</a>', $request_url.($page+1), '下一页');
        }
        $last = sprintf(
          '<a href="%s">%s</a>', $request_url.$total_page, '尾页');
        $select_page = '<select onchange="goPage(this)">';

        for($i=1; $i<=$total_page; $i++) {
            if($i == $page) {
                $select_page .= sprintf(
                  '<option value="%s" selected>%s</option>', $i, $i);
            } else {
                $select_page .= sprintf(
                  '<option value="%s">%s</option>', $i, $i);
            }
        }
        $select_page .= '</select>';

        //一定要注意，定界符结束时一定要顶格写，分号结束
        $select_script=<<<SCR
        <script type="text/javascript">
        function goPage(obj) {
            window.location.href="$request_url"+obj.value;
        }
        </script>
        SCR;

        $return .= $first.$prev.$next.$last.$select_page.$select_script;

        return $return;
    }
}
```

15.6.3　景点大全

主要显示杭州旅游的各个景点，如图 15-9 所示。

设为首页 收藏本站 | 登陆 注册
好玩网
hoovon.com
订购电话：010-51660919
首 页
景点大全
旅游路线
电子门票
我的主页
搜 索
当前位置：景点大全 > 杭州
印象西湖 梦像杭州
轻松玩转热门目的地
体验不一样的品质旅游
景区介绍
美食
住宿
特色消费
旅游路线
旅游攻略
新闻时刻
线路分类
惊爆特价区
清明节路线专区
五一路线专区
台湾
美国
欧洲
澳大利亚
日韩
非洲
东南亚
港澳
海岛游
夕阳红
杭州旅游攻略
杭州景区介绍
杭州是长江流域中华文明的发源地。早在五万年前，"建德猿人"便活跃于天目山区。一万至二万年前人类已出现在杭州平原。四千年前的良渚文化时期，杭州老和山水田畈发现的石斧、纺轮和积谷凝块，证明原始先民已在今杭州西北郊繁衍生息。 详情
良辰美景
西湖美景
断桥
断桥残雪
南屏晚钟
雷峰夕照
花港观鱼
柳浪闻莺
平湖秋月
三潭印月
热门线路
杭州西湖 100元
杭州西湖位于浙江省杭州市的西南方，它以其秀丽的湖光山色和众多的名胜古迹而成为闻名中外的旅游胜地。张金磊
灵隐寺 99元
灵隐寺是中国佛教著名寺院，又名云林寺，位于浙江省杭州市西湖西北面，通常认为也属于西湖景区。也是江南著名古刹之一。
龙井村 89元
"茶乡第一村"??龙井村，因盛产顶级西湖龙井茶而闻名于世。东临西子湖，西依五云山
南山路 45元
南山路，位于杭州市老城区的核心地段，西湖南线风景名胜区的东南面，东靠西湖大道、河坊街
总共 13 个记录 分为 2 页 当前第 1 页 每页显示 9第一页下一页尾页
国外风光
爱琴海
彼得保罗大教堂
大本钟
迪拜塔
普吉岛
塞班岛
威尼斯
巴黎圣母院
东京迪士尼乐园
荷兰风车
卢浮宫
天堂岛
吴哥窟
云顶赌场
关于我们 | 联系方式 | 友情链接 | 商务合作 | 人才招聘 | 广告事宜 | 法律声明 | 网站地图
版权所有 © 2008 太和旅游运营集团 声明：本站内容未经许可不得转载
销售热线：散客咨询 010-51657993 团队咨询 010-51015858 网站合作：010-51015889
服务时间：周一至周日 8：00AM-20：00PM 客服邮箱：services@hoovon.com

图 15-9 前台景点列表

(1)　PHP 代码：

```
<?php
include("connect.php");
include("libs/Smarty.class.php");
$smarty = new Smarty();
$smarty->template_dir = "demo/templates"; //更新模板存放路径及编译路径
$smarty->compile_dir = "demo/templates_c"; //更新编译路径
$smarty->left_delimiter="<{"; //修改界定符
$smarty->right_delimiter="}>";
$smarty->config_dir = "demo/configs"; //更改配置文件的路径
$smarty->cache_dir = "demo/cache"; //更改缓存文件的路径
$page = isset($_GET['page'])? $_GET['page'] : 1;
$pagesize = 9;
$offset = $pagesize*($page-1);
$q = "select * from view limit $offset,$pagesize";
$res = mysql_query($q);
$array = array();
while($row=mysql_fetch_assoc($res)) {
   $array[] = $row;
}
$sql = "select count(*) as total from view";
$res = mysql_query($sql);
$a = mysql_fetch_assoc($res);
$total_rows = $a['total'];
$url = 'jingdian.php';
include 'page.class.php';
$html = page::show($total_rows, $page, $pagesize, $url);
$smarty->assign("page", $html);

$q = "select * from scenic limit 4";
$result = mysql_query($q);
$array1 = array();
$i = 0;
while($row=mysql_fetch_assoc($result)) {
   $array1[$i] = $row;
   $i++;
}

$smarty->assign("array", $array);
$smarty->assign("array1", $array1);
$smarty->display('jingdian.tpl');
?>
```

(2)　Jingdian.tpl：

```
<!DOCTYPE html PUBLIC "-//W3C//DTD XHTML 1.0 Strict//EN"
  "http://www.w3.org/TR/xhtml1/DTD/xhtml1-strict.dtd">
<html xmlns="http://www.w3.org/1999/xhtml" lang="zh-CN">
<head>
<title>杭州旅游网</title>
<meta http-equiv="content-Type" content="text/html; charset=utf-8" />
```

```
<meta http-equiv="content-Language" content="zh-CN" />
<link href="demo/templates/images/style.css" rel="stylesheet"
 type="text/css" />
<script language="javascript" type="text/javascript"
 src="demo/templates/images/jquery.js"></script>
<script language="javascript" type="text/javascript"
 src="demo/templates/images/myjs.js"></script>
</head>

<body>
<div id="container">
<div id="header">
<div class="header_1">
<div id="logo">
<a href="#">
<img src="demo/templates/images/third_6_news-3_02.jpg" alt="" /></a></div>
<div id="header_1_right">
<a class="dcol1" href="#">设为首页</a>  <a class="dcol1" href="#">
收藏本站</a>  |  
<a class="dcol2" href="#">登录</a>  
<a class="dcol2" href="#">注册</a>
</div>
</div>
<div id="nav">
<div class="nav1">
<ul>
<li><a class="bg1" href="index.php">首  页</a></li>
<li><a class="bg2" href="jingdian.php">景点大全</a></li>
<li><a class="bg1" href="route.php">旅游路线</a></li>
<li><a class="bg1" href="#">电子门票</a></li>
<li><a class="bg1" href="#">我的主页</a></li>
</ul>
</div>
<div class="nav2">
<form name="soso_form" method="post" action="">
<input name="soso" type="text" value="" />  
<img class="ss" src="demo/templates/images/third_6_news-3_07.gif" alt="" />
</form>
</div>
</div>
<div class="header_2">当前位置：景点大全 &gt; 杭州</div>
</div>
<div id="pagebody">
<div id="left">
<div class="showly">
<div class="showly_2">
<div class="showly2_1" style="margin-top:10px;">
<ul>
<li><a class="sbg1" href="jingdian.php">景区介绍</a></li>
<li><a class="sbg1" href="jingdian_food.php">美食</a></li>
<li><a class="sbg1" href="jingdian_sleep.php">住宿</a></li>
```

```
<li><a class="sbg1" href="#">特色消费</a></li>
<li><a class="sbg1" href="#">旅游路线</a></li>
<li><a class="sbg1" href="#">旅游攻略</a></li>
<li><a class="sbg1" href="#">新闻时刻</a></li>
</ul>
</div>
<div class="jd_3">
<div class="jd3_1">
<div class="jd31_1">杭州旅游攻略</div>
</div>
<div class="jd3_2">
<div class="jd32_1">
<span class="jd32_1_s1">杭州景区介绍</span>
</div>
<div class="jd32_2">
杭州是长江流域中华文明的发源地。早在五万年前，"建德猿人"便活跃于天目山区。一万至二万年前人类已出现在杭州平原。四千年前的良渚文化时期，杭州老和山水田畈发现的石斧、纺轮和积谷凝块，证明原始先民已在今杭州西北郊繁衍生息。
<a href="jingdian_jieshao.php">详情</a>
</div>
</div>
<div class="jd3_2">
<div class="jd32_1">
<span class="jd32_1_s1">良辰美景</span>
</div>
<div class="works">
<ul>
<{section name=q loop=$array}>
<li>
<img src="<{$array[q].image}>"  width="180" height="125"/><br />
<{$array[q].title}></li>
<{/section}><ul>
</div>
</div>
<div class="jd3_2">
<div class="jd32_1">
<span class="jd32_1_s1"></span>
</div>
</div>
</div>
<div class="fenye">
<{$page}>
</div>
</div>
</div>
</div>
<div id="right">
<img src="demo/templates/images/tp.jpg" alt="" />
<div class="right1">
<div class="right1_1"><a href="#">热门线路</a></div>
<div class="right1_2">
```

```
<{section name=a loop=$array1}>
<div class="xianlu">
<img src="<{$array1[a].image}>" alt="" />
<span class="xl_s1"><a href="#"><{$array1[a].scenic_name}></a></span>
<span class="xl_s2"><{$array1[a].charge}></span><br />
<a href="#"><{$array1[a].simple}></a>
</div>
<{/section}>
</div>
</div>
</div>
</div>
<div class="jd_4">
<ul>
<li><a class="sbg2">国外风光</a></li>
</ul>
</div>
</body>
</html>
```

15.7 总　　结

本案例主要用 PHP+Smarty 知识实现管理员增、删、改、查数据库数据信息和数据的显示功能。通过分析给出了数据库系统设计，使学习者一目了然。

15.8 上 机 练 习

(1) 实现分页功能。

(2) 实现上传图片功能。

(3) 实现验证码功能。

(4) 实现数据的增、删、改、查功能。

第 16 章

博客管理系统(Apache+PHP+MySQL 实现)

学前提示

本博客管理系统是基于 Windows 操作系统，应用 PHP 与 MySQL 技术，使用 Apache 服务器来实现的。主要包括用户注册登录和注销模块、文章模块、评论模块、站内搜索、标签模块、主题模块、归档模块等。

知识要点

- 管理系统的开发流程。
- 进一步掌握项目的需求分析及系统设计。
- 学习不同图片的上传技术。

16.1 需 求 分 析

随着 Internet 的高速发展，人与人之间的交流也在技术进步的基础上发生着日新月异的变化。

Blog(博客)是继 E-mail、BBS、ICQ 之后出现的第 4 种网络交流方式，它的出现改变了人们生活、工作和学习的方式。近些年来，博客以不可阻挡之势高速发展，它可以作为人们分享文章、照片和思想的绝佳平台。博客已成为新兴的网络媒介，并扩展至销售、商业推广等主流应用。

如今，博客已成为一种新的交流、沟通方式，提供了一种可信任、实时连通的交流平台。博客充分发挥了网络开放性与交互性的特点，使用户可在任何时间、任何地点，通过网络方便地交流与沟通，不仅可以实现信息的传递与获取，还可以进行资源共享、展示自我，为个人发展带来新的机遇。

本博客管理系统具有以下功能：

- 访客可以浏览博文、图片，发表评论。
- 拥有强大的检索功能，可实现博文的精确查询与模糊查询。
- 完善的博文管理功能，包括博文的发表、删除，及相关评论的回复。

16.2 系 统 设 计

系统设计的主要任务是设计软件系统的模块层次结构以及模块间的控制流程，并设计数据库的结构，另外，系统设计要考虑到未来发展的需要。

本系统将实现下列基本目标：

- 非登录用户可以浏览文章、浏览图片、发表评论。
- 搜索查询功能。包括精确查询和模糊查询。
- 完善的文章管理功能。
- 图片上传功能。

16.2.1 系统功能结构

博客管理系统主要由博文管理、图片管理、好友管理、用户管理模块组成。

(1) 博文管理模块主要由上传博文、浏览博文、查询博文、删除博文、评论添加、评论查看、评论删除功能组成。

(2) 图片管理模块主要由上传图片、浏览图片、删除图片功能组成。

(3) 好友管理模块主要由添加好友、删除好友、查询好友功能组成。

(4) 用户管理模块主要完成用户个人信息设置功能。

博客系统的功能结构如图 16-1 所示。

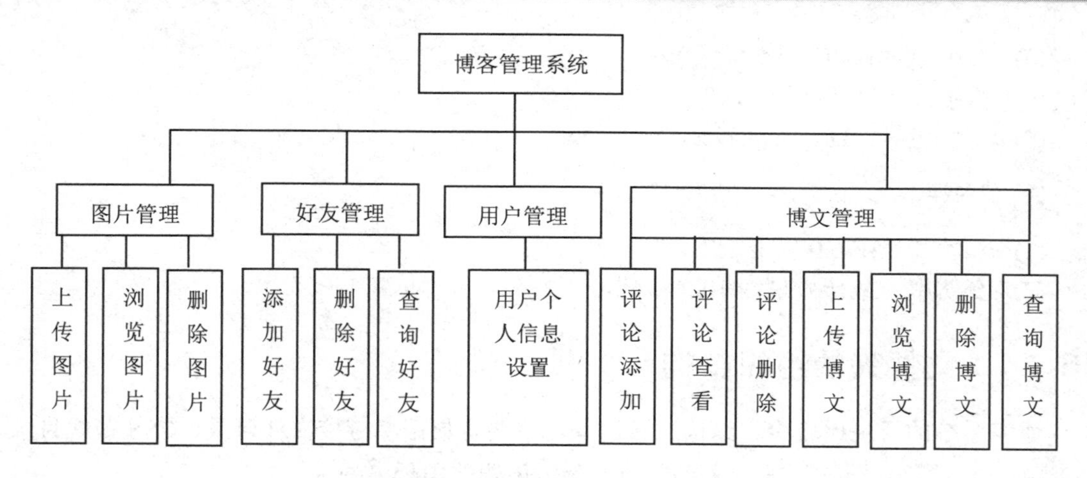

图 16-1　博客管理系统的功能结构

16.2.2　系统流程图

当游客访问博客管理系统时，可以以游客的身分匿名使用系统的部分功能；当游客以用户身分访问系统时，可以使用系统的绝大部分功能。

博客管理系统的流程如图 16-2 所示。

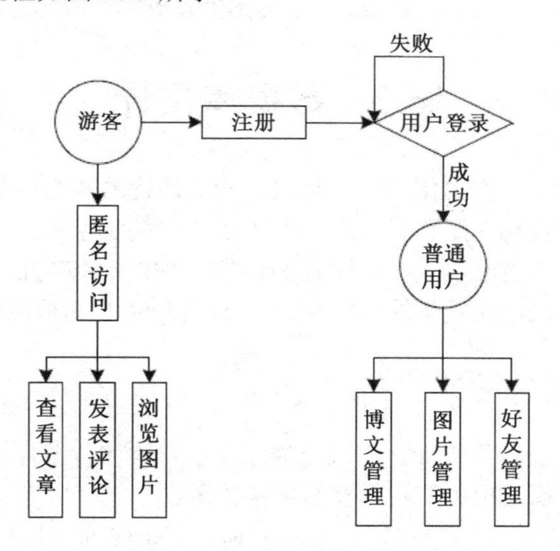

图 16-2　系统流程图

16.2.3　开发环境

在开发博客管理系统平台时，该项目使用的软件环境如下。

1. 服务器端

(1) 操作系统：Windows 7。

(2) 服务器：Apache 2.2.8。

(3) PHP 软件：PHP 5.5.6。
(4) 数据库：MySQL 5.0。
(5) 开发工具：Dreamweaver。

2. 客户端

(1) 浏览器：IE 6.0 以上版本。
(2) 分辨率：最佳效果为 1024×768。

16.2.4 文件夹的组织结构

博客系统的目录比较少，结构比较简单，主要有数据库链接文件目录、CSS 模式目录、JS 脚本目录及背景图片目录，文件夹的组织结构如图 16-3 所示。

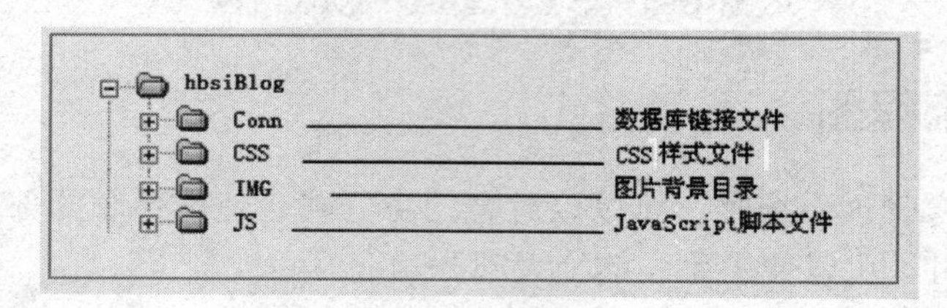

图 16-3 文件的组织结构

16.3 数据库设计

数据库设计是指对于一个给定的应用环境，构造最优的数据库模式，建立数据库及其应用系统，使之能够有效地存储数据，满足各种用户的应用需求。

本博客系统属于中小型网站，所以系统采用的是 PHP + MySQL 这对黄金组合，无论从成本、性能、安全上考虑，还是从易操作性上考虑，MySQL 都是最佳选择。

16.3.1 数据库概念设计

通过进行需求分析及功能设计，本系统抽象出用户实体、图片实体、朋友圈实体、博文实体和留言实体。下面给出主要实体及 E-R 实体图。

用户实体包括用户 id、用户生日、用户性别、登记时间、用户真实姓名、用户账号属性，如图 16-4 所示。

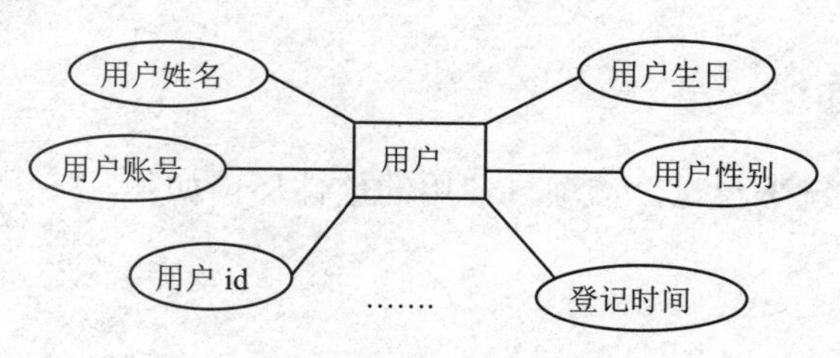

图 16-4 用户实体 E-R 图

图片实体主要包括图片名称、上传图片用户 id 和上传图片时间等属性，实体 E-R 图如图 16-5 所示。

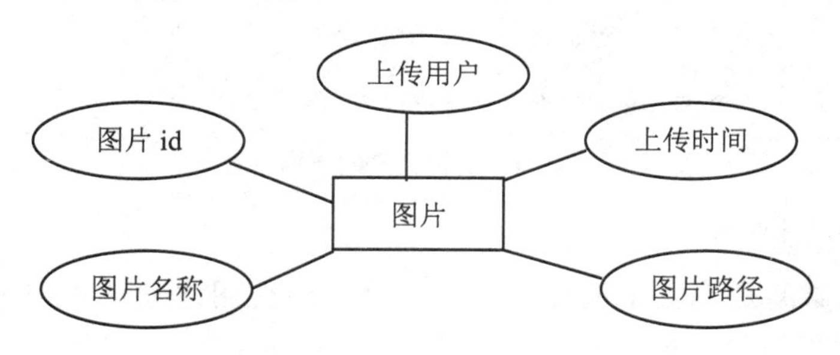

图 16-5　图片实体 E-R 图

16.3.2　数据库物理结构设计

根据实体 E-R 图和本系统的实际情况，需要 5 张表，如图 16-6 所示。

服务器: localhost ▸ 数据库: blog

结构　SQL　搜索　查询　导出

	表	操作
☐	t_article	
☐	t_comment	
☐	t_friend	
☐	t_pic	
☐	t_user	
	5 个表	总计

图 16-6　系统数据库结构

以上 5 张数据库表的具体结构如下。

1. t_user(用户表)

用户表主要存储用户的个人信息，t_user 表的结构如图 16-7 所示。

	字段	类型	整理	属性	Null
☐	id	int(11)			否
☐	name	varchar(50)	latin1_swedish_ci		否
☐	realname	varchar(50)	latin1_swedish_ci		否
☐	pwd	varchar(10)	latin1_swedish_ci		否
☐	mail	varchar(50)	latin1_swedish_ci		否
☐	sex	varchar(6)	latin1_swedish_ci		否
☐	city	varchar(30)	latin1_swedish_ci		否
☐	ip	varchar(50)	latin1_swedish_ci		否

图 16-7　用户表的结构

2. t_article(博文表)

博文表中存储的是博文信息。t_article 表的结构如图 16-8 所示。

字段	类型	整理	属性	Null
aid	int(11)			否
content	text	latin1_swedish_ci		否
title	varchar(50)	latin1_swedish_ci		否
time	datetime			否
username	varchar(20)	latin1_swedish_ci		否

图 16-8　博文表的结构

3. t_comment(评论表)

评论列表存储的是对文章的评论，包括系统注册用户和访客都可以发表评论，t_comment 表的结构如图 16-9 所示。

字段	类型	整理	属性	Null
id	int(11)			否
articleid	int(11)			否
username	varchar(50)	latin1_swedish_ci		否
content	text	latin1_swedish_ci		否
time	datetime			否

图 16-9　评论表的结构

4. t_pic(图片表)

图片表存储的是上传到系统中图片的信息。t_pic 表的结构如图 16-10 所示。

字段	类型	整理	属性	Null
id	int(11)			否
picname	varchar(30)	latin1_swedish_ci		否
user	varchar(50)	latin1_swedish_ci		否
time	datetime			否
road	varchar(50)	latin1_swedish_ci		否

图 16-10　图片表的结构

5. t_friend(好友表)

好友表用来存放好友的信息，结构如图 16-11 所示。

字段	类型	整理	属性	Null
id	int(11)			否
name	varchar(50)	latin1_swedish_ci		否
bir	date			否
address	varchar(50)	latin1_swedish_ci		否
friendid	int(11)			否

图 16-11　好友表的结构

16.4　首页设计

首页对于系统来说是至关重要的，决定用户对系统的第一印象。本系统首页页面设计简洁，主要包括以下 3 部分内容。

- 首部导航栏：包括首页链接、注册。
- 左侧显示区：包括最新博文、最新图片和系统时间模块。游客主要通过该页面浏览文章、浏览图片及发表评论。
- 主显示区：为系统公告栏，显示系统及网站的最新资讯。

16.4.1　首页技术分析

在页面主显示区，是一个公告栏模块。公告栏主要用于公布系统版本的更新或升级情况、网站的最新活动安排等，也可以链接一些精彩的博文。本系统的公告栏模块是通过<marquee>标签来实现的。<marquee>标签可以实现文字或图片的滚动效果。这里的公告栏通过<marquee>标记来实现。<marquee>标签的特点就是可以让文字或图片动起来，其常用属性如表 16-1 所示。

表 16-1　marquee 的常用属性

属　性	属 性 值	说　明	应用举例
direction	left、right、down、up	文字移动属性，分别表示从右往左，从左往右、从下到上、从上到下	<marquee direction="up">从下往上移动</marquee>
behavior	scroll、slide、alternate	文字移动方式，分别表示沿同一方向不停滚动、只滚动一次，在两个边界内来回滚动	<marquee behavior="scroll">不停滚动</marquee>
loop	数值 1、2、3、...	循环次数，不指定则表示为无限循环	<marquee behavior="scroll" loop="3">只滚动 3 次</marquee>

16.4.2　首页的实现过程

博客管理系统采用二分栏结构。具体实现代码如下：

```
<?php
session_start();
$link = mysql_connect("localhost", "root", "");
mysql_select_db("blog", $link);
mysql_query("set names gb2312");
?>
<!DOCTYPE HTML PUBLIC "-//W3C//DTD HTML 4.01 Transitional//EN"
  "http://www.w3.org/TR/html4/loose.dtd">
<html>
<head>
<meta http-equiv="Content-Type" content="text/html; charset=gb2312">
<title>HBSI 博客</title>
<link href="CSS/style.css" rel="stylesheet"/>
```

```
</head>
<?php
$str = array("河","北","软","件","职","业","技","术","学","院");
$word = strlen($str);
for($i=0; $i<4; $i++) {
    $num = rand(0, $word*2-1);      //$word = $word*2-1
    $img = $img."<img src='images/checkcode/"
          .$num.".gif' width='16' height='16'>";    //显示随机图片
    $pic = $pic.$str[$num];    //将图片转换成数组中的文字
}
?>
<script src="JS/check.js" language="javascript">
</script>
<body onselectstart="return false">
<table width="757" border="0" align="center" cellpadding="0"
 cellspacing="0">
<tr align="right" valign="top">
<td height="149" colspan="2" background="images/head.jpg">
<table width="100%" height="149"  border="0" cellpadding="0"
 cellspacing="0">
<tr>
<td height="51" align="right">
<br>
<table width="262" border="0" cellspacing="0" cellpadding="0">
<tr align="left">
<td width="26" height="20"><a href="index.php"></a></td>
<td width="71" class="word_white"><a href="index.php">
<span style="FONT-SIZE: 9pt; COLOR: #000000; TEXT-DECORATION: none">
 首  页</span></a></td>
<td width="87"><a href="file.php">
<span  style="FONT-SIZE: 9pt; COLOR: #000000; TEXT-DECORATION: none">
 我的博客</span></a></td>
<td width="55">
<a href="<?php echo(!isset($_SESSION[username])?
 'Regpro.php':'safe.php'); ?>">
<span style="FONT-SIZE: 9pt; COLOR: #000000; TEXT-DECORATION: none">
<?php echo (!isset($_SESSION[username])?"博客注册":"安全退出"); ?>
</span></a></td>
<td width="23"> </td>
</tr>
</table>
<br></td>
</tr>
<tr>
<td height="66" align="right"><p> </p></td>
</tr>
<tr>
<form name="form" method="post" action="checkuser.php">
<td height="20" valign="baseline">
<table width="100%"  border="0" cellpadding="0" cellspacing="0">
<tr>
```

```
<td width="32%" height="20" align="center" valign="baseline">  </td>
<td width="67%" align="left" valign="baseline" style="text-indent:10px;">
<?php
if(!isset($_SESSION[username])) {
?>
    用户名:
    <input  name=txt_user size="10">
    密码:
    <input  name=txt_pwd type=password style="FONT-SIZE: 9pt;
      WIDTH: 65px" size="6">
    验证码:
    <input name="txt_yan" style="FONT-SIZE: 9pt; WIDTH: 65px" size="8">
    <input type="hidden" name="txt_hyan" id="txt_hyan"
      value="<?php echo $pic;?>">
    <?php echo $img; ?>  
    <input style="FONT-SIZE: 9pt"  type=submit value=登录 name=sub_dl
      onClick="return f_check(form)">
     
<?php
} else {
?>
    <font color="red"><?php echo $_SESSION[username]; ?></font>  
    河北软件职业技术学院网站欢迎您的光临！！！当前时间:
    <font color="red"><?php echo date("Y-m-d l"); ?></font>
<?php
}
?>
</td>
<td width="1%" align="center" valign="baseline"> </td>
</tr>
</table>
</td>
</form>
</tr>
</table>
</td>
</tr>
<tr>
<td width="236" height="501" background=" images/left.jpg">
<table width="100%" height="100%"  border="0" cellpadding="0"
  cellspacing="0">
<tr>
<td height="155" align="center" valign="top">
<?php include "cale.php"; ?></td>
</tr>
<tr>
<td height="125" align="center" valign="top"><br>
<table width="200"  border="0" cellspacing="0" cellpadding="0">
<tr>
<td><table width="201"  border="0" cellspacing="0" cellpadding="0"
  valign="top" style="margin-top:5px;">
```

```
<?php
$sql = mysql_query(
  "select id,title from t_article order by now desc limit 5");
$i = 1;
while($info = mysql_fetch_array($sql)) {
?>
    <tr>
    <td width="201" align="left" valign="top">
       
    <a href="article.php?file_id=<?php echo $info[id];?>" target="_blank">
    <?php echo $i."、".substr($info[title],0,20);?></a>
    </td>
    </tr>
<?php
    $i = $i + 1;
}
?>
<tr>
<td height="10" align="right">
<a href="file_more.php">
<img src=" images/more.gif" width="27" height="9" border="0">
   </a></td>
</tr>
</table></td>
</tr>
</table></td></tr>
<tr>
<td height="201" align="center" valign="top"><br>
<table width="145"  border="0" cellspacing="0" cellpadding="0">
<tr>
<td>
</td>
</tr>
</table> </td>
</tr>
</table>
</td>
<td width="521" height="501" align="center" background="images/right.jpg">
<table width="100%" height="98%"  border="0"
 cellpadding="0" cellspacing="0">
<tr>
<td> </td>
</tr>
<tr>
<td height="372" align="center">
<table style="WIDTH: 252px" cellspacing=0 cellpadding=0>
<tbody>
<tr>
<td style="WIDTH: 429px; HEIGHT: 280px" colspan=3 rowspan=2 align="center">
<a href="file.php">
<label style="background: #FCC;font-size:36px; color:#000;
```

```
  font-weight:bold">
发表新博文
</label>
</a>

<marquee onMouseOver = this.stop()
style="WIDTH: 426px; HEIGHT: 280px" onMouseOut=this.start()
scrollamount=2 scrolldelay=7 direction=up>
<span style="FONT-SIZE: 9pt">
<center>
河北软件职业技术学院网站欢迎您！！！
</center>
</span>
</marquee>
</td>
</tr>
<tr></tr>
</tbody>
</table></td>
</tr>
<tr>
<td height="66"> </td>
</tr>
</table>
</td>
</tr>
</table>
</body>
</html>
```

首页运行效果如图 16-12 所示。

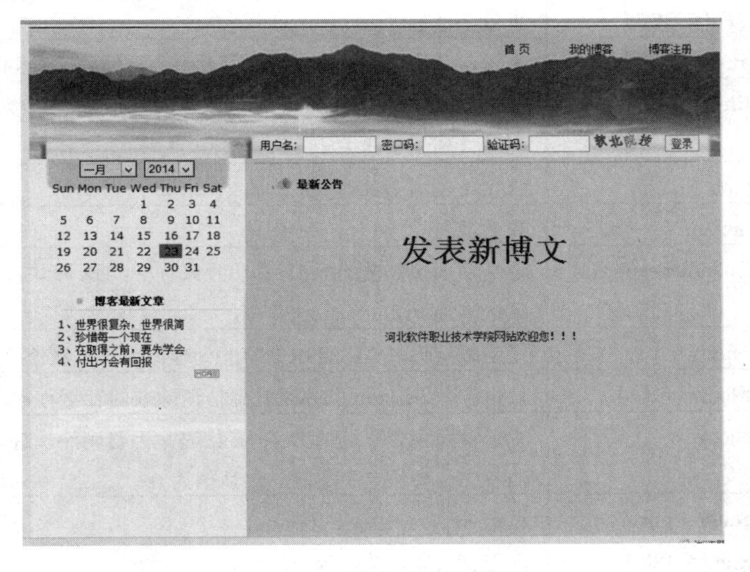

图 16-12　博文系统的首页

16.5 博文管理模块的设计

对于博客系统来说，文章管理是最基本的功能，但同时也是最复杂的一个功能。本系统的博文管理模块包括“添加博客文章”、“查找博客文章”、“管理我的博客”、“发表评论”、“删除博文”和“删除评论”六大功能。其中，普通用户只能删除自己的博文及对博文的评论，只有管理员才有权删除任何一篇文章及回复。

16.5.1 博文管理模块的技术分析

想使用博文管理模块，用户必先登录，匿名用户是无法使用博文管理模块功能的；要想删除博文和评论，前提是当前用户必须拥有管理员权限，或者是博文或评论的拥有者，否则不会显示删除功能。这两方面的控制都需要 Session 的配合，这里介绍 Session 的应用及常见问题的处理。Session 的中文译名为“会话”，是指用户从进入网站开始，直到离开网站这段时间内，所有网页共同使用的公共变量的存贮机制。Session 比 Cookie 更有优势：Session 是存储在服务器端的，不易被伪造；Session 的存储没有长度限制；Session 的控制更容易。但大多数初学者在使用 PHP 中的 Session 时，经常出现一些莫名其妙的错误，而又不知道如何去解决。其实，大多数的错误的原因是对 Session 的配置不了解造成的，在 php.ini 中对 Session 的配置如表 16-2 所示。

表 16-2 Session 的常用配置选项

配置选项	说明
session.save_path = c:/temp	保存 Session 变量的目录，在 Linux/Unix 下为/tmp
session.ues_cookies = 1	是否使用 Cookie
session.name = PHPSESSID	表示会话 ID
session.auto_start = 0	是否自动启用 Session。1：每页中不必调用 Session_start()函数
session.cookie_lifetime = 0	设定 Cookie 送到浏览器后的保存时间，单位为秒。默认值为 0，表示直到浏览器关闭
session.cookie_path = /	Cookie 的有效路径
session.cookie_domain =	有效域名
session.serialize_handler = php	定义序列化数据的标识，本功能只有 WDDX 模块或 PHP 内部使用，默认值为 PHP
session.gc_probability = 1	设定每次临时文件开始处理的处理概率。默认值为 1
session.gc_maxlifetime = 1440	设定保存 Session 的临时文件被清除前的存活秒数
session.referer_check =	决定参照到客户端的 Session 代码是否要删除。有时出于安全或其他考虑，会设定不删除。默认值为 0
session.cache_limiter = nocache	设定 Session 的缓冲限制
session.cache_expire = 180	文档有效期，单位为分钟
session.save_handler = files	用于保存 Session 变量，默认情况下用文件

对于初学者来讲，Session 在 php.ini 中不需要改动，因为安装时会根据操作系统自行做出适当的调整。只在少数的几项，如 Session 存活周期(session.cookie_lifetime = 0)、自动开启 session(session.auto_start)等稍加改动即可。PHP 主要是通过会话(Session)处理函数来对 Session 进行控制和使用的。常用的处理函数如表 16-3 所示。

表 16-3　Session 处理函数

函　数	函数说明
session_start()	开启 Session 或返回已经存在的 Session
$_SESSION['name'] = value	注册一个 Session 变量
session_id()	设定或取得当前的 session_id 值
isset($_SESSION['name'])	检测指定的 Session 值是否存在。isset 不只可以检测 Session，还可以检测其他类型，如 isset($_POST['name'])、isset($_GET['name'])等
session_regenerate_id()	更改 session_id 的值
session_name()	返回或改变当前 Session 的 name
unset($_SESSION['name'])	删除名为 name 的 Session
session_destroy()	结束当前会话，删除所有 Session

注意：

(1)　如需改变当前 Session 的 name 属性值，必须在 session()之前调用 session_name()函数，而且 session_name 不能全部是数字，否则会不停地生成新的 session_id。

(2)　不能使用 unset($_SESSION)语句，否则将禁止整个会话的功能。使用 Session 时要注意以下问题。

①　将 session_start 放到第 1 行

这种情况是新手最容易犯的错误。产生的错误代码为：

```
Warning: session_start() [function.session-start]: Cannot send session cache
limiter - headers already sent ...
```

其原因就是在使用 session_start()之前就有 HTML 代码输出了。注意空行或类似 echo 语句的输出都被作为 HTML 的输出。

②　使用 session 之前，要先写 session_start()

在使用 Session 之前，我们都能先调用 session_start()函数，但对于 session_destroy()函数却经常忽略。session_destroy()虽然是结束当前会话并删除所有 Session，但在删除之前，也要先开启 Session 支持才可以，不然会产生这样的错误代码：

```
session_destroy()[function.session-destroy]: Trying to destroy
uninitialized session in ...
```

所以，凡是在使用 Session 或 Session 函数的页面中，需要加上 session_start()这句。

③　删除所有 Session

如果想删除所有 Session，但又不想结束当前会话，用 unset 一个一个删除实在是太麻烦了，最简单的办法就是将一个空数组赋给$_SESSION，如$_SESSION = array()。

16.5.2　添加博文的实现过程

添加博文模块主要操作表 t_article 中的数据。用户登录后，系统会直接进入到文章添加页(file.php)，也可以通过单击“博文管理”/“添加博客文章”回到 file.php 页。博文添加页面的运行结果如图 16-13 所示。

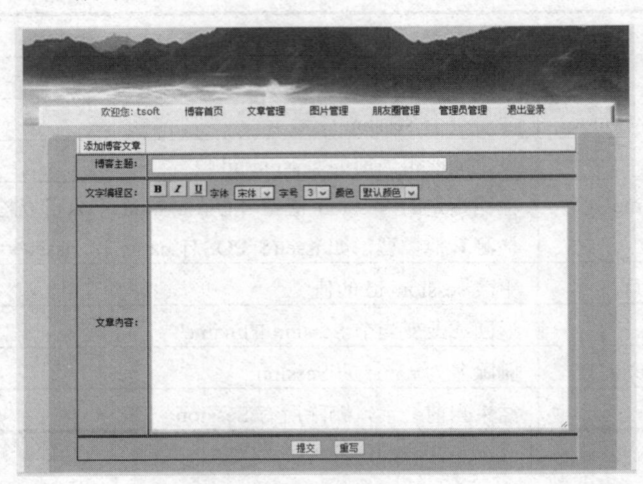

图 16-13　博文添加页面

添加博文页为一个发布表单，包括博文主题、博文编辑、博文内容等元素。部分表单元素如表 16-4 所示。

表 16-4　添加博文页面的主要表单元素

名　称	元素类型	重要属性	含　义
myform	form	method=“post” action=“check_file.php”	添加文章表单
txt_title	text	id=“txt_title” size=“68”	文章标题
size	select	class=“wenbenkuang” onChange=“showsize(this.options[this.selectedIndex].value)”	字体大小
color	select	onChange=“showcolor(this.options[this.selectedIndex].value)” name=“color” size=“1” class=“wenbenkuang” id=“select”	字体颜色
file	textarea	cols=“75” rows=“20” id=“file” style=“border:0px;width:520px;”	文章内容
btn_tj	submit	id=“btn_tj” value=“提交” onClick=“return check();”	提交按钮

用户填写完博文主题和博文内容后，单击“发表”按钮，将跳转处理页(check_file.php)进行数据处理。在处理页中，根据传过来的博文标题、博文作者和博文内容等数据形成 Insert 语句，并通过执行 Insert 语句保存在数据库的 t_article 表中。如果添加信息成功，系统返回到本页，可继续执行添加操作；如果添加失败，则返回到上一步。关键实现代码如下：

```
<?php
session_start();
$link = mysql_connect("localhost", "root", "");
```

```
mysql_select_db("blog", $link);
mysql_query("set names gb2312");
if($btn_tj <> "") {
    $title = $_POST[txt_title];
    $author = $_SESSION[username];
    $content = $_POST[file];
    $now = date("Y-m-d H:i:s");
    $sql = "Insert Into t_article (title,content,username,time)
           Values('$title','$content','$author','$now')";
    $result = mysql_query($sql);
    if($result) {
        echo "<script>alert('发表成功!!!');
            window.location.href='file.php';</script>";
    } else {
        echo "<script>alert('操作失败!!!');
             window.location.href='file.php';</script>";
    }
}
?>
```

16.5.3　博文列表的实现过程

选择“文章管理”→“我的博文”，将显示用户发表过的博文列表。博文列表页面(myfiles.php)的运行结果如图 16-14 所示。

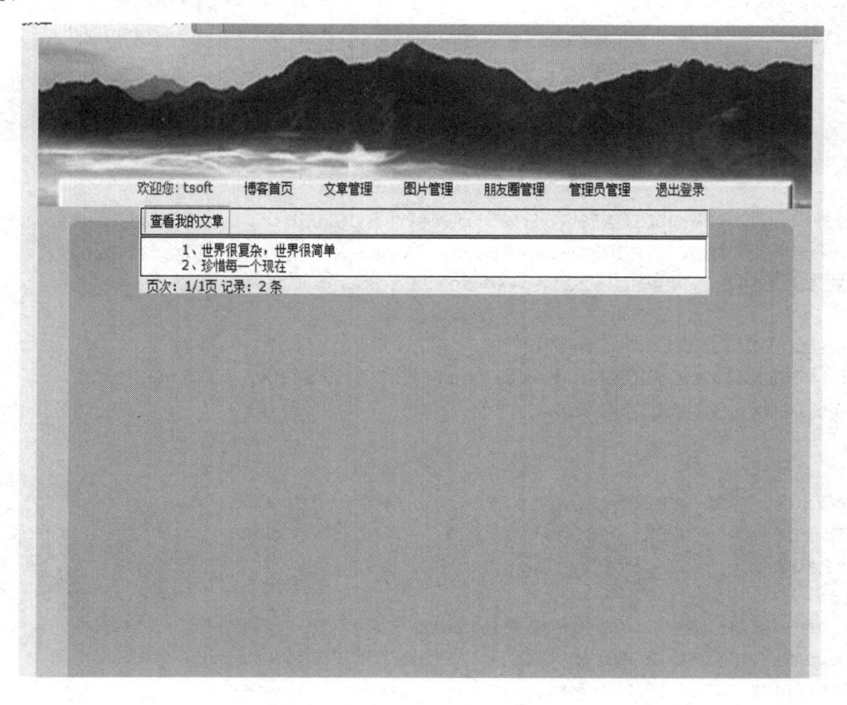

图 16-14　博文列表页面

博文列表页面中使用了分页技术与 do...while 循环语句来输出博文的各标题，数据从表

t_article 中读出。程序的关键代码如下：

```
<?php
session_start();
$link = mysql_connect("localhost", "root", "");
mysql_select_db("blog", $link);
mysql_query("set names gb2312");
include "check_login.php";
?>
<html>
<head>
<meta http-equiv="Content-Type" content="text/html; charset=gb2312">
<link href="CSS/style.css" rel="stylesheet">
<title>我的文章</title>
<style type="text/css">
<!--
.style1 {color: #FF0000}
-->
</style>
</head>
<script src=" JS/menu.JS"></script>
<script src=" JS/UBBCode.JS"></script>

<body>
<div class=menuskin id=popmenu
  onmouseover="clearhidemenu();highlightmenu(event,'on')"
  onmouseout="highlightmenu(event,'off');dynamichide(event)"
  style="Z-index:100;position:absolute;">
</div>
<TABLE width="757" cellPadding=0 cellSpacing=0
  style="WIDTH: 755px" align="center">
<TBODY>
<TR><TD style="VERTICAL-ALIGN: bottom; HEIGHT: 6px" colSpan=3>
<TABLE style="BACKGROUND-IMAGE: url(images/f_head.jpg); WIDTH: 760px;
  HEIGHT: 154px" cellSpacing=0 cellPadding=0> <TBODY>
<TR>
<TD height="110" colspan="6"
  style="VERTICAL-ALIGN: text-top; WIDTH: 80px; HEIGHT: 115px;
  TEXT-ALIGN: right"></TD>
</TR>
<TR>
<TD height="34" align="center" valign="middle">
<TABLE style="WIDTH: 580px" VERTICAL-ALIGN: text-top; cellSpacing=0
  cellPadding=0 align="center">
<TBODY>
<TR align="center" valign="middle">
<TD style="WIDTH: 100px; COLOR: red;">欢迎您: 
<?php echo $_SESSION[username]; ?>  </TD>
<TD style="WIDTH: 80px; COLOR: red;">
<SPAN  style="FONT-SIZE: 9pt; COLOR: #cc0033"></SPAN>
<a href="index.php">博客首页</a></TD>
```

```
<TD style="WIDTH: 80px; COLOR: red;">
<a onmouseover=showmenu(event,productmenu) onmouseout=delayhidemenu()
 class='navlink' style="CURSOR:hand">博文管理</a></TD>
<TD style="WIDTH: 80px; COLOR: red;">
<a onmouseover=showmenu(event,Honourmenu) onmouseout=delayhidemenu()
 class='navlink' style="CURSOR:hand">图片管理</a></TD>
<TD style="WIDTH: 90px; COLOR: red;">
<a onmouseover=showmenu(event,myfriend) onmouseout=delayhidemenu()
 class='navlink' style="CURSOR:hand">朋友圈管理</a></TD>
<?php
if($_SESSION[fig] == 1) {
?>
    <TD style="WIDTH: 80px; COLOR: red;">
    <a onmouseover=showmenu(event,myuser) onmouseout=delayhidemenu()
      class='navlink' style="CURSOR:hand">管理员管理</a></TD>
<?php
}
?>
<TD style="WIDTH: 80px; COLOR: red;">
<a href="safe.php">退出登录</a></TD>
</TR>
</TBODY>
</TABLE> </TD>
</TR>
</TBODY>
</TABLE></TD>
</TR>
<TR>
<TD colSpan=3 valign="baseline" style="BACKGROUND-IMAGE: url(images/bg.jpg);
 VERTICAL-ALIGN: middle; HEIGHT: 450px; TEXT-ALIGN: center">
<table width="100%" height="100%"  border="0" cellpadding="0"
 cellspacing="0">
<tr>
<td height="451" align="center" valign="top">
<table width="600" height="100%"  border="0" cellpadding="0"
 cellspacing="0">
<tr>
<td height="130" align="center" valign="top">
<?php if ($page=="") {$page=1;}; ?>
<table width="560" border="1" align="center" cellpadding="3"
 cellspacing="1" bordercolor="#9CC739" bgcolor="#FFFFFF">
<tr align="left" colspan="2" >
<td width="390" height="25" colspan="3" valign="top" bgcolor="#EFF7DE">
<span class="tableBorder_LTR"> 查看我的文章 </span> </td>
</tr>
<?php
if ($page) {
    $page_size = 20;
    $query = "select count(*) as total from t_article where username = '"
            .$_SESSION[username]."' order by id desc";
    $result = mysql_query($query);
```

```
    $message_count = mysql_result($result, 0, "total");
    $page_count = ceil($message_count/$page_size);
    $offset = ($page-1)*$page_size;
    $sql = mysql_query("selecta id,title from t_article where username= '"
                    .$_SESSION[username]."' order by id desc ");
    $info = mysql_fetch_array($sql);
?>
    <tr>
    <td height="31" align="center" valign="top">
    <table width="500"  border="0" cellspacing="0" cellpadding="0">
    <tr>
    <td>
    <table width="498"  border="0" cellspacing="0" cellpadding="0"
     valign="top">
<?php
    if($info) {
        $i = 1;
        do {
?>
            <tr>
            <td width="498" align="left" valign="top">    
            <a href="showmy.php?file_id=<?php echo $info[aid];?>">
            <?php echo $i."、".$info[title];?></a> </td>
            </tr>
<?php
            $i = $i + 1;
        } while($info=mysql_fetch_array($sql))
?>
        </table></td>
        </tr>
        </table></td>
        </tr>
<?php
}
?>
    </table>
    <table width="560" border="0" align="center" cellpadding="0"
      cellspacing="0">
    <tr bgcolor="#EFF7DE">
    <td width="33%">  页次：<?php echo $page;?>/
      <?php echo $page_count;?>页记录：<?php echo $message_count;?>条 
    </td>
    <td width="67%" align="right" class="hongse01">
<?php
    if($page != 1)
    {
       echo "<a href=myfiles.php?page=1>首页</a> ";
       echo "<a href=myfiles.php?page=".($page-1).">上一页</a> ";
    }
    if($page < $page_count)
    {
```

```
        echo "<a href=myfiles.php?page=".($page+1).">下一页</a> ";
        echo "<a href=myfiles.php?page=".$page_count.">尾页</a>";
    }
}
?>
</td>
</tr>
</table></td>
</tr>
</table>
</td>
</tr>
</table></TD>
</TR>
</TBODY>
</TABLE>
</body>
</html>
```

16.5.4　查看博文、评论的实现过程

单击列表中的任意一个博文标题，都会看到对应的博文内容和博文评论。查看博文页面(showmy.php)的运行结果如图 16-15 所示。

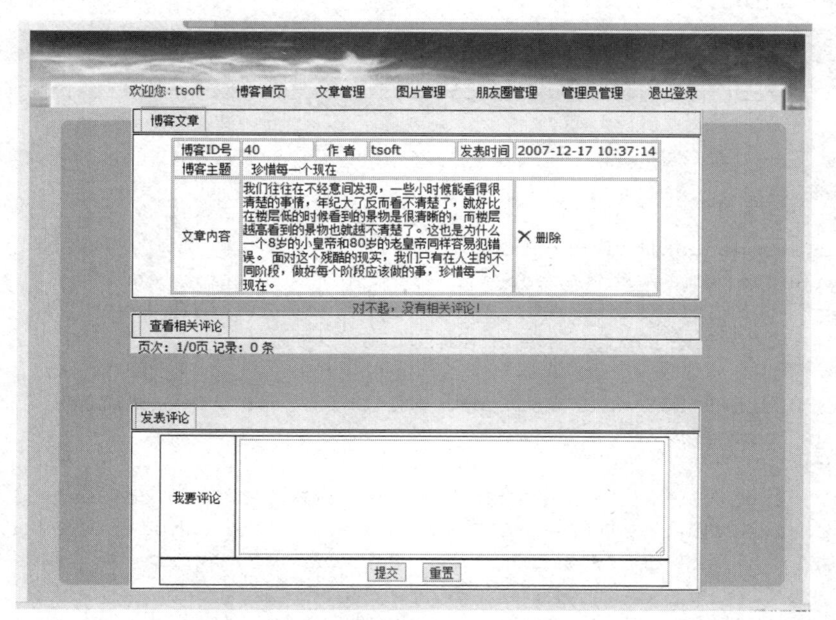

图 16-15　查看博文、评论页面

系统根据当前页面传过来的博文 id 值从数据表 t_article 中返回对应的博文信息(包括博文 id、博文作者、博文标题、博文内容和发表时间)、输出文章信息后，开始查找表 t_comment 中 fileid 字段值等于文章 id 的所有评论集，并通过分页显示出来。

显示文章页面(showmy.php)的关键代码如下：

```
<?php
session_start();
$link = mysql_connect("localhost", "root", "");
mysql_select_db("blog", $link);
mysql_query("set names gb2312");
include "check_login.php";
$file_id1 = $_GET[file_id];
$bool = false;
?>
<html>
<head>
<meta http-equiv="Content-Type" content="text/html; charset=gb2312">
<link href="CSS/style.css" rel="stylesheet">
<title>我的博文</title>
<style type="text/css">
<!--
.style1 { color: #FF0000 }
-->
</style>
</head>
<script src=" JS/menu.JS"></script>
<script src=" JS/UBBCode.JS"></script>
<script language="javascript">
function check() {
    if (document.myform.txt_content.value == "") {
        alert("评论内容为空!");myform.txt_content.focus();return false;
    }
}
</script>
<body>
<div class=menuskin id=popmenu
  onmouseover="clearhidemenu();highlightmenu(event,'on')"
  onmouseout="highlightmenu(event,'off');dynamichide(event)"
  style="Z-index:100;position:absolute;">
</div>
<TABLE width="757" cellPadding=0 cellSpacing=0 style="WIDTH: 755px"
  align="center">
<TBODY>
<TR><TD style="VERTICAL-ALIGN: bottom; HEIGHT: 6px" colSpan=3>
<TABLE style="BACKGROUND-IMAGE: url(images/f_head.jpg); WIDTH: 760px;
  HEIGHT: 154px" cellSpacing=0 cellPadding=0> <TBODY>
<TR>
<TD height="110" colspan="6" style="VERTICAL-ALIGN: text-top; WIDTH: 80px;
  HEIGHT: 115px; TEXT-ALIGN: right"></TD>
</TR>
<TR>
<TD height="34" align="center" valign="middle">
<TABLE style="WIDTH: 580px" VERTICAL-ALIGN: text-top; cellSpacing=0
  cellPadding=0 align="center">
```

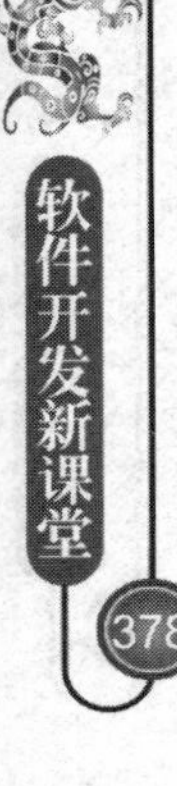

```
<TBODY>
<TR align="center" valign="middle">
<TD style="WIDTH: 100px; COLOR: red;">欢迎您: 
<?php echo $_SESSION[username]; ?>  </TD>
<TD style="WIDTH: 80px; COLOR: red;">
<SPAN  style="FONT-SIZE: 9pt; COLOR: #cc0033"></SPAN>
<a href="index.php">博客首页</a></TD>
<TD style="WIDTH: 80px; COLOR: red;">
<a  onmouseover=showmenu(event,productmenu) onmouseout=delayhidemenu()
 class='navlink' style="CURSOR:hand">文章管理</a></TD>
<TD style="WIDTH: 80px; COLOR: red;">
<a onmouseover=showmenu(event,Honourmenu) onmouseout=delayhidemenu()
 class='navlink' style="CURSOR:hand">图片管理</a></TD>
<TD style="WIDTH: 90px; COLOR: red;">
<a onmouseover=showmenu(event,myfriend) onmouseout=delayhidemenu()
 class='navlink' style="CURSOR:hand">朋友圈管理</a></TD>
<?php
if($_SESSION[fig] == 1) {
?>
    <TD style="WIDTH: 80px; COLOR: red;">
    <a onmouseover=showmenu(event,myuser) onmouseout=delayhidemenu()
      class='navlink' style="CURSOR:hand">管理员管理</a></TD>
<?php
}
?>
<TD style="WIDTH: 80px; COLOR: red;">
<a href="safe.php">退出登录</a></TD>
</TR>
</TBODY>
</TABLE></TD>
</TR>
</TBODY>
</TABLE></TD>
</TR>
<TR>
<TD colSpan=3 valign="baseline" style="BACKGROUND-IMAGE: url(images/bg.jpg);
 VERTICAL-ALIGN: middle; HEIGHT: 450px; TEXT-ALIGN: center">
<table width="100%" height="100%" border="0" cellpadding="0"
 cellspacing="0">
<tr>
<td height="451" align="center" valign="top">
<table width="600" height="100%"  border="0" cellpadding="0"
 cellspacing="0">
<tr>
<td height="130" align="center" valign="middle">
<table width="560" border="1" align="center" cellpadding="3"
 cellspacing="1" bordercolor="#9CC739" bgcolor="#FFFFFF">
<tr align="left" colspan="2" >
<td width="390" height="25" colspan="3" valign="top"
 bgcolor="#EFF7DE"> 
<span class="tableBorder_LTR">博客文章</span></td>
```

```
</tr>
<td align="center" valign="top">
<table width="480" border="0" cellpadding="0" cellspacing="0">
<tr>
<td>
<?php
$sql = mysql_query("select * from t_article where aid = ".$file_id1);
$result = mysql_fetch_array($sql);
?>
<table width="100%" border="1" cellpadding="1" cellspacing="1"
 bordercolor="#D6E7A5" bgcolor="#FFFFFF" class="i_table">
<tr bgcolor="#FFFFFF">
<td width="14%" align="center">博客 ID 号</td>
<td width="15%"><?php echo $result[username]; ?></td>
<td width="11%" align="center">作者</td>
<td width="18%"><?php echo $result[author]; ?></td>
<td width="12%" align="center">发表时间</td>
<td width="30%"><?php echo $result[now]; ?></td>
</tr>
<tr bgcolor="#FFFFFF">
<td align="center">博客主题</td>
<td colspan="5">  <?php echo $result[title]; ?></td>
</tr>
<tr bgcolor="#FFFFFF">
<td align="center">文章内容</td>
<td colspan="4"><?php echo $result[content]; ?></td>
<td>
<?php
if($_SESSION[fig]==1 or ($_SESSION[username]==$result[author])) {
    $bool = true;
?>
    <a href="del_file.php?file_id=<?php echo $result[id];?>">
    <img src="images/delete.gif" width="52" height="16" alt="删除博客文章"
      onClick="return d_chk();"></a>
<?php
}
?>
</td>
</tr>
</table></td>
</tr>
</table></td>
</table></td>
</tr>
<tr>
<td height="106" align="center" valign="top">
<?php if ($page=="") { $page=1; }; ?>
<table width="560" border="1" align="center" cellpadding="3"
 cellspacing="1" bordercolor="#9CC739" bgcolor="#FFFFFF">
<tr align="left" colspan="2" >
<td width="390" height="25" colspan="3" valign="top" bgcolor="#EFF7DE">
```

```
<span class="tableBorder_LTR">查看相关评论</span></td>
</tr>
<?php
if ($page) {
    $page_size = 5;
    $query = "select count(*) as total from t_comment where articleid=', m,'
             order by id desc";
    $result = mysql_query($query);
    $message_count = mysql_result($result, 0, "total");
    $page_count = ceil($message_count/$page_size);
    $offset = ($page-1)*$page_size;
    for ($i=1; $i<2; $i++) {
        if ($i == 1) {
            $sql = mysql_query("select * from t_comment
                    where articleid='$file_id1' order by id desc");
            $result = mysql_fetch_array($sql);
        }
        if($result == false) {
            echo "<font color=#ff0000>对不起，没有相关评论!</font>";
        } else {
            do {
?>
<tr>
<td height="57" align="center" valign="top">
<table width="480"  border="1" cellpadding="1" cellspacing="1"
 bordercolor="#D6E7A5" bgcolor="#FFFFFF" class="i_table">
<tr bgcolor="#FFFFFF">
<td width="14%" align="center">评论 ID 号</td>
<td width="15%"><?php echo $result[id]; ?></td>
<td width="11%" align="center">评论人</td>
<td width="18%"><?php echo $result[username]; ?></td>
<td width="12%" align="center">评论时间</td>
<td width="30%"><?php echo $result[time]; ?></td>
</tr>
<tr bgcolor="#FFFFFF">
<td align="center">评论内容</td>
<td colspan="4"><?php echo $result[content]; ?></td>
<td>
<?php
              if ($bool) {
?>
<a href="del_comment.php?comment_id=<?php echo $result[id]?>">
<img src="images/delete.gif" width="52" height="16" alt="删除博客文章评论"
 onClick="return d_chk();"></a>
<?php
              }
?>
</td>
</tr>
</table></td>
</tr>
```

```
<?php
          } while($result=mysql_fetch_array($sql));
      }
?>
</table>
<table width="560" border="0" align="center" cellpadding="0"
  cellspacing="0">
<tr bgcolor="#EFF7DE">
<td width="52%">  页次：<?php echo $page;?>/
<?php echo $page_count;?>页记录：<?php echo $message_count;?> 条 </td>
<td align="right" class="hongse01">
<?php
      if($page != 1)
      {
echo "<a href=article.php?page=1&file_id=".$file_id.">首页</a> ";
echo "<a href=article.php?page=".($page-1)."&file_id=".$file_id.">上一页
     </a> ";
      }
      if($page<$page_count)
      {
echo "<a href=article.php?page=".($page+1)."&file_id=".$file_id.">下一页
    </a> ";
echo  "<a href=article.php?page=".$page_count."&file_id=".$file_id.">尾页
     </a>";
      }
   }
}
?>
</td>
</tr>
</table></td>
</tr>
<tr>
<td height="107" align="center" valign="top">
<!--  发表评论  -->
<form name="myform" method="post" action="check_comment.php">
<table width="560" border="1" align="center" cellpadding="3"
  cellspacing="1" bordercolor="#9CC739" bgcolor="#FFFFFF">
<tr align="left" colspan="2" >
<td width="390" height="25" colspan="3" valign="top" bgcolor="#EFF7DE">
<span class="right_head"><SPAN  style="FONT-SIZE: 9pt; COLOR: #cc0033">
</SPAN></span><span class="tableBorder_LTR"> 发表评论</span></td>
</tr>
<td height="112" align="center" valign="top">
<input name="htxt_fileid" type="hidden"
  value="<?php echo $_GET[file_id];?>">
<table width="500"  border="1" cellpadding="1" cellspacing="0"
  bordercolor="#D6E7A5" bgcolor="#FFFFFF">
<tr>
<td align="center">我要评论</td>
<td width="410">
```

```
<textarea name="txt_content" cols="66" rows="8" id="txt_content">
</textarea></td>
</tr>
<tr align="center">
<td colspan="2">
<input type="submit" name="submit" value="提交" onClick="return check();">
 
<input type="reset" name="submit2" value="重置"></td>
</tr>
</table></td>
</table>
</form>

</td>
</tr>
</table>
</td>
</tr>
</table></TD>
</TR>
</TBODY>
</TABLE>
</body>
</html>
```

16.5.5　删除文章、评论的实现过程

查看博文评论页面，当系统判定当前用户为管理员或是博文作者时，在每篇博文和评论的后面，都将显示相应的“删除”按钮。单击任意的“删除”按钮，系统会提示是否删除，如果确认，将跳转到处理页(del_file.php 和 del_comment.php)，完成删除操作。在删除博文的处理页中，删除博文的同时，也删除了该篇博文的相关的评论。处理页首先在博文列表(t_article)中删除 id 等于$file_id 的记录，如果没有可删除记录，则提示失败，并返回上一步；如果删除成功，则转到评论列表(t_comment)中，删除所有该篇博文的评论。删除博文页。

del_file.php 的关键代码如下：

```
<?php
session_start();
include "check_login.php";
$link = mysql_connect("localhost", "root", "");
mysql_select_db("blog", $link);
mysql_query("set names gb2312");
$sql = "delete from t_article where id=".$file_id;
$result = mysql_query($sql, $link);
if($result) {
    $sql1 = "delete from t_comment where fileid = ".$file_id;
    $rst1 = mysql_query($sql1, $link);
    if($rst1)
```

```
        echo "<script>alert('博客文章已被删除!');
                location='$_SERVER[HTTP_REFERER]';</script>";
    else
        echo "<script>alert('删除失败!');history.go(-1);</script>";
} else {
    echo "<script>alert('博客文章删除操作失败!');history.go(-1);</script>";
}
?>
```

16.6 图片上传模块的设计

图片上传在动态网页开发过程中应用非常广泛，为了能够与用户更好地互动，很多网站都为用户提供了上传图片的功能。如果有比较好的图片想与其他人一同分享，就可以通过图片上传功能来实现，以增加网站的核心竞争力。本系统的图片上传模块主要实现对图片的添加、浏览、查询和删除操作，而对图片的删除则只有管理员才有权限。

16.6.1 图片上传模块的技术分析

上传图片和上传文件的原理基本相同，接下来主要介绍如何上传图片，以及图片的保存方式。

1. 上传图片的基本流程

在网页中实现上传图片功能的步骤如下。

(1) 通过<form>表单中的 file 元素选取上传数据。

使用 file 元素上传数据时注意：在 form 表单中要加上 enctype="multipart/form-data"属性，否则上传不了文件或图片。

(2) 在处理页中使用$_FILES 变量中的属性判断上传文件类型和上传文件或图片大小是否符合要求。$_FILES 变量为系统预定义变量，保存的是上传文件(图片)的相关属性。使用格式为：

```
$_FILES[name][property];
```

相关属性如表 16-5 所示。

表 16-5 $_FILES 的相关属性

属性值	说　明
name	上传文件的文件名
type	上传文件的类型
size	上传文件的大小
tmp_name	上传文件在服务器中的临时文件名
error	上传文件失败的错误代码

(3) 使用 move_uploaded_file()函数上传文件(图片)或将文件(图片)以二进制的形式保存

到数据库中。使用函数将文件(图片)保存到对应的文件夹中和以二进制的形式保存到数据库中是上传文件(图片)的两种形式。

(4) 返回页面等待下一步操作。

2. 使用上传函数保存文件或图片

使用上传函数上传文件或图片的本质就是将文件或图片从浏览器端复制到服务器端指定的文件夹中，数据库所存储的就是文件或图片的相对地址。当页面显示图片时，需分两步：第一步是读取文件或图片在数据库表中的地址；第二步是根据地址在页面中显示图片。此种方式的好处是减少数据库的容量和对数据库的压力，而且图片很容易被搜索引擎抓到，从而提高网站流量和人气。

move_uploaded_file()函数的一般格式为：

```
bool move_uploaded_file(string filename, string destination);
```

filename：上传到服务器中的临时文件名。

destination：保存文件的实际路径。

注意：这里的 filename 为临时文件名，而不是上传文件的原文件名，可以通过$_FILES [filename][tmp_name]来获取。

16.6.2 图片上传的实现过程

博客用户登录后，选择导航栏中的“图片管理”→“添加图片”选项，即可进入添加图片页面，在“图片名称”文本框中添加上传的图片名称，在“上传路径”文本框中选择或者单击“浏览”按钮选择自己喜欢的图片，单击“提交”按钮，以二进制形式将图片上传到数据库中。图片上传页面的运行效果如图 16-16 所示。

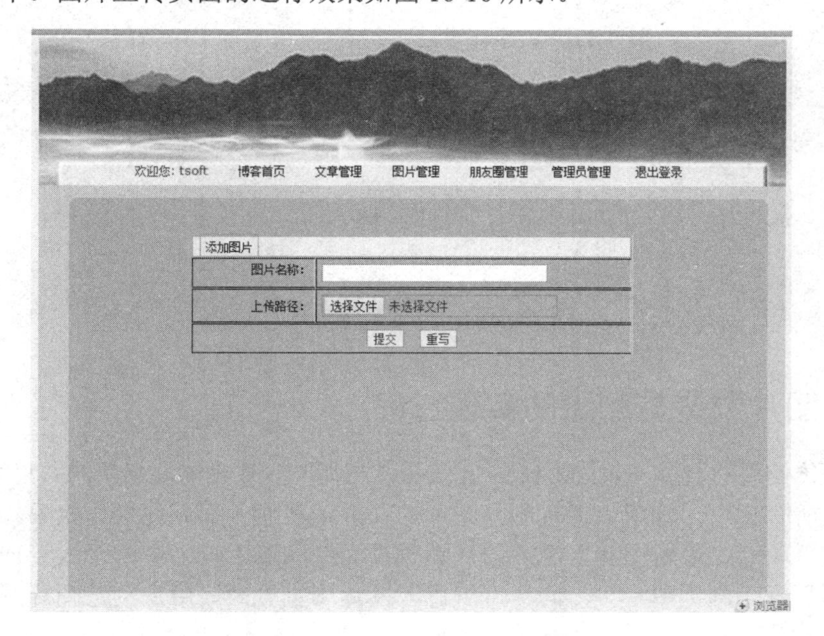

图 16-16　图片上传页面的运行效果

图片上传页是一个上传文件的表单，主要包括一个文本域、一个文件域和一个“提交”按钮。部分表单元素的名称及属性如表 16-6 所示。

表 16-6 图片上传页面中的表单元素

名 称	元素类型	重要属性	含 义
myform	form	method="post" action="tptj_ok.php" enctype="multipart/form-data"	图片上传表单
tpmc	text	type="text" id="tpmc" size="40"	图片名称
file	file	type="file" size="23" maxlength="60"	上传路径
btn_tj	submit	type="submit" id="btn_tj" value="提交" onClick="return pic_chk();"	提交按钮

当用户输入图片名称，并选择相应的路径后，单击“提交”按钮，系统将进入到上传处理页(tptj_ok.php)中进行处理。在处理页中，首先对图片名称进行处理，去掉特殊字符、空行和空格，然后对上传的文件进行类型检查、文件大小检查。最后以二进制的形式，与图片的其他信息(如上传用户、上传时间等)一起存进数据库的表中。

关键代码如下：

```
<?php
session_start();
$link = mysql_connect("localhost", "root", "");
mysql_select_db("blog", $link);
mysql_query("set names gb2312");
if($_POST["btn_tj"] == "提交") {
    $name = htmlspecialchars($name);
    $name = str_replace("\n", "<br>", $name);
    $name = str_replace("", " ", $name);
    $author = $_SESSION[username];
    $time = date("y;m;d");
    $road = $_SESSION[road];
    $query = "insert into t_pic (picname,user,time,road)
            values ('$name','$author','$time','road')";
    $result = mysql_query($query);
    echo "<meta http-equiv=\"refresh\" content=\"1;
          url=browse_pic.php\">图片上传成功，请稍等...";
}
?>
```

16.6.3 图片浏览与删除的实现过程

图片上传使用的数据库表为 t_pic。无论是注册用户，还是非注册用户，只要登录网站，就可以浏览所有图片。管理员拥有删除图片的权限，其他人都无此操作权限。非注册用户可以通过首页中的“最新图片”进入图片浏览页面，注册用户先进入个人管理界面，选择“图片管理”→“浏览图片”，同样可以进入图片浏览页面。用户浏览图片页面的运行效果如图 16-17 所示。

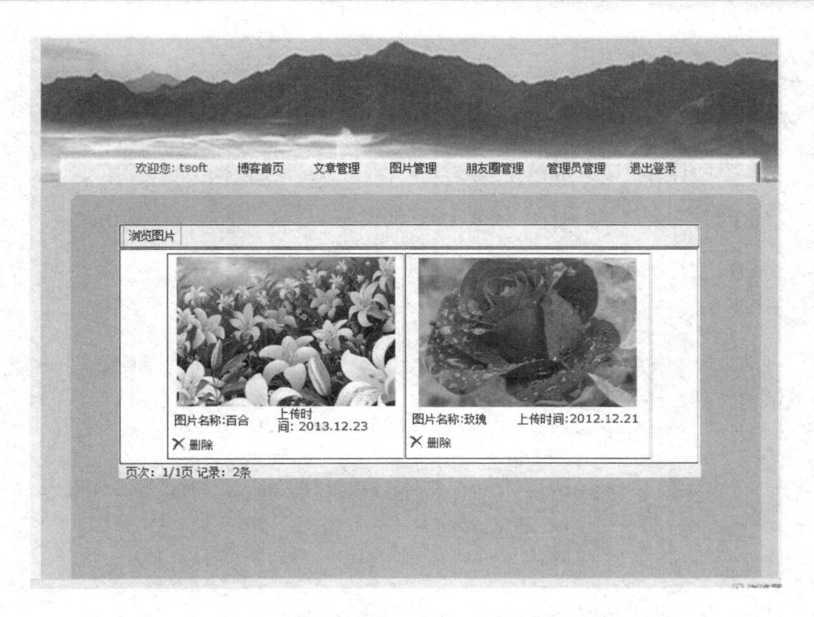

图 16-17　浏览图片页面的运行效果

本页的实现代码与查看文章页面略有不同，在查看文章页面中，每条数据占了一行，而查看图片则采用的是分栏显示，以每行两张图片的格式输出，每页显示 4 张图片。图片下有对应的“删除”按钮，点击按钮可将图片删除。程序关键代码如下：

```
<?php
session_start();
$link = mysql_connect("localhost", "root", "");
mysql_select_db("blog", $link);
mysql_query("set names gb2312");
include "check_login.php";
?>
<html>
<head>
<meta http-equiv="Content-Type" content="text/html; charset=gb2312">
<link href="CSS/style.css" rel="stylesheet">
<title>浏览图片</title>
<style type="text/css">
<!--
.style1 { font-size: 12pt }
-->
</style>
</head>
<script src=" JS/menu.JS"></script>
<script language="javascript">
function pic_chk() {
   if (confirm("确定要删除选中的项目吗？一旦删除将不能恢复！")) {
      return true;
   } else
      return false;
}
```

```
</script>
<body>
<div class=menuskin id=popmenu
  onmouseover="clearhidemenu();highlightmenu(event,'on')"
  onmouseout="highlightmenu(event,'off');dynamichide(event)"
  style="Z-index:100;position:absolute;">
</div>
<TABLE width="757" cellPadding=0 cellSpacing=0 style="WIDTH: 755px"
  align="center">
<TBODY>
<TR><TD style="VERTICAL-ALIGN: bottom; HEIGHT: 6px" colSpan=3>
<TABLE style="BACKGROUND-IMAGE: url(images/f_head.jpg); WIDTH: 760px;
HEIGHT: 154px" cellSpacing=0 cellPadding=0><TBODY>
<TR>
<TD height="110" colspan="6" style="VERTICAL-ALIGN: text-top;
  WIDTH: 80px; HEIGHT: 115px; TEXT-ALIGN: right"></TD>
</TR>
<TR>
<TD height="29" align="center" valign="middle">
<TABLE style="WIDTH: 580px" VERTICAL-ALIGN: text-top;
  cellSpacing=0 cellPadding=0 align="center">
<TBODY>
<TR align="center" valign="middle">
<TD style="WIDTH: 100px; COLOR: red;">欢迎您: 
<?php echo $_SESSION[username]; ?>  </TD>
<TD style="WIDTH: 80px; COLOR: red;">
<SPAN style="FONT-SIZE: 9pt; COLOR: #cc0033"></SPAN>
<a href="index.php">博客首页</a></TD>
<TD style="WIDTH: 80px; COLOR: red;">
<A href="RegPro.php"></A>
<a onmouseover=showmenu(event,productmenu)
  onmouseout=delayhidemenu() class='navlink' style="CURSOR:hand" >博文管理
</a></TD>
<TD style="WIDTH: 80px; COLOR: red;">
<A href="RegPro.php"> </A>
<a onmouseover=showmenu(event,Honourmenu)
  onmouseout=delayhidemenu() class='navlink'
  style="CURSOR:hand">图片管理</a></TD>
<TD style="WIDTH: 90px; COLOR: red;">
<A href="RegPro.php"></A>
<a onmouseover=showmenu(event,myfriend)
  onmouseout=delayhidemenu() class='navlink' style="CURSOR:hand">
  朋友圈管理</a></TD>
<?php
if($_SESSION[fig] == 1) {
?>
    <TD style="WIDTH: 80px; COLOR: red;">
    <a onmouseover=showmenu(event,myuser)
     onmouseout=delayhidemenu() class='navlink' style="CURSOR:hand" >
     管理员管理</a></TD>
<?php
```

```
}
?>
<TD style="WIDTH: 80px; COLOR: red;">
<A href="RegPro.php"></A>
<a href="safe.php">退出登录</a></TD>
</TR>
</TBODY>
</TABLE></TD>
</TR>
</TBODY>
</TABLE></TD>
</TR>
<TR>
<TD colSpan=3 valign="baseline" style="BACKGROUND-IMAGE: url(images/bg.jpg);
 VERTICAL-ALIGN: middle; HEIGHT: 450px; TEXT-ALIGN: center">
<table width="100%" height="100%"  border="0" cellpadding="0"
 cellspacing="0">
<tr>
<td height="451" align="center" valign="top"><br>
<table width="640"  border="0" cellpadding="0" cellspacing="0">
<tr>
<td width="613" height="16" align="right" valign="top"> </td>
<br>
</tr>
<tr>
<td height="292" align="center" valign="top" bordercolor="#D6E7A5">
<table width="600" border="1" align="center" cellpadding="3"
 cellspacing="1" bordercolor="#9CC739" bgcolor="#FFFFFF">
<tr align="left" colspan="2" >
<td width="390" height="25" colspan="3" valign="top" bgcolor="#EFF7DE">
<span class="tableBorder_LTR">浏览图片</span></td>
</tr>

<td height="192" align="center" valign="top" >
<?php
if($_GET[page]=="" || is_numeric($_GET[page]==false))
{
    $page = 1;
}
else
{
    $page = $_GET[page];
}
$page_size = 4;
$query = "select count(*) as total from t_pic order by scsj desc";
$result = mysql_query($query);
$message_count = mysql_result($result, 0, "total");
if($message_count == 0)
{
    echo "暂无图片！";
} else {
```

```
    if($message_count < $page_size) {
        $page_count = 1;
    } else {
        if($message_count%$page_size == 0)
        {
            $page_count = $message_count/$page_size;
        } else {
            $page_count = ceil($message_count/$page_size);
        }
    }
    $offset = ($page-1)*$page_size;
    $query = "select * from t_pic where user="
            .$_SESSION[username]." order by id desc ";
    $result = mysql_query($query);
?>
    <table width="496" border="1" align="center" cellpadding="3"
    cellspacing="1" bordercolor="#D6D7D6">
    <tr>
<?php
    $i = 1;
    while($info=mysql_fetch_array($result))
    {
        if($i%2 == 0)
        {
?>
<td width="500">
<table width="245" border="0" cellpadding="0" cellspacing="0">
<tr>
<td colspan="2">
<div align="center">
<img src="<?php echo $info[road];?>.jpg"
 width="225" height="160"></div></td>
</tr>
<tr>
<td width="109" height="25" align="left"> 图片名称:
<?php echo $info[picname];?></td>
<td width="128">上传时间:<?php echo $info[time];?></td>
</tr>
<tr>
<td colspan="2" height="25">
<?php
        if ($_SESSION[fig] == 1) {
?>
<a href="remove.php?pic_id=<?php echo $info[id]?>">
<img src="images/delete.gif" width="52" height="16" alt="删除图片"
 onClick="return pic_chk();"></a>
<?php
        }
?>
        </td>
        </tr>
```

```
          </table></td>
          </tr>
<?php
      } else {
?>
<td width="500" height="180"><table width="236" height="185"
 border="0" cellpadding="0" cellspacing="0">
<tr>
<td height="160" colspan="2">
<div align="center">
<img src="<?php echo $info[id];?>.jpg" width="225" height="160"></div></td>
</tr>
<tr>
<td width="110" height="25"> 图片名称:<?php echo $info[picname];?></td>
<td width="126">上传时间: <?php echo $info[time];?></td>
</tr>
<tr>
<td colspan="2" height="25">
<?php
          if ($_SESSION[fig]==1) {
?>
<a href="remove.php?pic_id=<?php echo $info[id]?>">
<img src="images/delete.gif" width="52" height="16" alt="删除图片"
 onClick="return pic_chk();"></a>
<?php
          }
?>
          </td>
          </tr>
          </table></td>
<?php
      }
      $i++;
   }
?>
</tr>
</table></td>
</table>
<table width="600" border="0" align="center" cellpadding="0"
 cellspacing="0">
<tr bgcolor="#EFF7DE">
<td>  页次: <?php echo $page;?>/<?php echo $page_count;?>页记录:
<?php echo $message_count;?> 条 </td>
<td align="right" class="hongse01">
<?php
   if($page!=1)
   {
      echo "<a href=browse_pic.php?page=1>首页</a> ";
      echo "<a href=browse_pic.php?page=".($page-1)."">上一页</a> ";
   }
   if($page<$page_count) {
```

```
        echo "<a href=browse_pic.php?page=".($page+1).">下一页</a> ";
        echo  "<a href=browse_pic.php?page=".$page_count.">尾页</a>";
    }
}
?>
</td>
</tr>
</table>
<p> </p></td>
</tr>
</table>
<br>
<br>
<br></td>
</tr>
</table></TD>
</TR>
</TBODY>
</TABLE>
</body>
</html>
```

图片对应的“删除”按钮的程序关键代码如下：

```
<?php
$link = mysql_connect("localhost", "root", "");
mysql_select_db("blog", $link);
mysql_query("set names gb2312");
$sql = "delete from t_pic where id=".$pic_id;
$result = mysql_query($sql);
if($result) {
    echo "<script>alert('图片删除成功!');
      location='browse_pic.php';</script>";
} else {
    echo "<script>alert('图片删除操作失败!');history.go(-1);</script>";
}
?>
```

16.7 朋友圈模块设计

本系统的朋友圈模块的主要功能有添加、查询、删除好友。添加的好友除了该用户以外，包括管理员在内的所有外人都不可以查看，以保证个人隐私不被外泄。用户被删除时，该用户现有的朋友圈也一并被删除。

16.7.1 朋友圈模块技术分析

在查询好友的功能中，使用模糊查询语句，用于模糊查找好友列表。模糊查询语句使用的是 like 运算符。

在 PHP 中，带有 like 运算符的查询语句的常用格式有两种。

(1) 使用通配符“%”的 where 子句

通配符“%”表示 0 个或多个、任意长度和类型的字符，包括中文汉字。

例如，查找所有内容包含“php”字的文章：

```
select * from tb_file where content like '%php%';
```

又例如，查找所有包含“php”字或“mysql”字的文章，可以配合 or 运算符来使用：

```
select * from tb_file where content like '%php%' or content like '%mysql%';
```

(2) 使用通配符“_”的 where 子句

通配符“_”表示匹配任意的单个字符。

例如，查找用户名只包含 5 个字符，其中后 4 个字符为 hbsi 的用户：

```
select * from tb_user where regname like '_hbsi';
```

又例如，查找所有以 hbsi 开头、并且以 hbsi 结尾的、中间包含 3 个字符的用户：

```
select * from tb_user where regname like 'hbsi___hbsi';
```

注意：使用 MySQL 做模糊查询要注意编码问题。如果编码不统一，那么查询时就容易查不到数据，或返回的数据不匹配。所以在安装 MySQL 时，要保持与系统编码的统一。常用的编码格式有 GB2312、UTF8 和 GBK 等。

16.7.2 查询好友的实现过程

当用户要查询好友时，选择“朋友圈管理”→“查询朋友信息”，显示查询页面。查询好友页面的运行结果如图 16-18 所示。

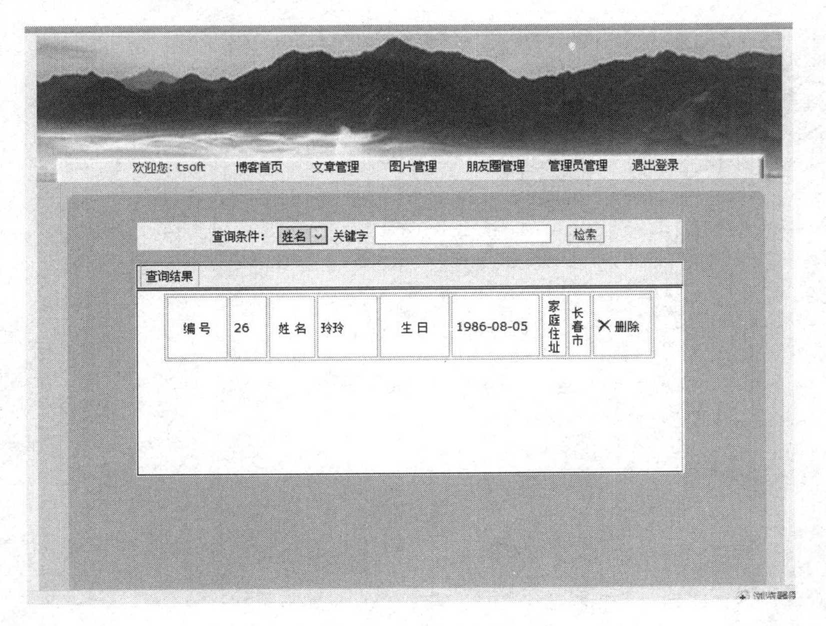

图 16-18　查询好友页面

查询可以分为姓名查询和编号查询，均为模糊查询。当用户输入要查找的关键字后，单击“检索”按钮，或按 Enter 键，系统跳到处理页进行处理。操作涉及数据库表 tb_friend 中的数据。

查询页包含一个查询表单，包括查询条件和查询关键字两部分表单元素。主要的表单元素如表 16-7 所示。

表 16-7　查询页表单的主要元素属性

名　称	元素类型	重要属性	含　义
myform	form	method=“post” action=“query_friend.php” onSubmit=“return check();”	查询好友表单
sel_tj	select	<option value=“name” selected>姓名</option> <option value=“id”>编号</option>	查询条件选择
sel_key	text	id=“sel_key” size=“30”	查询关键字
submit	submit	type=“submit” name=“submit” value=“检索”	检索按钮

当处理页接收到查询条件及查询关键字后，生成模糊查询语句，执行 SQL 语句并返回查询结果。如果没有输入关键字，则弹出提示框；如果没有查找到任何结果，则输出“Sorry! 没有您要找的朋友!”。处理页的关键代码如下：

```
<?php session_start();
$link = mysql_connect("localhost", "root", "");
mysql_select_db("blog", $link);
mysql_query("set names gb2312");
include "check_login.php"; ?>
<html>
<head>
<meta http-equiv="Content-Type" content="text/html; charset=gb2312">
<link href="CSS/style.css" rel="stylesheet">
<title>查询朋友信息</title>
</head>
<div class=menuskin id=popmenu
  onmouseover="clearhidemenu();highlightmenu(event,'on')"
  onmouseout="highlightmenu(event,'off');dynamichide(event)"
  style="Z-index:100;position:absolute;"></div>
<script src="JS/menu.JS"></script>
<script language="javascript">
function check(form) {
    if (document.myform.sel_key.value == "") {
        alert("请输入查询条件!");
        myform.sel_key.focus();
        return false;
    }
}
function fri_chk() {
    if(confirm("确定要删除选中的朋友吗？一旦删除将不能恢复！")) {
        return true;
    } else
```

```
        return false;
}
</script>
<body>
<TABLE width="757" cellPadding=0 cellSpacing=0 style="WIDTH: 755px"
  align="center">
<TBODY>
<TR><TD style="VERTICAL-ALIGN: bottom; HEIGHT: 6px" colSpan=3>
<TABLE style="BACKGROUND-IMAGE: url( images/f_head.jpg); WIDTH: 760px;
  HEIGHT: 154px" cellSpacing=0 cellPadding=0> <TBODY>
<TR>
<TD height="110" colspan="6"
  style="VERTICAL-ALIGN: text-top; WIDTH: 80px; HEIGHT: 115px;
  TEXT-ALIGN: right"></TD>
</TR>
<TR>
<TD height="29" align="center" valign="middle">
<TABLE style="WIDTH: 580px" VERTICAL-ALIGN: text-top; cellSpacing=0
  cellPadding=0 align="center">
<TBODY>
<TR align="center" valign="middle">
<TD style="WIDTH: 100px; COLOR: red;">欢迎您: 
<?php echo $_SESSION[username]; ?>  </TD>
<TD style="WIDTH: 80px; COLOR: red;">
<SPAN  style="FONT-SIZE: 9pt; COLOR: #cc0033"></SPAN>
<a href="index.php">博客首页</a></TD>
<TD style="WIDTH: 80px; COLOR: red;">
<a onmouseover=showmenu(event,productmenu) onmouseout=delayhidemenu()
  class='navlink' style="CURSOR:hand">文章管理</a></TD>
<TD style="WIDTH: 80px; COLOR: red;">
<a onmouseover=showmenu(event,Honourmenu) onmouseout=delayhidemenu()
  class='navlink' style="CURSOR:hand">图片管理</a></TD>
<TD style="WIDTH: 90px; COLOR: red;">
<a onmouseover=showmenu(event,myfriend) onmouseout=delayhidemenu()
  class='navlink' style="CURSOR:hand">朋友圈管理</a></TD>
<?php
if($_SESSION[fig] == 1) {
?>
    <TD style="WIDTH: 80px; COLOR: red;">
    <a onmouseover=showmenu(event,myuser) onmouseout=delayhidemenu()
      class='navlink' style="CURSOR:hand">管理员管理</a></TD>
<?php
}
?>
<TD style="WIDTH: 80px; COLOR: red;"><a href="safe.php">退出登录</a></TD>
</TR>
</TBODY>
</TABLE></TD>
</TR>
</TBODY>
</TABLE></TD>
```

```
</TR>
<TR>
<TD colSpan=3 valign="baseline" style="BACKGROUND-IMAGE: url(images/bg.jpg);
 VERTICAL-ALIGN: middle; HEIGHT: 450px; TEXT-ALIGN: center">
<table width="100%" height="100%"  border="0" cellpadding="0"
 cellspacing="0">
<tr>
<td height="451" align="center">
<table width="600" height="360"  border="0" cellpadding="0"
 cellspacing="0">
<tr>
<td height="32" align="center" valign="middle">
<table width="480" border="0" cellpadding="0" cellspacing="0">
<tr>
<td>
<form  name="myform" method="post" action="">
<table width="560" border="1" cellpadding="3" cellspacing="1"
 bordercolor="#D6E7A5">
<tr>
<td width="100%" height="28" align="center" class="i_table">查询条件:
<select name="sel_tj" id="sel_tj">
    <option value="name" selected>姓名</option>
    <option value="id">编号</option>
</select>
关键字
<input name="sel_key" type="text" id="sel_key" size="30"> 
<input type="submit" name="Submit" value="检索" onClick="return check();">
</td>
</tr>
</table>
</form></td>
</tr>
</table></td>
</tr>
<tr>
<td height="325" align="center" valign="top">
<?php
if ($_POST["Submit"] == "检索") {
    $tj = $_POST[sel_tj];
    $key = $_POST[sel_key];
    $sql = mysql_query("select * from t_friend where $tj='$key'
                       and id='$_SESSION[username]'");
    $result = mysql_fetch_array($sql);
    if($result == false) {
        echo ("[<font color=red>Sorry!没有您要找的朋友!</font>]");
    } else {
?>
<table width="560" border="1" align="center" cellpadding="3"
 cellspacing="1" bordercolor="#9CC739" bgcolor="#FFFFFF">
<tr align="left" colspan="2" >
```

```
<td width="390" height="25" colspan="3" valign="top" bgcolor="#EFF7DE">
<span class="tableBorder_LTR"> 查询结果</span> </td>
</tr>
<td height="192" align="center" valign="top" >
<table width="480" border="0" cellpadding="0" cellspacing="0">
<tr>
<td align="center">
<?php
      do {
?>
<table width="500" border="1" align=center cellpadding=3 cellspacing=2
 bordercolor="#FFFFFF" bgcolor="#FFFFFF" class=i_table>
<tr bgcolor="#FFFFFF">
<td width=13% align="center" valign=middle> 编号</td>
<td width=8% align="left"><?php echo $result[id]; ?></td>
<td width=10% align="center">姓名</td>
<td width=13% align="left"><?php echo $result[name]; ?></td>
<td width=15% align="center">生日</td>
<td width=19% align="left"><?php echo $result[bir]; ?></td>
<td align="center">家庭住址</td>
<td colspan="3" align="left"><?php echo $result[ip]; ?></td>
<td align="center">
<?php
          if (isset($_SESSION[username])) {
?>
<a href="del_friend.php?friend_id=<?php echo $result[id]?>">
<img src="images/delete.gif" width="52" height="16" alt="删除朋友信息"
 onClick="return fri_chk();"></a>
<?php
          }
?>
</td>
</tr>
</table>
<?php
      } while($result=mysql_fetch_array($sql))
?>
</td>
</tr>
</table></td>
</table>
<?php
   }
}
?>
</td>
</tr>
</table></td>
</tr>
</table></TD>
</TR>
```

```
</TBODY>
</TABLE>
</body>
</html>
```

16.8 本章总结

本章的博客管理系统首先介绍了博客的基本概念、发展前景、影响范围及博客网的功能分类，使读者对当今主流博客有了一个大致的认识。然后实现了一个博客系统，包含所有基本功能的项目开发。希望读者通过自己的努力，来逐步完善和加强这个博客系统的实用功能，获得一个令自己满意的程序作品。